# 菌類の隠れた王国

## 森・家・人体に広がるミクロのネットワーク

キース・サイファート
ロブ・ダン 序文
熊谷玲美 訳

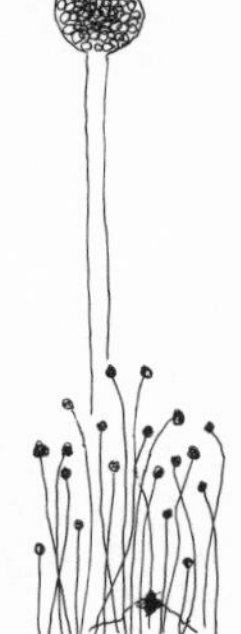

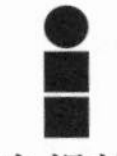

白揚社

三姉妹に

*

自分たちがこの風から生まれて、またそこに戻るのは判りきったことだ。たぶんすべての生は滑らかに流れる永遠のうえの結ぼれであり、縺れであり、疵なのだ。

——E・M・フォスター『眺めのいい部屋』

（西崎憲、中島朋子訳、ちくま文庫）

菌類の隠れた王国　目次

## 第2章 ともに生きる生物……相利共生から寄生、生物学的侵入まで　65



# 第II部 菌の惑星

## 第3章 森……木を見て菌を見る　93

# 第III部 菌糸革命

◉〔　〕で括った箇所は訳者による補足です。

# 序文

菌類学は魔術だ。菌類学者は他の人々が気づかないようなものに気づく。ほとんど目に見えないものを扱っている。虫眼鏡越しに見えるものや、倒れた木をひっくり返したり、キノコを裏返したり、手で土を掘り返したりしたときに匂いをたてるものに意味を見つける。キノコやカビ、酵母の中から、問いに対する答えだけでなく、不可解な現象の形跡まで見つけ出してしまう。鳥卜（ちょうぼく）というのは、鳥の行動からいろいろな前兆を読み取ることだ。そして菌類学はときに、菌類の行動から世界の意味を読み取ることである。

菌類学者のオフィスが真新しくてぴかぴかなことはめったにない。たいていは建物の地下のような、人目につかない奥まった場所にある。菌類と同じで、菌類学者は忘れられた場所に住んでいることが多い。そうした場所で、何かぜいたくなものに出くわすことがあるとすれば、それはたいてい菌類学者自身のためではなく、彼らの知識の源泉である、菌類のためのものだ。たとえば私の大学では、菌類学者が研究をしている地下室の割れた窓からエアコンが飛び出している。そのエアコンは、菌類コレクションが高温多湿の環境にさらされないようにするためのものだ。一方で菌類学者のオフィスは、空調が効いているとはとてもいえない。

そうした見捨てられた場所にいる菌類学者たちだけが知っている秘密がある。この世界は見かけ通りではないことを、彼らは知っているのだ。あなたが外を歩いていると、鳥が鳴くのが聞こえ、植物がせっせと光を糖に変えているのを目にするだろう。鳥や植物の存在は他の生物を連想させる。たとえばネズミや昆虫などだ。しかしこうした生命観は正しくない。まったくの誤りだ。あなたが目や耳で感じる世界の下や、その世界の内側、そしてその世界の表面や上空、周辺には、菌類がいる。菌類は落ちつきのない生き物で、陸上生物がいる場所ならだいたいどこにでもいる（そしておそらく実際にあらゆる場所にいるし、海の中にもいる）。そこで奇妙なスローモーションの求愛ダンスをしたり、食べられそうにないものを食べたり、他の菌類や生物とシグナルを送り合ったりしている。おおまかな推測では、菌類の種類は哺乳類と鳥類、植物の種類を合わせたよりも多く、一〇倍以上ある可能性もあるという。菌類というのは生命をつなぐ組織だ。もちろん他にも役割はあるが、そうであるのは間違いない。菌類は生物界を一つにまとめている。これが菌類学者の知っていることだ。そして彼らはどこに行ってもその証拠を見つける。繊細さと壮大さを兼ね備えた菌類の世界を、菌類学者は避けて通れないのだ。彼らは菌類の世界に住み、その匂いをくんくんと嗅ぎ、その世界について語り続け、呪文のように聞こえる学名を使う。菌類学者の心は、サッカロミセス・セレビシエやアスペルギルス属菌、カンジダ属菌、ペニシリウム属菌がぶくぶくと泡立つフラスコだ。そこにはおまけとしてハエカビ（ハエに寄生する菌）も多少いるかもしれない。

菌類学者が知る秘密の世界、つまり本当の世界がほとんど知られていないのは、一つにはわかりにくいからだ。そしてもう一つの理由は、菌類学者は、他の人々に菌類を好きになってもらおうとしばらく努力したあげく、そんなことをするよりも、菌類学者同士で知っていることを話すだけにして、他の人たちのことは気にしないほうが楽だということに気づくことが多いからだ。菌類学者たちは隠れ家に引っ込んで、ゾンビ菌に脳を乗っ取られた甲虫とか、人間が穀物を栽培するみたいに菌を育てるアリとか、世界の食糧供給を脅かす病原真菌の話をするようになる。あるいはどこかで目にした、美しくて繊細で、あまりよく知られていない菌のことや、そうした菌が広い世界で果たしている可能性のある役割を議論したりする。

幸運なことに、私はこれまでに折に触れて、菌類学者たちの世界に迎えられ、そこにいる間に、ものごとをもっと別の角度から見る、つまりものごとをもっと菌類側から見る機会を得てきた。それはとても光栄なことだ。月から地球に帰還した宇宙飛行士みたいに、菌類学者への訪問を終えて戻るたびに私は変わった。自分の周りのあらゆるものをそれまでと違った目で見るようになったのだ。

キース・サイファートが、菌類の世界、つまり菌類学者が見る世界のガイド役を買って出てくれたことは、世界中の読者にとってはとてつもない幸運なことだ。この素晴らしい本『*The Hidden Kingdom of Fungi: Exploring the Microscopic World in Our Forests, Homes, and Bodies*』でサイファートは読者に、菌類学者にとっては明らかだが、他のほとんどの人には見えていない世界を紹介してくれる。サイファートが案内するツアーは、彼の言い方を借りれば、隠された王国の裏側へのツアーだ。

本書は、本質的には菌類世界の大いなる驚異と言えるもののスナップショットを見せてくれる。取り上げる内容は、菌類の進化や、木の根と菌類の関係、植物の進化、ビール、農業、家、ヒトの体など多岐にわたる。こうした話を通して読者は、菌類が他の生物ばかりでなく、非生物の一部さえ変化させ、実際にコントロールするときに用いる、きわめて多様な方法を目のあたりにする。そして細かな部分の見事さにも気づく。サイファートは菌類とともに人生を送ってきた。何かについてここまでよく知っている人は、彼のほかにいない。ただし本書でサイファートは、自分が知っていることをひとつずつ並べ立てるために、菌類世界についての細かな知識を使っているわけではない。本書で取り上げる重要な話への読者の理解を高めるためだ。読者は菌類学者たちが議論するテーブルに新米菌類学者として招かれたかのような感覚をおぼえる。それは驚き、興奮し、心奪われる体験だ。

そして、そうやって議論の仲間になることは大きい。なぜなら菌類学者たちは本当は、私たちがありのままの世界を（あるいはとにかく世界の仕組みのようなものを）見るように導けるからだ。彼らは、私たちの立ち位置を理解させてくれる。そうした理解は重要だ。サイファートが本書の最後の章で示すように、菌類は世界の大部分をコントロールしているだけでなく、私たちが将来直面する課題に対して、多くの驚くべき解決策をもたらすからだ。菌類は菌類学者に対してすでに非常に多くの答えへの道筋を示している。そしてサイファートは本書の締めくくりに、そうした答えを私たちに示している。「菌類を見よう。彼らのやり方から学ぼう」ということだ。

現在の地質時代を「人新世」、つまり人類の時代と呼ぶことが一般的になっている。人新世という地質時代の範囲は主に、地球上の生命の構成や、地球上の生命および非生命の生物地球化学的サイクルに対して、人類が与える影響の度合いで決められる。確かに人類の影響は大きいし、現代が人新世と命名されたことは、その影響の恐ろしいまでの大きさを思い起こさせ、私たちが送る一日一日や、私たちの行動のひとつひとつがもたらす結果を考えさせる。それでも、サイファートら菌類学者たちの広い視点に立てば、私たちが人新世を生きているのではないことは明らかだ。むしろ私たちが生きているのは、「菌類世」とでも呼ぶべきもっと大きな時代の、風変わりな一時期にすぎない。私たちの住む世界は菌類の世界である。私はこの魅力的な本を読み終わるころには、人類の影響がどれだけ大きくても、菌類の影響にはとてもかなわないし、今後もそれは変わらないという確信を抱くようになった。

人類が絶滅すれば、作物は消え去る。そしてチャバネゴキブリからハトにいたるまでの、人類に依存している多くの奇妙な生物もいなくなる。森林や草原が再び広がり、中くらいのサイズの魚や、陸や海に棲(す)む捕食動物の個体数が回復する。私たちの存在と同じように、不在もまた影響を与えるのだ。しかし、サイファートが語る菌類世界の物語からわかるように、菌類が絶滅するようなことがあればまったく別の状況が訪れる。木材は腐らなくなる。木の根は栄養を吸収できなくなる。数え切れないほどの生物種の個体数が爆発的に増加するが、増えすぎた数が病原菌によって抑制されることはもはやない。気候はあまりにも劇的に変化して、考えがおよばないほどになり、まして予想することなどできなくなる。菌類は世界のすみずみまでしっかりと行き渡っているので、菌類がいない世界を考えることは不可能だと言える。

それなのに、私たちが考えているのは菌類のいない世界だ。それも、つねにそう考えている。菌類など世の中にいないふりをしているのだ。そこで私からの提案がある。まずこのサイファートの本を読もう。そして読み終えたら、本のことを他の人に話そう。他の人に菌類について話そう。私たちが日常的に感じていることの多くがどれほど間違っているか、もう少しだけ理解できるように手助けしよう。他の人に菌類学の秘密を教えるのだ。それから家の外に出て、深呼吸をする。土に深く指を差し入れてみる。キノコの上にかがみ込んでみる。グラスの中でビールを回して、匂いを嗅いでみる。穀物の変色した部分を観察してみる。秘密の合図を読み取る練習をするのだ。菌類学は科学だが、誰でも参加できる科学であり、はじめはちょっとした瞑想のようでもある。そして思い切ってこう叫ぶのだ。「私は菌類世界の人間だ。この隠された王国の新参者だ」。そう言ったら、深く呼吸をしよう。空気中に漂っているたくさんの菌類を、あなたの舌の上に降り立たせ、肺の中に送り込む。そして息を吐く。あなたは菌類に囲まれている。今までもずっと囲まれてきた。菌類学は、この現実を知るという魔術である。菌類学は、真実を知るという魔術なのだ。

ロブ・ダン　『家は生態系——あなたは20万種の生き物と暮らしている』著者

# 菌類の名称について

生物の名前を理解するのは、ロシア語で書かれた小説の登場人物を追いかけようとするのに似ている。登場人物はみな、正式な名前、家族の間での呼び名、愛称といった何種類かの名前を持っているようだが、ロシアの文化に造詣が深くなければきちんと理解できない。そうではない私たちは、そういう名前が出てくるたびにうやむやのまま先に進んでしまうので、誰が誰を愛していて、誰が誰を殺したのか、話がさっぱりわからなくなる。

学名は、菌類の話をするときには避けられない必要悪だと言える。それは菌類には学名しかないものが多いからだ。[1] ここ数十年、菌類学者は目につきやすいキノコや地衣類に対して個別の一般名を考えだそうとがんばってきたが、[2] 多くの酵母やカビ、さび病菌、黒穂病菌、うどんこ病菌などまでは手が回っていない。この本では、可能な場合には一般名を使うようにしている。一般名のほうが覚えやすいし、発音も簡単だからだ。ただし独自に新しい一般名を作り出すのは避けるようにした。また残念ながら、一般名は英語から他の言語に必ずしも一貫性のある形で翻訳されるわけではない。さらにいえば一般名が、その種についての科学者のとらえ方と厳密には一致していないことも多い。そのためこの本でも必要な場合には学名を使っている。

とはいえ、読者のみなさんが学名のことをよくわからないまま読み進めて、話の筋を見失ってはいけないので、ここで学名について簡単に説明しておこう。菌類のグループの命名や定義、分類のためのシステムは、一つの種(しゅ)から少しずつ大きいグループに向かって、属、科、目、綱、門、界と階段を上っていく、生物学で使われている標準的な階層構造に沿っている。[3] それぞれのグループにはラテン語表記の名前がついているが、その名前は普通、分類についての議論や説明の中でしか用いられない。

一方で日常語には、共通の特徴を持つと考えられているグループに対して、属名にほぼ対応する名称がある（アヒル、バラ、マツなど）。ただしこうした日常的な分類は、科学者の分類方法とは厳密には一致していないことが多い。菌類にも、大型のいわゆる「キノコ」には、そうした日常的な名称がある。たとえば、アンズタケ（英名ではchanterelles［シャントレル］、属名は*Cantharellus*［アンズタケ属］）や、ナラタケ（英名ではhoney mushrooms［ハニーマッシュルーム］、属名は*Armillaria*［ナラタケ属］）などだ。

特定の種を二つの部分からなるラテン語の学名で表す方法を二名法という。二名法の学名の最初の語は属を表し、二番目の語（種小名）はその属の中の種を表す。この二つが合わさった学名はそれぞれの種に固有のものだ。たとえばビール酵母の学名はサッカロミセス・セレビシエ（*Saccharomyces cerevisiae*）で、これは私たち人間がホモ・サピエンス（*Homo sapiens*）であるのと同じだ。学名はイタリック体で表記する。菌類学では、他のすべての分類階層（門や綱など）の正式な名称をイタリック表記することが一般的になってきている。付録はこの新しい習慣に沿った表記になっている。

私は研究キャリアの大部分を、菌類のラテン語の名前についてあれこれ考えることに費やしてきているので断言できるのだが、学名の中にはユーモア溢れるものがある。(4) 何のジョークかわかりにくい学名もあるが、スポンギフォルマ・スクァレパンツィ（*Spongiforma squarepantsii*）という学名にピンとこない人なんていないだろう。このキノコは、テレビアニメの「スポンジ・ボブ」（原題「スポンジボブ・スクエアパンツ（SpongeBob SquarePants）」）の主人公に本当にそっくりなのだ。そして今まで誰も気がついていないので言わせてもらうと、私は以前、あるキノコにテレビアニメ「ザ・シンプソンズ」のホーマー・シンプソンにちなんだ学名をつけた。ただ、この方法でシンプソン家の全員を称えようという私のひそかな計画は実現していない。

見たところはそう思えないかもしれないが、実はほとんどの学名はその菌類についての情報を伝えている。そしてそうした隠れたヒントに気づけば学名を覚えるのが簡単になる。サッカロミセス・セレビシエ（*Saccharomyces cerevisiae*）を例に考えよう。Saccharo（サッカロ）は糖（sugar）、myces（ミセス）は菌のことだ。そしてスペイン語圏でビールを注文したことがあるなら、「cerveza（セルベサ）」がスペイン語でビールの意味だと知っているだろう。つまりこのラテン語の学名は、ビール酵母を「ビールに含まれる糖の菌」と表現していることになる。これは納得だ。私たちがビール酵母を愛しているのは、一つにはそれが大麦やブドウに含まれる糖をエタノールに変換してくれるからなのだ。

大学教授の中には、授業の中で学名の隠された意味合いについて小テストをする人もいる。それは幅広い知識を得るための通過儀礼だ。今では学校でラテン語を習うことはほとんどないので、菌の名前に隠されたメッセージを読み取るには少し勉強が必要だ。学名を声に出して言うと覚えやすくなる。

ラテン語の学名を覚えることは、自然界であなたを待っている数え切れないほどの動物や植物、菌、原生生物（ほとんどがアメーバのような単細胞生物）、細菌の種(しゅ)が持つ、圧倒されるほどの多様性に気づく良いきっかけになる。この本の付録には、これからの章で登場する菌種を現代の分類システムに沿って掲載している。その菌のリストは、進化の世界での菌類の住所を調べるための住所録だと思ってほしい。

イントロダクション……

# ダストの中の多様性

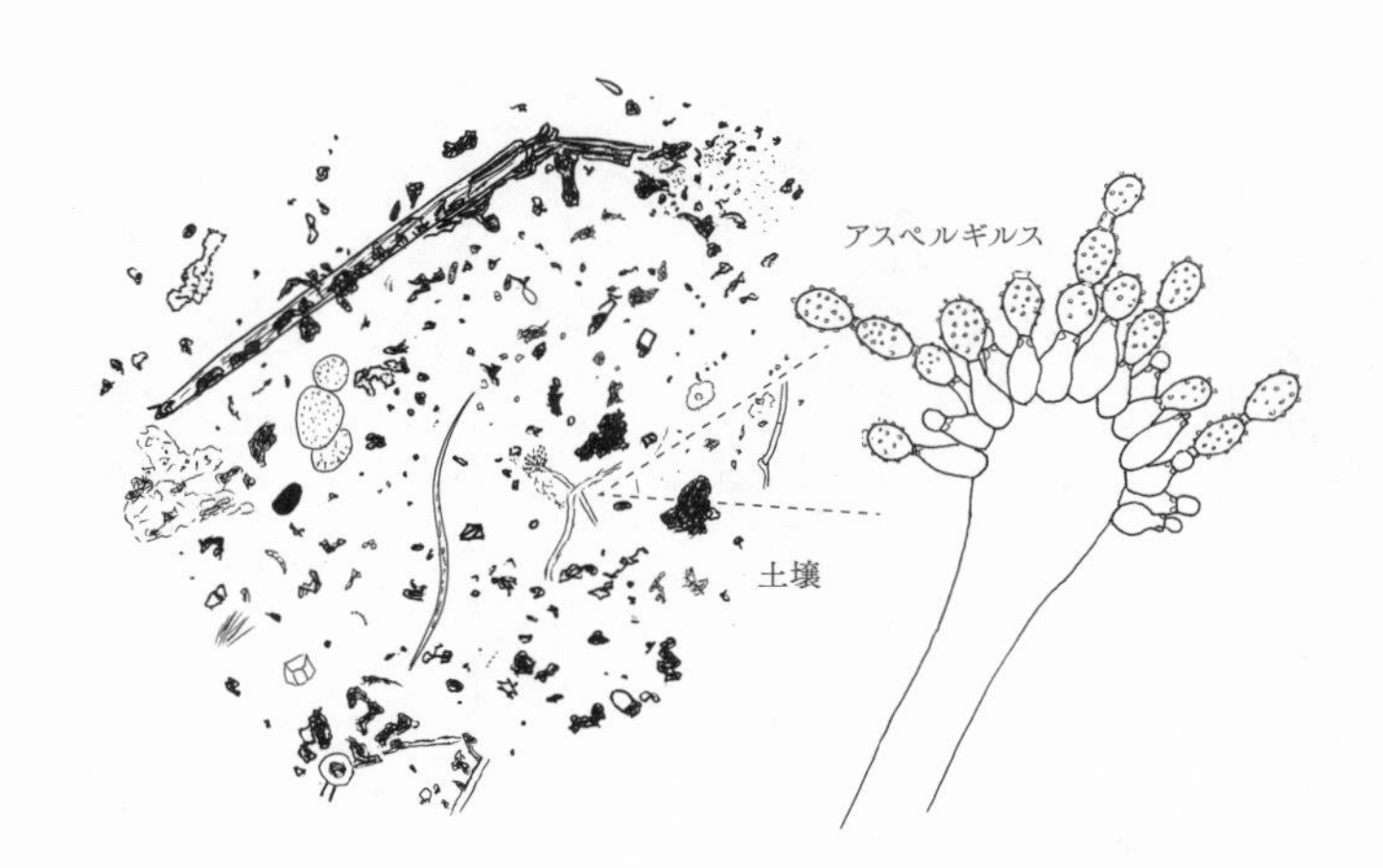

たいていの人にとって、ほこりはほこりだ。[1] ほこりとは何か、それにどんな意味があるのか、なんてことはあまり考えない。それはこの世界に降り積もる粒子にすぎない。家や病院の床を漂い、風に乗って畑や森を通り抜け、海の底に降り積もる。地球のあちこちで渦を巻き、大陸から大陸へ、国から国へと運ばれていく。ほこりの粒子は小さすぎて、私たちには知覚できない。だいたい、どこにでもあるので重要だとは思えない。

子どものころの私たちは、庭を走り回っては、足の指の間や膝裏のしわの中に泥をこびりつかせていた。砂場で城を作ったりもした。母親に、人前に出せるようにとタオルで顔をごしごしとふかれて、そのときばかりは清潔に見えた。でもいつもまた泥だらけに逆戻りする。それはどうしようもないことだった。

身の回りの世界を探検する子どもにとっては、あらゆるものが最高であり、目に見えるものがすべてだ。子どもは「土を食べてはいけない」という大切な人生のルールを学ぶ。お菓子が床に落ちたら、五秒ルールが発動する。何秒以内に拾えば食べても平気なんだろう？　土がちょっぴり、ほこりがちょっぴりくらいなら大丈夫。目に見えないなら、あるいは水で洗ったり、拭き取ったりできるなら問題なしだ。

一方で、スプーン一杯分の土やほこりを一リットルボトルの水に混ぜたらどうなるだろう？　できあがった濁った液体を、別の水のボトルにスプーン一杯加える。もう一度同じことをして、液体をもう一段階薄める。この濁った液体を顕微鏡で見たら、ほこりの複雑さがわかるだろう。小さな結晶や鉱物の塊と一緒に、腐った木のかけらや、昆虫の脚や毛、すす、妙な形の卵、植物やあなたの服の繊維などが見える。そして、とても小さな藻類や原生生物が互いにぶつかり合って、ぜんまい仕掛けのおもちゃみたいに向きを変えているのも見える。ほこりは生きているのだ。

この泥水に、ＤＮＡ（あらゆる生物の遺伝子を作っている化学物質）と結合する色素を加えて、紫外光をあてると、とても小さな生き物が天の川のように光を放つ。まるで水滴の中に宇宙があるようだ。[2]細菌やウイルスは星のように輝く。花粉の粒子が漂う様子は、光る小型飛行船さながらだ。そしてそうした粒子の中に、菌類の細長い管状細胞や、幾何学的な胞子、出芽酵母が混じっている。

この本は、そうした菌類が作り出す目に見えない世界や、ヒトや他の生物、環境との関係をめぐる旅である。持続可能な未来の実現を目指すなら、私たちが菌類をどのように利用しているのか、そして菌類は私たちをどのように利用しているのかというのは、考えていかなければならない問題だ。

振り返ってみると、私を思いもよらない道に進ませたのは、家族の歴史や私自身の子ども時代の経験だったことがわかる。そう、私は菌類の専門家になるつもりなんてなかった。そもそも誰がそんなことを考える？

## 約束の土地

父方の祖父母は、一〇〇年以上前にドイツからカナダに移住してきた。祖父母はサスカチュワン州の一六〇エーカー〔六五ヘクタール〕の土地を政府から譲渡され、自分たちでも四八〇エーカー〔一九五ヘクタール〕の土地を購入した。そこで小麦を栽培し、大恐慌のさなかに子どもたちを育てた。私の両親が出会ったのは、サスカチュワン州レジャイナにあるノーマルスクール（教員養成学校）だった。第二次世界大戦が始まると、父はカナダ空軍に入隊した。小麦農場は父の一番上の兄が受け継いでいたので、戦争が終わると父はじっくり考えたすえに、家族の支援を受けつつ、退役軍人社会復帰法の制度を利用してウィニペグのマニトバ大学で農業を学ぶことにした。仕事を探す段になると、父は母と私の姉二人を連れて東部行きの列車に乗った。父たちはオンタリオ州にある鉱山町のサドベリーで列車を降り、そこに住みついた。三番目の姉と私が生まれたのはこの町だ。人気のない荒れ地が、父たちにゆるやかな起伏のある大草原を思い出させたのかもしれない。

サドベリーでは一九世紀末に、町外れの広大な露天掘り鉱山で金属の採掘が始まった。来る日も来る日も、焙焼〔鉱石を熱して硫黄などを取り除く工程〕のために、火がつけられた鉱石と木材の山がくすぶって煙を上げていた。硫黄を含んだ濃いスモッグが露天掘り鉱山の縁を越えて流れだし、丘陵地帯に広がった。植物を枯らし、花崗岩（かこうがん）を黒ずませ、辺りを不毛の土地に変えた。そこでは何十年もの間、木が再生しなかった。やがて野ざらしの「焙焼場（ローストヤード）」の代わりに、工業的な精錬所が登場したが、煙突が吐き出すすすはそれほど遠くまでは運ばれていかなかった。ニッケル、銅、亜鉛、鉄が毎日一一六トンも精錬されるおかげで、サドベリーの町は鉛筆で描いたグレースケールのスケッチのようになった。

一九七〇年から、町の西の地平線上にインコ・スーパースタックという巨大煙突が少しずつ姿を現し始めた。二年の建設期間のすえに完成した高さ三八一メートルの煙突から、二酸化硫黄と二酸化窒素の雲が上層大気に放出された。その煙は卓越風に乗って流れ、遠い北ヨーロッパに有毒ガスと酸性雨を運んだ。その頃、サドベリーの荒れ果てた土地がアメリカ航空宇宙局（NASA）の目にとまった。実はサドベリーは、先史時代の巨大隕石衝突でできた盆地の中にある。一九七一年と一九七二年、月探査ミッションを前にしたアポロ一六号と一七号の宇宙飛行士たちは、サドベリー郊外で月面車をテストした。さらに月面でも同じような隕石衝突クレーターが見つかるという想定のもと、隕石衝突の痕跡が残る地域の地質調査もおこなった。このように汚染された環境が私のふるさとだ。自然を好きになるきっかけとしてありがちな場所とは言えないが、それでも私にとってそこは驚きに満ちた世界だった。宇宙探査の興奮が私を科学好きにしたのだ。

両親は自宅のロックガーデンに、サドベリーの汚れた空気と酸性の土でも育つ野菜や果物、そして一、二種類の野の花を植えていた。姉たちは庭のそういう植物や、空き地の砂利から生えてくる弱々しい雑草が大好きだった。夏の週末には父が運転する車で、サドベリーの外へと伸びる、ジェットコースターみたいに曲がりくねった道を何時間もドライブした。姉たちは後部座席に座り、私は前の座席に両親に挟まれるかたちで収まった。鉱山から十分離れると、木々が現れ始める。どこまでも伸びる道のところどころに、立入禁止の看板が立っていた。その看板が見当たらない区間があると、父は私たちをフェンスの向こうに行かせてくれた。このフェンスは、私たちに対するものではなく、クマやヘラジカが道路にさまよい出てくるのを防ぐためのものだと、父は言っていた。

私たちのお気に入りの場所は、キラニーという町の近くにある、石英の多い白い丘から見えるところにあった。私たちは、花崗岩の丘の間にある、氷河期の氷河形成活動で削られてできた小さな谷を抜けて、ヒューロン湖のアイランズ湾の岸辺に向かう。波が打ち寄せるあたりの岩場には、バンクスマツが曲芸師みたいな姿勢で生えていて、その間には革のような黒い地衣類が染みのように広がっていた。この地衣類は雨が降ると膨張して、つるつる滑るゴムのかさぶたみたいになる。間違ってそれを踏むたび、支えている根のようなものが岩から剝れるので、私は滑って膝を打った。父が「これは岩のはらわた（ロックトライプ）って呼ばれてるんだ」と言った。それは父が教えてくれた、数少ない菌類の豆知識の一つだ。「食べられるって話もある。たぶんスクランブルエッグみたいな味じゃないかな」。そして、いつも読んでいる歴史書の一つから引っ張ってきた知識を披露した。「フランクリンの北極遠征隊は、これをスープの材料にしたんだ[3]」。私は今まで、この地衣類の味について意見を述べられる人に出会ったことはないが、科学の世界ではイワタケ属（*Umbilicaria*）と呼ばれていることなら知っている。

そんな探検はそれほど大変ではなかったけれど、それでも私には苦痛な面があった。姉たちは植物を見つけるたびに、立ち止まって議論するのだ。彼女たちは、食べられる花は摘んでサラダにしたし、ガマの穂の綿はゆでてから、まるで初めて食べる外国産の野菜みたいに食卓に出した。私はそんなことより、飼っているダックスフントが土や腐りかけの木から夢中で掘り出した、トカゲや芋虫のほうに興味があった。彼女は、短い足を耕運機の回転刃みたいに素早く動かして穴を掘った。何かを見つけると、取りつかれたみたいな、秘密めいた笑みを浮かべながら私をチラリと見て、自分の発見を分かち合おうと誘いかけてくる。そして鼻先を木の根の間に深く突っ込む。この匂い！この匂いですよ！ 彼女は、私が逃していているものを感じ取っていた。私は彼女みたいに世界の匂いを嗅ぎたいと思った。彼女をお手本とすることで、私は、それまで意識していなかった周囲の環境の細かな部分に気づくようになった。

私は進路もろくに決めないまま、科学系専攻の学生として大学に入学した。出だしで天文学と生化学でつまずいた後、九年の時間と三つの大学をへて、私は菌類学の専門家になった[4]。私や仲間の大学院生たちは、「菌類学者」は立派な仕事だという突拍子もない考えを抱いていた。菌類学者というのは、実際にどんな仕事をしているのかを説明するのにひどく時間がかかる職業だ。菌類を研究する仕事だということがようやく伝わっても、たいていの人には信じてもらえない。カビとか酵母とかキノコで一日中遊んでいて、給料がもらえる仕事なんてあるのか、というわけだ。

きちんとしたキャリアパスがあったわけではなかったが、年月を重ねるなかで、私は畑や森林、人工的な環境を研究対象とする研究者としてずっと満足のいく職を得てきたし、その間に五つの大陸を渡り歩いてきた。林床に積もった落ち葉の中を這い回るのをやめて、病気の植物や腐りかけの丸太から目を上げて、想像力に欠ける観光名所にしばし注意を向けることもたまにはある。しかしそれは本当にときどきだ。

## 菌界——菌類の王国

私たちは毎日、菌類（真菌）のそばを通り過ぎ、呼吸のたびにその胞子を吸い込んでいるのに、ほとんどの人はその存在に気づいていない。菌類は腐朽や腐敗、病気、カビをもたらし、清潔で新しいものをなんでもだめにするという固定概念がある。堆肥を作るコンポスト容器の中にカビがあっても平気だが、パンにカビが生えているのは我慢できない。キノコが食用かどうかについてもひどく気にする。しかしそれ以外の菌類、つまり私たちが毎日遭遇している無数の菌類は意識されることもなく、想像にのぼることもないままだ。

私たちが一番よく理解しているのは、大きくて注意を引きやすい菌類（大型菌類）だ。[5] その中で最も身近なのがいわゆるキノコだが、これは一時的な構造であって、数日しかもたない。私たちは食べ物への執着心から、毒キノコとそうでないキノコを見分ける方法に興味があるし、毒キノコは殺人ミステリーの仕掛けとしてもよく出てくる。[6] ヒラタケやシイタケ、ヤマドリタケ（ポルチーニ）、アンズタケ、アミガサタケ、セイヨウショウロ（トリュフ）などの食用キノコは、ナチュラリストやシェフたちを一生涯とりこにする。地衣類（第2章を参照）も食材や布類の染料として用いられることがある。

一方でこの本では、私たちがめったに気づかず、よく理解していない微小菌類に焦点を当てる。そうした菌類は一般に「カビ」と呼ばれる。この日常的な用語ひとつに、分類学的に遠く離れた何千種もの菌類が含まれている。これは近縁種ではないが成長パターンがある程度共通している植物を「灌木」と呼ぶのと同じことだ。通常カビは、ちりや綿、スライム、粉などのように形状がはっきりせず、場合によってはその周りにかすかなフィラメント構造ができて、それでようやく見えてくる。大型菌類を含めて、大半の菌類は一生のほとんどを、ほぼ目に見えない微細な糸状細胞（菌糸）のネットワークの形で過ごす。一部の菌類はときおり、もっと大きな構造を形成し（大型菌類の場合はこれが「キノコ」になる）、そこからほとんど目に見えない胞子の雲が放出される。胞子は空気を漂って、あらゆるところに積もる。もちろん、私たちの食べ物やベッドの上にも。

菌類は、私たち人間とともに過ごしてきた長い歴史の中で、私たちのライバルになることも多かったが、助けとなることも少なくない。よく協力者となってくれるのが、酵母と呼ばれる単細胞の菌だ。酵母には数千種類の野生種があるが、私たちの主食や飲料の製造に役立っている酵母は数種である。酵母はさまざまな種類の液体の中で増殖するので、水を多く含む昆虫や人間の体も生息環境として適している。人間の体内の酵母は、体によい腸内フローラの一員として消化管の正常なはたらきを保ったり、皮膚を守る微生物のバリアの一部になったりしている。

畑や森林では、カビは植物や動物の内部に存在する気の知れた仲間として、極めて重要な隠れたパートナーという立場にある。また私たちは、菌類が自分たちのために作り出している多くの化学物質を、抗生剤などの薬として利用している。菌類の酵素（生化学反応の中で他の分子の分解や結合、再配置をおこなうタンパク質）は、洗剤の効果を高めたり、バイオ燃料の製造を助けたりする添加剤として工業利用されている。これらは、現代のバイオテクノロジーが早くに生み出した製品でも特に成功したものだ。

一方で困ったことに、菌類は私たちの目を盗んで問題も引き起こす。たとえばさび病や胴枯病、黒穂病、うどんこ病などの植物病害がそうだ。また菌類は生物分解（有機物を分解する）能力を持つため、家の床板を腐らせたりする。食べ物をだめにしたり、毒素を加えたりもする。医師たちは、フケ症（脂漏性皮膚炎）や白癬、水虫といった、菌類による痒みを伴う皮膚の病気や、もっと恐ろしい真菌感染症の患者をよく目にしている。さらに、一部の厄介なヒトウイルスと同じように、菌類も大陸から大陸へと移動して、新しい病気を遠く離れた場所で発生させる。

ヒトと菌類は、体のデザインこそ違うが、細胞の仕組みや生化学的特徴にはたくさんの共通点がある。そうした共通点のおかげで、菌類は医学研究に役立っているが、それは同時に、菌類を阻止しようとするなら、攻撃手段を注意深く選んで、ヒトの体に悪影響を及ぼさないようにしなければならないことを意味する。菌類に有害な化学物質はヒトにも影響する可能性があるのだ。このことは、有効性の高い抗真菌薬が少ない理由の一つであり、作物への抗カビ剤の使用は慎重に判断しなければならない理由でもある。

菌類を文化の中でどうとらえるかは社会によって異なっていて、菌類の有益な面と有害な面のどちらを重視するかによる。西洋社会には、菌類に対して生まれつきの嫌悪感を持っている人がとても多く、英語にはそうした態度を表す「mycophobic（菌類恐怖症の）」という形容詞があるほどだ。西洋の多くの地域では、「菌類」とか「カビ」という言葉は、ジョークを言うときの決まり文句になっているし、侮辱を意図して使われたり、モラル低下や衛生状態の悪さを示すものとされたりもする。しかし北欧や東欧、アジア、先住民社会の多くでは、菌類に対して、ふつうは子猫や子犬にしか向けないような愛情を抱いている。この場合の形容詞は「mycophilic（菌類愛好症の）」だ。[7]たとえば、日本で非常に人気のあるアニメキャラクターの一つに、コウジカビ（*Aspergillus oryzae*）がいる。このコウジカビは、丸くて黄色い幸せそうな顔をしていて、その顔からは、丸い胞子が円錐形に積み上げられたものが五本飛び出しており、ニコニコ顔で歌を歌いながら空気中をフワフワ漂う〔マンガ『もやしもん』のキャラクターのこと〕。

文化における菌類のとらえ方がこれほど異なるのはなぜだろうか。それは、自然の見知らぬ部分に直面したときに、恐怖を抱くのか、それとも好奇心を持つのかという、反応の違いを反映したものだと言える。菌類には良いものも悪いものもあるが、ほとんどはその中間に位置している。古い迷信を正そうという機運が高まっている今、私たちの偏見を捨てるべきときが来たように思える。

## 菌類のウムヴェルト

ウムヴェルト（Umwelt）というドイツ語は、動物が目や耳、脳を使って周囲を知覚する様子を表す、詩的かつ哲学的な表現だ。私たちは、自分たちの動物的感覚の確かさと完全性に自信を持っている。他の生き物が私たちにない能力を持っている可能性や、私たちに検出できない種類のシグナルを送り合っている可能性はほとんど考えない。私たちの共感力のなさ、つまりウムヴェルトの不足は、他の生物の扱い方にそのまま表れている。私たちは、ペットとか、テレビや動物園で大人気の哺乳類など、特定のサイズの動物には控えめな仲間意識を抱いている。そしてそういう動物の赤ちゃんを見ると人間の赤ちゃんを連想する。彼らと人間は、ある程度社会的な良い関係にあると言える。しかし、それ以外の動物のことを考えるとき、ほんわかとした気持ちは消える。あなたは昆虫についてどんな感情を持っているだろうか。カエルやコウモリはどうだろうか。そうした生き物の目をのぞき込むと、エイリアンの目を見つめているような気分になる。ましてや、目に見えない生物に共感を抱くなんてとんでもない話に思える。

人間は、非常に小さな生物が複雑な行動をすると驚くことが多い。微生物（菌類や細菌、変形菌、原生生物などの微小な生物）は、外部刺激に対する予測可能な機械的応答として行動したり反応したりする小型の機械、つまり単なる自動装置（オートマトン）と見られがちだ。哲学ではこうしたアプローチを「種差別（speciesism）」と呼んでいる。種差別の立場に立つと、他の生物に対して意思決定や創造性、そして何らかのコントロール感や行為主体性を認めることができない。しかし菌類は少なくとも、反応し、食事をし、排泄し、シグナルを交わし、より良い生活を求めて頑張っている。その点では、菌類は私たちと変わらない。

他の生物の行動を、人間の認知能力や感情、主体性に相当するものとして解釈することを「擬人主義」という。科学の世界では、そうした擬人主義（擬人化）は間違いであり許されない。しかし擬人主義という概念そのものがある種の擬人化であるような気がする。人間もまた、自らの感覚や意識によって、人間という存在の中に閉じ込められている、つまり擬人化されているからだ。人間との違いが非常に大きい生き物、つまり活動の規模がさまざまであり、かなり奇妙な方法と異なる速度で移動し、人間同士のコミュニケーションに使われるのとは異なるシグナルを送り合う生物を想像したいのなら、擬人主義は最良のツールだ[8]。

菌類から見た私たちの世界を想像するのは難しいが、この本のテーマが菌類である以上、私は何のためらいもなく、擬人主義ならぬ「擬菌主義」の立場で話を進めていこうと思う。とはいえ、比喩はあくまで比喩だ。ものごとを理解し、共感するのに役立つ道具にすぎない。私は熱狂的なタイプではない（それとも菌類をもじって「ファンガティック」とか？）。それに菌類が所属する菌界が動物界や生物界よりも重要だとか、興味深いと言うつもりもない。ただ、自分が菌類支持者であることを隠す気はない。私たちは生物多様性が失われつつある時代に生きているが、それと同時に、あらゆる生命が思いもよらない形で広い範囲でつながり合っていることに気づきはじめてもいる。この本では、菌類はヒーローと悪者の両方をつとめる。人間は脇役にすぎない。

進化系統樹の上では、菌類は私たちヒトのごく近所にいて、植物よりも動物との類縁性のほうが高い。菌種の数は一五〇万種から一五〇〇万種（現実的なところでは五一〇万種だろうか）と考えられている。しかし、菌類学者が顕微鏡を使って研究を始めてから二〇〇年もたっているのに、分類して名前がつけられているのは約一四万種にすぎない。つまり、観察と分類が完了したのは菌類全体の五パーセントに満たないということだ[9]。この二〇年で、DNA解析によって未知の菌種が思いもよらないほど多数存在することが明らかになってきた。少しずつだが、私たちは菌類という大きなパズルに足りないピースを埋めつつあると言える。

すぐお隣にある世界をめぐるこの旅が、生物の世界の複雑さを理解し、どんなに小さくてもすべての生物を受け入れ、理解し、敬意を払うことの必要性に気づく手助けになることを、私は期待している。

それでは、私の友人たちを紹介しよう。

# 第1部

# 隠れた世界

# 第1章 コロニーの中の生活……菌類の進化

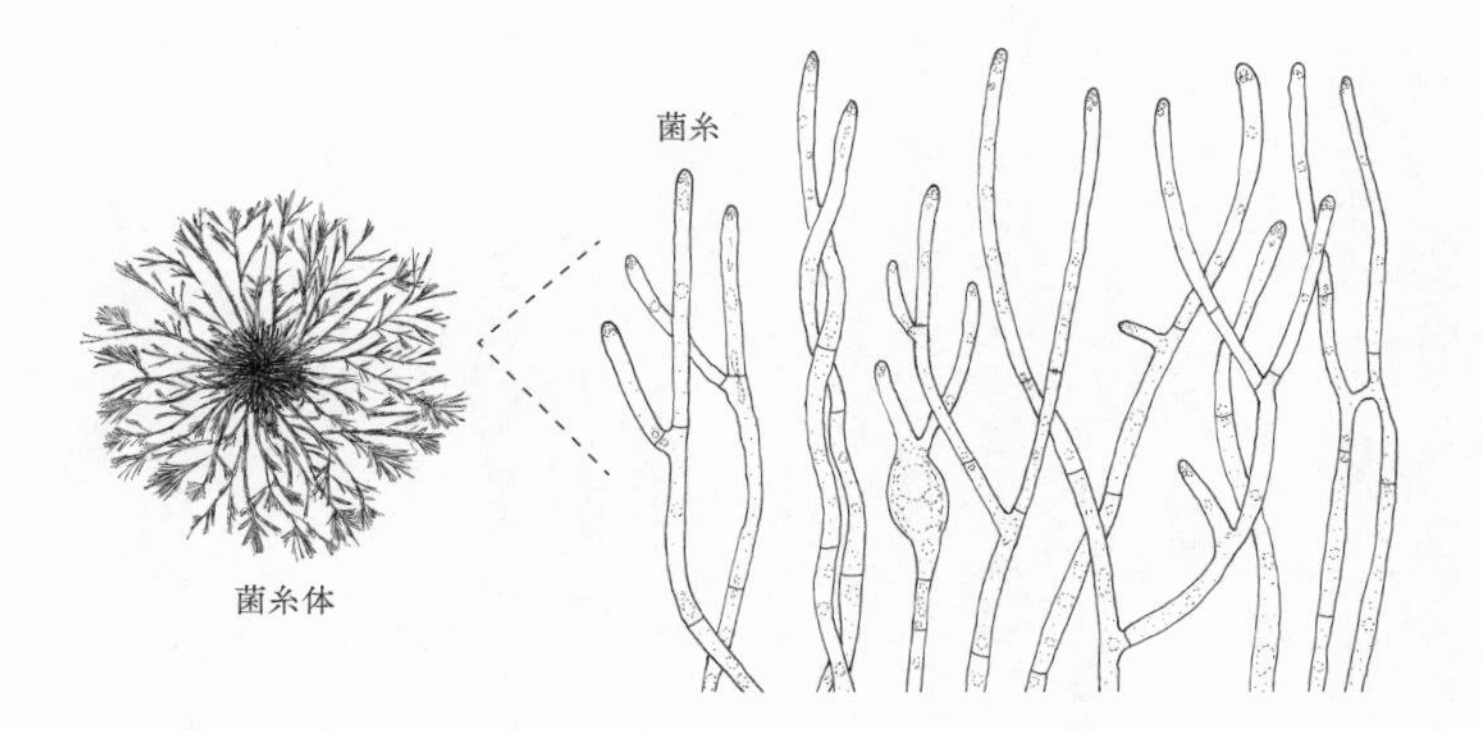

地球はずっと今のような姿をしていたわけではない。私たちが立つ地面は硬く感じられるが、実際には、大陸は流動するマントルの上に浮かんでいる。それはまるでぐつぐつ煮えるシチューに浮かんだ肉団子みたいだ。地球誕生からの一〇億年ほどは、地球上で起こる現象のほとんどが地質学的現象か化学的現象だった。生命のいない太古の超大陸が分裂して漂っていき、衝突してまた一つになるということが繰り返された。ごく最近でいえば、わずか二億五〇〇〇万年前にはパンゲアという一つの超大陸が存在していた。

生命が登場したのは今から約四〇億年前で、地質時代では先カンブリア時代にあたる。登場してから最初の二〇億年は、すべての生命は細胞が一個しかない単細胞生物だったので、この期間はときに「退屈な数十億年」とも呼ばれる。大気は窒素と二酸化炭素が混ざり合ったものだった。ところで生命は甘いものが好きだ。つまり、糖を中心に動いている。かつて数種の細菌は、太陽光を使って二酸化炭素と水の分子をくっつけることによって、空気から糖を作る方法を発見した。「光合成」と呼ばれるこの生化学反応が、あらゆる生命に栄養をもたらしている。酸素はその反応の副産物として生成された。平和で退屈な時代は過ぎ去り、大気中の酸素濃度は徐々に増加して現在の二一パーセントまで達している。一方、光合成をしない他の微生物は、光合成をする細胞の排出物をくすねたり、その死骸で生きのびたり、生きた細胞を直接攻撃したりして生きていた。腐食栄養や寄生栄養というプロセスによって死をまぬがれていたのである。[1] そして一五億年前から一〇億年前の間に、細胞核とX字型の染色体をそなえた微生物（真核生物）が、動物界や菌界、植物界、いくつかの原生生物グループなどさまざまな生物に分かれていった。[2] 一方で細菌（原核生物と呼ばれることが多い）は、細胞核がなく、一般的には一個の環状染色体を持つ生物だ。細菌は独自の進化の道を進んだ。細菌は、細胞の個数も種の数も圧倒的に多いことから、現代世界でも多数を占めている。しかしここでは細菌の話はしない。

動物と菌類の最後の共通祖先は、むちのような鞭毛（べんもう）を使って海を泳ぐ単細胞生物だったと考えられている。そういう非常に小さなおたまじゃくしのような細胞は「遊走子」と呼ばれる。菌類の祖先はとても小さくて脆かったので、その姿を知る手がかりになる化石はほとんど残っていない。この大昔に分かれた進化の系統で現在も生きている菌類はツボカビ門（Chytridiomycota）に属していて、一般的にはツボカビ類（chytrid）と呼ばれる。一〇〇〇種ほどいるツボカビ類の大多数は、淡水中でのどかに暮らしている。ツボカビの胞子である遊走子は、尻尾を振りながらあちこちへうろついている。その途中で花粉粒子や、浮かんでいる種子の表皮に衝突する様子は、まるで小さなヤギが風船を頭突きしているみたいだ。やがて遊走子は膨らみ、新たな遊走子が詰まった一個または数個の細胞になる。一部のツボカビは、仮根という指のような細胞性の根を作って、それで宿主組織にくっついたり、組織の内部に入りこんだりする。また遊走子が頭をぶつけあって交配する場合もある。あなたはたぶんツボカビ類のことを聞いたことがないだろうが（ところでツボカビ［chytrid］

という名の由来は「小さな鍋」を意味するギリシャ語で、これは遊走子が詰まった母細胞を指している)、湿気を好む性質や、植物や動物の内部に遊走子工場を作る習性のせいで、いくつかの重篤な病気の原因になっている。特に有名なのが、両生類の絶滅を引き起こす感染症だ(これについては第9章で詳しく扱う)。

接合菌類は、進化の過程でツボカビ類の次に分かれた菌類グループだ。その分岐が起こったのは、新たに登場した多細胞生物が多様化し、陸に移動し始めたころだった。現生する接合菌類(以前は接合菌門に分類されていたが最近変更され、いくつかの門に分かれた。詳しくは付録を参照)のほとんどは、堆肥に生えるクモノスカビ(*Rhizopus*)などの、雑草のようにすばやく育つカビだ。接合菌類は、水分と糖分の多い場所を探し出すと、すばやく広がり、周囲を無性胞子でいっぱいにする。また昆虫とかかわりのある接合菌類もかなり多い。よく知られているのがハエカビ(エントモフトラ・ムスカエ[*Entomophthora muscae*]など)だ。秋になると、窓ガラスにはハエカビに寄生されたイエバエの死骸が貼り付き、その周りにハロー状に白い無性胞子が飛び散っていることがある。接合菌類の有性生殖プロセスは、一回の交配で生まれる子どもが一人(一個)だけという点で、人間と似ている。ただし妊娠は体の外で起こる。交配するペアの先端細胞部分の間に、有性胞子である「接合胞子」が入った嚢が膨らむのだ(付録の図を参照)。この黒っぽく、分厚い壁に包まれたボールのような接合胞子の表面には、たくさんのいぼや枝分かれした突起がよく見られる。そのせいで顕微鏡では、スチールウールか、中世のフレイルという武器についているトゲ付き鉄球のように見える。接合菌類には接合胞子を他の場所に送る仕組みはない。接合胞子はほこりの中に落ちて、育つのに好ましい条件になるまで休眠するだけだ。胞子の派手な装飾は、お腹を空かせた昆虫の幼虫や、線虫に食べられるのを防いでいるのである。

アーバスキュラー菌根菌（第4章参照）は、植物の根とつながりがある接合菌で、植物の陸上生活への適応を助けた菌類のひとつとされている。アニメの「ザ・シンプソンズ」では、魚がのたくりながら海から出てくると、やがて足が生えて陸上をよろよろと進み始め、トカゲから恐竜、そしてある種のサルへと姿を変えて、数百万年後には最終的にホーマー・シンプソンになる、という描写がある。しかし植物の陸上生活への適応は、そんなふうには進まなかった。細かな部分は長い時間の中で失われてしまったが、陸上植物のほとんどは、塩分濃度が高い海の厳しい環境から逃れて淡水に移り住んだ、多細胞の藻類から進化したのではないかと考えられている。陸上に移り住んだ最初の数億年間、藻類と菌類はつれだって浅い沼の水面に浮かんだり、硬い地表で干からびたりしていた。菌界と植物界の間で今も続く親密な協力と競争は、この時代に盛んになったのだ。

植物は、菌類とのかかわりがなかったらこんなに栄えていなかっただろう。菌類と植物の協力関係の多くが、地質時代の区分である累代や代、紀、世にわたって構築され、現在の世界まで連綿と続いている。菌糸（菌類の体を構成する糸状の細胞）は、植物の葉や幹、根の中で成長していた。そうした太古の関係の手がかりを示す植物化石がわずかながら見つかっている。その他に、単細胞藻類（または光合成細菌）が菌類のコロニー内に棲(す)みつくという戦略もあった。この戦略をとる生物を現在では地衣類と呼んでいる。

やがて菌類と陸上植物の数は急激に増えた。そしてその時期は重なっていたようだ。デボン紀にあたる約四億年前に、子嚢菌(しのうきん)類と担子菌(たんしきん)類が登場した。この二つは、現代世界の菌界で特に大きな門（子嚢菌門と担子菌門）にあたる。子嚢菌類と担子菌類は、どちらも生きた植物や死んだ植物と密接な相互作用をするが、その方法はそれぞれ異なっている。

子嚢菌類は菌界で最大の門だ。特に目につきやすい子嚢菌はあなたもきっとよく知っているだろう。ごつごつして石炭のようなトリュフ（セイヨウショウロ属［*Tuber*］）は高価なキノコで、オークの根の間で育つ。犬やイノシシ、リスなどより先に見つけられたら、掘り出して、何片か薄く削り取って料理に使うと、風味が格段によくなる。モリーユ（アミガサタケ属［*Morchella*］、グチー［Gucchi］という名もある）は不思議なしわのある卵形のキノコで、春の数週間、牧草地や木の下に出てくる。トリュフやモリーユはキノコ狩りをする人々に珍重されている。彼らはそうしたキノコを自分だけのものにしようと、自分の採集ポイントを秘密にするものだ。

子嚢菌は約八万七〇〇〇種が知られており、その多くが微小菌類だ。肉眼では、植物や動物の上にある小さな点や染みにしか見えない。そうでなければ、腐りかけのゴミの中に隠れていて、セルロースやデンプンを分解してばらばらにする。やがてカビとして姿を現し、無性胞子を放出する。一方、子嚢菌の有性世代は、絡み合った親世代の菌糸の集まりから現れた、フラスコ形かカップ形の器官である。この器官には子嚢という大きな袋状の細胞があり、その内部で有性胞子が作られる。この子嚢は、まず親世代の菌糸細胞にある二個の細胞核が融合し、その細胞の一部が膨らむことで形成される。それぞれの子嚢内で一個の細胞核が一回分裂すると、二個の子嚢胞子ができる。二回分裂すれば子嚢胞子は四個できるし、もっと分裂すれば八個、一六個、三二個と増えていき、数百個になることもある。しかし一般的な子嚢には、八個の子嚢胞子がきっちりと並んでおさまっており、まるで透明なサヤにぎっしり詰まった豆のように見える。ほとんどの子嚢菌では、子嚢は水鉄砲のようになる。破裂して細胞内の液体を噴出し、胞子を空中に飛ばすのだ。一度に数百から数千の子嚢ができることがあり、そのひとつひとつが親世代の細胞核の融合によってできたものである。子嚢菌たちはかなり羽目を外しがちなのだ。

もう一つの大きな門である担子菌門の多くの種には、植物に含まれるセルロースとリグニンの両方を分解する特別な能力がある。そして五万種ある担子菌類のうち約半分が、私たちが一般的にキノコと呼んでいる器官を形成する。キノコの形はさまざまだ。スーパーマーケットでよく見かけるブラウンマッシュルーム（*Agaricus bisporus*, ツクリタケ）のように、かさの裏側にひだがついたキノコもあれば、ヨーロッパのキノコ愛好者が大好きなヤマドリタケ（*Boletus edulis*, セップやポルチーニとも）みたいに、かさの底がスポンジ状で、そこに小さな孔がたくさんあいたキノコもある。サルノコシカケ（マンネンタケ［*Ganoderma lucidum*］など）は、木や木材を腐らせる性質のある硬い木質の棚型の担子菌類で、棚板のような構造の下面には小さな点のような小孔が無数にあいている。ホコリタケ（puffball）は、ゴルフボール大の丸いマシュマロのようなキノコで、古くなると柔らかくなって、灰色の胞子を空中にプッと吐き出す。（英語で「巨大なホコリタケ（giant puffball）」と呼ばれるセイヨウオニフスベ［*Calvatia gigantea*］はサッカーボール大に膨らみ、実際にサッカーボールのように扱われることが多い）。コガネニカワタケ（*Tremella mesenterica*）などの膠質菌は、木の枝に生えることが多く、水分を含むと脳みそ形のゼラチン質のかたまりになるが、乾くと縮んで硬いかさぶたのようになる。担子菌の一部には酵母型の無性世代を持つものがある。微小な担子菌類の多くは土壌や植物内にも潜んでいる。そのなかでも特にさび病菌や黒穂病菌は農業に壊滅的な被害を与えることがある。

多くの担子菌類では、菌糸が土の中で密に集まってミニチュアのキノコ（原基）になり、じっと待っている。にわか雨が降るとこの原基の細胞が水を吸って膨らんで、キノコが地面から勢いよく飛び出してくる。それは圧縮スポンジを水の中に落としたときのようだ。この膨張する力は、コンクリートさえ突き破ることがある。成熟したキノコのひだや小孔がある表面を覆う層には、担子器というこん棒型の細胞が無数にあり、この担子器で、親の菌に由来する細胞核が融合する。それぞれの担子器の先端には、小柄（しょうへい）という先細りのピンのようなものが四本ついている。小柄の先には担子胞子が一個ずつ、微妙なバランスでくっついて、そこで成長していく。担子器全体では、最終的に球形か卵形をした四個の担子胞子が同時にできる。この胞子は、担子胞子と小柄の間にできる水滴がはじける力を使って、ひだの間の空間に飛び出し、かさの周りを流れる気流に乗る。

現代の菌類学者は、菌界の門の数をおよそ二〇としている。[3] そのうち一六の門にはごく少数の種（しゅ）しか属しておらず、人間への影響はほとんどない。しかしA、B、C、Zから始まるグループ、つまり今紹介したばかりの子嚢菌門（ascomycetes）、担子菌門（basidiomycetes）、ツボカビ門（chytrids）、接合菌門（zygomycetes）に属する種の数は合わせて数百万種になる〔前述の通り現在は接合菌門はなくなっている〕。これら菌類の営みは多様であり、自然と人類文明の両方に利益を与えたり、害を及ぼしたりする。こうした菌類を見たければ、観察方法を知る必要がある。

## 菌類を見るには——同定、培養、解析

初対面の相手が空港に迎えに来てくれるという場合、あなたは電話で自分のことをどう説明するだろうか。私のような、ややぽっちゃり型で背が低く、目の色は青で、髪は茶色でまっすぐ、という中年男性はいくらでもいる。そうなると、鼻の形とか、唇の上のほくろとか、歩き方なんかを説明するための特別な語彙が必要になる。私たち全員が胸に名札をつけていたり、バーコードみたいなものを持っていたりしたら、話はずっと簡単なのだが。

目に見えない菌類の世界を見て、そのメンバーを見分けるというプロセスを私が初めて経験したのは、ウォータールー大学の二年生を終えた後の夏だった。その前に受けた非維管束植物の概論の授業で、菌類学の思いがけない魅力を知った私は、ホームグラウンドというべき土地で自分の新しい「専門知識」のテスト飛行をしたいと考えた。そこで三年生になる前の晩夏に、サドベリーの自宅裏にある、まばらに木が生えた植林地に足を踏み入れた。キノコをいくつか採集してみたが、キノコについてよく知らないことにすぐに気づいた。地元の書店にあったキノコ関連の本は、アメリカの菌類学の第一人者アレクサンダー・H・スミス（一九〇四～一九八六年）が著した『マッシュルーム・ハンターズ・フィールド・ガイド』というガイドブックが一冊だけだった。[4] この本で知ったのだが、キノコの同定には、ひだのある面が下になるようにして、かさを白か黒の紙の上にのせ、瓶などをかぶせて一晩おくことで、「胞子紋」を作る。このときに、かさの半分を白い紙の上に、

半分を黒い紙の上に置くともっとよい。胞子の色が白か黒かが簡単にわかるからだ。胞子がかさから落ちるので、次の朝にはその色を確かめられる。

ガイドブックの検索表〔キノコの特徴から種類を同定できる表〕を何時間もかけていろいろ調べ、説明文の専門用語にまごつきながら、採集したキノコの特徴と照らし合わせた結果、それがナラタケ（*Armillaria mellea*）であると七〇パーセントの確かさで言えるようになった。その「ハニーマッシュルーム」という英名や、学名のmellea（ラテン語で「ハチミツ」の意味）が示すとおり、ナラタケのかさはハチミツのような色をしていたし、かさの上の鱗片も、古くなったハチミツにできる結晶に似ていた。スミス氏のガイドブックによれば、ナラタケの際だった特徴として重要なのが、「根状菌糸束」があることだった。根状菌糸束は黒い靴紐のような菌糸の束で、ナラタケの根元近くで見つかるという。私はナラタケを見つけた窪地にもう一度行って、土を懸命に掘り返した。その勢いを見て私の犬は喜んだ。私がようやく自分から何かを学び取ったのがうれしかったようだ。何を探すべきかわかっていれば、根状菌糸束はあちこちに見つかった。腐りかけの木で剝がれそうになっている樹皮の下にもあったし、土や落ち葉の層の中にも長いブラックリコリス〔甘草味のキャンディ〕みたいにくねくねと伸びていた。これを見て私は、同定結果が正しかったとさらに確信した。そのうえナラタケは、スミス氏いわく「食用に適しており味は極上」で、それは「特に味はしないが毒はない」とかいう説明より魅力的な誘い文句だった。私の目標、それは食卓に野生キノコを出して、植物好きの姉妹たちに決まり悪い思いをさせることだった。

野生キノコを食べるときのルール――今まで食べたことのないキノコを食べるときには、ほんの少しの量にすること。そこでまず私は、母に自分のアイデアを説明したうえで、採取したナラタケのほとんどをそのまま取っておき、ガイドブックの該当ページを開きっぱなしにしておいた。もしもの場合には、中毒管理センター〔中毒事故に専門家が二四時間電話対応する公的サービス〕が必要とするかもしれないからだ。そして、フライパンにバターを一かけ入れて加熱し、ナラタケを一、二個炒めた。さて、どんなひどいことになるだろう。味はまあまあで、普通のマッシュルームのような感じだが、ちょっと金属っぽい味がした。私は腰を下ろして、様子をみた。よくないことは何も起こらなかった。三週間たっても大丈夫だったので、すっかり心配は消えた。

世の中のキノコガイドブックには、キノコ中毒の危険性についてはっきりと書いてある。[5] キノコのほとんどはヒトが食べても命にかかわることはないが、それでも毒キノコは驚くほどふつうに見られる。キノコは種によって毒性成分が異なり、体に与える影響も違う。胃腸の不調を引き起こすキノコの場合、早ければ食後二時間で吐き気を催したり、トイレに駆け込んだりすることになるが、症状が出るまで七、八時間かかることも多い。発症までさらに時間がかかるキノコもある。ドクフウセンタケ（*Cortinarius orellanus*）にはオレラニンという腎障害を引き起こす毒性成分が含まれるが、その致死的な影響は食べてから二、三週間後に遅れて現れる。

テングタケ属（*Amanita*）のキノコは、美しくて魅惑的な見た目をしていて、まるで採集してくれと誘惑しているようだが、この属のキノコは最も致死性が高い。その通称をみればよくわかる。北米大陸に分布する白いテングタケの一種であるアマニタ・ビスポリゲラ（*Amanita bisporigera*）や、ヨーロッパに分布するドクツルタケ（*Amanita virosa*）は「破壊の天使」と呼ばれている。ヨーロッパに分布する種だが、一九三〇年代以降は北米大陸にも広がっている、緑と茶が混ざったような色のタマゴテングタケ（*Amanita phalloides*）には、「死のかさ」の名がある。そういったわけで、キノコ狩りをする人はみな、他の属の食べられるキノコを覚える前に、まずテングタケ属の見分け方を教わる。テングダケ属のキノコが持つ毒性成分は、アマトキシンやファロトキシンといった環状ペプチドで、これらは加熱しても消えず、胃から血液中へと入る。食後一二時間から二四時間で不快感が始まり、ひどいめまいや吐き気、下痢、頻尿、咳、息切れ、腰痛などの症状が起こる。こうした症状の第一幕の後には、短い小康状態がやって来ることがあって、そのせいで回復したと錯覚してしまう。しかしその間も肝臓と腎臓では、痛みを伴うことなく毒性成分の濃縮が進む。やがてタンパク質合成がストップして、細胞が破裂し、数日で苦痛を伴う死に至る。テングタケ中毒はビタミンCやペニシリンで治療できるという都市伝説があるものの、こうした治療法はあまり役に立たない。唯一の望みは、十分な静脈内輸血（と一時的な生命維持治療）をおこなって、適合するドナーからの肝臓移植までの時間をかせぐことだ。

キノコの正確な同定が実用的に見て重要であることは、特にキノコを食べたい場合には実感できる。一方で微小菌類の同定の誤りは、研究者の実験室から農場、病院まで、あらゆる場面で問題を引き起こす。とはいえ、ほとんど目に見えないようなものをどうやって同定するのだろう。宝石鑑定用ルーペではある程度までしか見えない。カビや酵母などの目立たない菌類の場合、同定は基本的に顕微鏡から始まる専門的なプロセスだ。もちろんシチズンサイエンティストのなかにも、顕微鏡を使った菌類同定のスキルを身につけている人がいる。ただ、高価な実験器具が必要になることや、大学の学位があるほうが望ましいことから、ホビーストと大学などの研究者ははっきり線引きされるのが普通だ。それでも、これから説明するいくつかの実験手順を理解しておくことは大切だ。

菌類の実験をしたければ、生きた培養菌が必要になる。菌類をつかまえて実験室で育てるのは、場合によっては簡単な話だ。胞子一個か、コロニーのかけらを取ってきて、シャーレの寒天培地に置けばいい。栄養と温度の条件が適切で、さらに運もよければ、数日後には菌糸が広がり始める。菌のコロニーは、毛が生えたようなものもあれば、ねばねばしたもの、蠟のようなもの、粉っぽいもの、しわが寄ったものや滑らかなものがある。色のついた放射状の筋やリングのような構造があるし、成長する前に色素がかすかに浮かび上がることもある。果物のような匂いがする菌もあるが、多くはかびくさく、それ以外のものは何の匂いもしない。純粋培養された菌は、冷蔵庫で数カ月、冷凍庫なら数十年保存が可能だ。それだけ時間がたったものでも、ふたたび増殖させて研究に使うことができるのだ。とはいえ、多くの菌類は簡単に培養できない。生きた宿主を必要としていたり、必要な栄養分が欠けていたりするからだ。あるいは菌類が寒天を見て、気味の悪いフェイクの自然とみなすからかもしれない。一部の菌類、あるいはもしかすると大多数の菌類は、シャーレでは増殖しない可能性がある。そもそも、DNAの塩基配列の実験をしたいなら、純粋培養された菌を用意するのが一番なのはもちろんだが、きちんとした顕微鏡があって、手先が器用な人なら、培養菌がなくても胞子一個から実験を始められる。

現代の生物学で最も説得力のある証拠とされるのは、犯罪捜査と同じで、現場に残されているDNAだ。微小菌類の同定の大部分がすでに顕微鏡の域を脱して、DNAシーケンシング（塩基配列決定）を使っておこなわれるようになっている。分子生物学のスキルを持つ人は以前より増えているのだから、これは現実的な流れだと言える。世の中に出回っている分子生物学者の写真を見ると、必ずと言っていいほどマイクロピペットを手にしている。これはプラスチック製の細長い円錐形の道具で、上の方にはプランジャー（ピストン状の押し下げ棒）と、リング状のダイアルがついていて、テレビゲーム機のコントローラーのようにも見える。マイクロピペットの用途は、酵素や食塩水、ＤＮＡ抽出物などの液体を吸い上げて吐き出すことにより、そうした液体をごく少量、正確に量り取ることだ。分子生物学の実験室には、スナップキャップ付きプラスチックチューブがぎっしり並んだラックや、マイクロピペットの先につける使い捨てのプラスチック製チップ、溶液が入った試験管、そして振動して液体を攪拌（かくはん）する、小さくてかっこいいボルテックスミキサーなどがあふれている。

遺伝子の断片を複製して、化学分析が可能なレベルまで遺伝子の濃度を高めるのに使われるのが、ポリメラーゼ連鎖反応（ＰＣＲ）法だ。ＰＣＲで増幅された遺伝子のＤＮＡ塩基配列（アデニン［Ａ］、シトシン［Ｃ］、チミン［Ｔ］、グアニン［Ｇ］、あるいはまとめてＡＣＴＧと呼ばれる塩基がさまざまな順で並んだもの）は、サンガー法というきわめて精密な解析手法によって決定される。技術者はかつて、シーケンスゲルという名称の、タブロイド紙大のゼリー状のシートをライトボックスの上に置くか、窓に向けて掲げるかしていた。シーケンスゲルにはＡＣＴＧに対応する縦長のレーンが並んでいて、そのレーンにはたくさんの黒いバンドがはしご状に並んでいた。配列を読み取るには、はしごを段から段へ一段ずつジャンプしながら、このバンドを上向きにたどっていく。

そのはしごの一段が一個の塩基に相当する〔ゲルの上から見て一番初めのバンドがAのレーンに、二番目のバンドがCのレーンにあれば、ACという配列であることがわかる〕。一方、現在のサンガー法では、PCRで遺伝子を増幅した試料がゲルの充塡された狭いチューブを流れていき、レーザーの前を通過することで、DNAが検出される。解析結果を表すグラフには、それぞれの塩基を表す四色のピークが並ぶが、配列のほとんどはソフトウェアによって特定される。さらに二〇一〇年頃、新しいがやや手抜き感のある、次世代シーケンシングという種類の解析手法がいくつも導入された。[6] この手法は従来の手法よりも高速でコストが安く、処理量がはるかに多いので、どんどん普及している。次世代シーケンシングのなかには、PCRで増幅させたDNAを必要とせず、DNA分子一個の配列を読み取ることができるものもある。現在では次世代シーケンシングを使って、海や森林、農産物、植物、建築物、そして人間にどんな微生物が生息しているかを確認する、DNAを用いた調査が実施されている。

どのDNAシーケンシング手法であれ、標準的な遺伝子のDNA配列を正確に読み取って、遺伝的な指紋として使っている。その指紋は特定の生物種が持つDNAバーコードのようなものだ。そのバーコードを検出すれば、その種を同定できる。DNA配列は「系統樹」と呼ばれる進化の系統図を生成するのにも使われる。この系統樹は、生物種を門や属などのカテゴリーに分類するのに役立つ。配列の間の違いの大きさは、進化の時間の中で生物グループが分岐した時期を計算するのに使うことができ、こうした手法を「分子進化時計」と呼ぶ。DNAシーケンシングをおこなえば、観察しているのが何という菌類なのか、そして菌種同士がどのような類縁関係にあるのかという疑問を解決できる。一方で、もっと興味深い生物学上の疑問もある。それは「菌類たちは何をしているのか」ということだ。それに答えるためには、私たちは実験室を出て、自然の中に足を踏み入れる必要がある。

## 菌糸、菌糸体、胞子――ある菌の一日

グーグル・アースで地上をズームするときに、あなたの家の上空一キロメートルくらいで停止するのではなく、どこまでもズームし続けられるとしたらどうなるだろう。(7)『不思議の国のアリス』のアリスになったと想像して、マジックマッシュルームを一口かじってみよう。あなたの日々のすみかである、手足と臓器からなる不格好な塊の一万分の一まで体を縮ませるのだ。するとあなたは広々とした風景のなかにそっと降り立つ。かつては微小なカビだったものが、頭上で木々のように揺れていて、その胞子は気流に乗って風船のように辺りを漂っている。周りにいる他の生き物や植物の中には、とても背が高くて、高さが一キロメートル以上に思えるものもある。

そんな不思議な状況をどうやって切り抜けるのだろうか。それは、あなたがそんな不思議な体験をした場所によって変わってくる。森にいたなら、背景となる景色は地下深くと頭上高くまで広がっていて、あなたの周りは、土や木の根、芋虫や昆虫でさながら大都市のようにごちゃついている。降り立った先が動物の背中なら、あなたはその毛の下から這い出して、安全な隠れ場所を探そうとするだろう。しかしここでは、あなたは家にいて、キッチンテーブルの下にたまったゴミ屑の上に

降り立ったと想像してみよう。

そこでは、縮れた人間の髪の毛や動物の毛が上空でからみあっている。フケの薄片が髪の毛の束にくっついたり、床の上で積み重なって蠟みたいに光る小山になったりしている。服や家具から出た繊維が、色紙（いろがみ）で作った装飾リボンみたいに垂れている。飛行船サイズの花粉粒子が落ちてきて、地面の上でぱっくりと割れ、中身が漏れ出している。大きな岩のような鉱物や、成形木炭のようなすすが、あなたの道をふさいだり、床のタイルの狭い割れ目を覆ったりしている。あなたの数倍の大きさがある線虫がゴミ屑の間をにょろにょろと進んでいる。戦車みたいな轟音を立てて動き回るのは八本脚のダニだ。脱皮した昆虫の外骨格のうち、翅鞘（ししょう）〔甲虫などの固い前翅〕の部分が地面のゴミ屑の山から突き出している。近くにいる生き物や微生物の中には、あなたの匂いを嗅ぎにくるものが何匹かいるかもしれないが、ほとんどはあなたのことを気にとめない。それはあなたのせいではない。ここでは人間は取るに足らない存在なのだ。

このミニチュア世界での私たちの立ち位置を理解するために、鏡を反転させて、自分が菌になったと想像してみよう。[8] あなたの体はほとんどが菌糸だけでできている。菌糸は、どこまでも伸びたスパゲッティーのような円筒形の細胞だ。太さが髪の毛くらいのものも稀にあるが、たいていはその五〇分の一ほどだ。この円筒形の細胞の「表皮」は、あなたがよく知っている皮膚より固くて頑丈だが、それでも柔軟性がある。菌糸細胞の表皮、つまり細胞壁は、ケラチン（動物の皮膚や爪の構造を支える繊維状タンパク質）だけに頼るのではなく、キチンが混合した多糖類繊維のテープにくるまれている（多糖類は、さまざまな糖分子が結びついたもので、枝分かれのある場合と、枝分かれのない鎖状になっている場合とがある)。キチンはN－アセチルグルコサミンという糖が長い鎖状になったもので、昆虫や甲殻類などの硬い外骨格を作る成分でもある。

細い繊維の束が体の主な構成材料というのは制約に思えるかもしれないが、菌糸は狭い通り道を押し進んだり、柔らかい障害物の間を縫うように進んだりできる。また、菌糸同士が織り糸のように織り合わさって、さまざまなパターンを作ることもできる。柔軟性と強靭さを持ち合わせた菌糸は、一つにまとまってキノコのような大きな組織になることもあれば、他の素材と結びつくこともある。そして野外では、そこらじゅうにたくさんの菌糸がある。土壌の種類や場所によって異なるが、推定ではティースプーン一杯の栄養豊富な有機土の中で、パリからカイロまでの距離にほぼ匹敵する、最長で二〇〇〇マイル(約三二〇〇キロメートル)近い長さの菌糸が絡み合っているとされる。[9]

では、あなたの菌糸を何本か同じ方向に伸ばして、そこから何本か横向きに枝分かれさせてみよう。その枝分かれした菌糸の何本かは、先端が近くの菌糸にぶつかって、不規則な格子状に絡み合う。このように異なる菌糸と結びついてネットワークを作るというのは、菌類がおこなう奇妙な習慣だ。あなたは別の菌糸と出会うたび、遺伝子のチェックリストを調べて、その菌糸が自分の一部か、とても近い親戚であって、赤の他人ではないことを確かめる必要がある。知らない人と結びつくのはリスクが高いからだ。遺伝的に同一の細胞やコロニーはクローンと呼ばれる。菌類のクローン化する習性は、互いに結びついてより大きなネットワークを作りあげることを可能にしており、菌類が生態系の中で成功者の立場にある理由の一つでもある。[10]

最終的にあなたは、菌糸体という、鍋の中で絡まったスパゲッティーのような三次元の形状になる。菌としてのあなたは、人生の大半をこの菌糸体の形態で、地中や水中、腐った木や有機物の残骸の中で過ごす。これは菌界が隠れた生物界と言われる理由の一つだ。骨がある動物よりも少しばかり形を変えやすいあなたは、どんな場所にいてもゆっくりと動き、網目状のネットワークとして広がっていく。そしてあなたの菌糸体は、動物や植物の体のような組織化された一つの構造を維持する必要性にしばられることなく、一つのコロニーとして存在する。このコロニーは、たくさんのパーツの寄せ集めであり、あたかもたくさんの微小菌類が自分の菌糸をうまくまとめているかのようだ。

とはいえ、菌糸を伸ばしてあちこちへ移動するのでは時間がかかる。もっと素早くジャンプするために、あなたは一本の菌糸（または菌糸体が束になったり、絡まったりしてできるキノコ）を地上に押し出して、胞子を作る。多くの菌類が丸い単細胞の胞子を作るが、胞子の中にはいくつもの細胞を持つものや、星やバナナ、帽子、ベル、芋虫、宇宙船のような形をしていて、いぼや、角(つの)のような突起、ゼラチン質の尾があるものもある。形や大きさがどうであれ、胞子内には遺伝子がすべて揃っていて、染色体に包まれて細胞内に収められている。そうした遺伝子のひとつひとつには、海辺に漂着した瓶の中の手紙みたいに、新しいコロニーを作るための説明が書かれている。[11] 胞子は風に乗り、大量のヘリウム風船のように空へと飛び立っていく。野外の空気中での胞子の濃度はばらつきが大きいが、花粉の量の一〇〇倍以上であることが多い。最終的に胞子は近くから遠くまでさまざまな場所にたどりつく。地面に落ちたり、細胞壁からしみ出す接着剤で植物や昆虫にくっつ

菌類の胞子の形

いたりする。胞子は土の中で、休眠種子のように何年も休んでいることがある。少量のエネルギーを燃やし、わずかな数の酸素分子を吸収しながら、温度と湿度の条件が揃うときや、特別なシグナルが届くときを待つ。あるいは条件が揃わなくてもただ突き進んで、うまくいくよう願うこともある。すると、染色体内では休眠中の遺伝子が動き始めて、胞子の細胞壁の一部を柔らかくする酵素を生成する。そこにこぶが膨らんで、新しい菌糸になると、エサを探すため、新しい環境にためらいがちに伸びていく。

菌として過ごすあなたは、いつもお腹が空いている。あなたの菌糸は先端部分しか伸びないので、やむことのない空腹を満たすために、あらゆる方向にもっとたくさんの菌糸を送り出して、食べ物を探そうとする。菌糸の先端細胞は、水や栄養分に引き寄せられる高感度センサーのようなもので、あなたが成長するときに温度や重力、光をモニタリングしている。通常は、菌糸が一インチ（約二・五センチメートル）伸びるのには数日から一週間かかるが、アカパンカビ（*Neurospora crassa*）みたいなスピード狂はわずか六時間でそれだけ伸びる。[12] 先端細胞からは、植物や動物の組織を分解し、食べ物やエネルギーに変えるはたらきをする酵素が染み出ている。そしてあなたの菌糸体は扇状に広がったり、ひも状になって曲がりくねったり、ドーナッツ型の輪になったりする。菌糸体は木材の上を水のように流れていき、それによってできるパターンは不規則なパッチワーク状になる。菌のコロニーが木のブロックを乗り越えたり、周囲をめぐったりしながら前進する様子をとらえたタイムラプス動画を見ると、菌糸が動き出しては止まり、向きを変えているのがわかる。まるで立ち止まって、どの方向に進もうかと考えているようだ。コロニーは偵察役の菌糸を送っては呼び戻して、シグナルを分析する。たとえば、どっちの方向にもっとよい食べ物があるかとか、近くに天敵や、交配できそうな相手がいるかどうかといったことを分析するのだ。そしてその結果によって成長のしかたを調整し直す。[13]

あなたがごく普通の菌なら、きっと「腐生菌」の一種だろう。腐生菌であるあなたは、植物のように光合成で自分の食べ物を作ることもできないし、吸収しやすい糖類を豊富に含む生きた宿主を攻撃することもできない。代わりに、死んだ生物の残骸を菌糸で覆う。腐生性の微生物が、生きた細胞の排出物や細胞自体の死骸などの有機物を分解することを「生物分解」という。菌類にとって、生物分解は消化にあたる。あなたには手も口もないので、代わりに一〇〇種類以上の酵素を周囲に送り出すことで、先端部から必要なミネラルやビタミン、糖類をスポンジみたいに吸収し、さらに別の生化学プロセスにまわす。細胞の外側にはクレーン状の分子があり、そのフックが特定の分子、特に糖類をつかみ、特別なチャネル（孔）を通して細胞内に引き込むようになっている。そうした糖類（多糖類）を分解することで、あなたはエネルギーを手に入れられるのだ。食事が終わると、細胞内での生化学反応で放出されたゲップみたいなガスや、あらゆる副産物の分子やイオン、水などの残り物が、周囲の空間に流れ出ていく。気持ち悪い話だと感じるかもしれないが、ほとんどすべての生物がこんなふうに食事をして、排泄をしている。動物ではこのプロセスが体内で進むので見えないだけだ。

菌であるあなたは、周囲の世界を何日も何カ月もかけてじりじりと進み、スタート地点から遠ざかっていく。先端細胞がうまいぐあいに気前よければ、後方に残されたもっと古い細胞に栄養素を送ってくれるだろう。息子や娘が親孝行として、実家にいろいろと小包で差し入れるようなものだ。しかしあなたが外向きに成長を続けていく間に、後方の古い部分は死んで、ゆっくりと分解される。これによってタンパク質や細胞質に閉じ込められていた貴重な窒素が放出され、コロニーの若い細胞によって再利用される。しかしあなたがどんな場所にいようとも、そのうち栄養素や水が尽きてしまう。そこですべきことは、逃げることだけだ。あなたが胞子を作るのはこのときで、季節としては秋が多い。

セックス、つまり有性生殖はあなたの第一の選択肢ではない。おそらくあなたは複数の種類の胞子を作る菌類の一種だろう。だとすれば、無性胞子を無数に送り出すほうがはるかに簡単だ。そうした胞子はすべてがあなたとまったく同一のクローンで、そよ風がかすかに吹いただけで、新たな領土を侵略する突撃部隊みたいに群れで飛んでいく。無性胞子を作るときには、セックスの定義である遺伝子の交換が起こらない。あなたが複数の種類の胞子を作れる菌であって、クローンがもたらす以上の順応性を必要としている場合に、はじめてセックスが選択肢に入ってくる。

人間はセックスの感情や肉体の面を重視しがちであり、二つの個体の遺伝子が混合することで生じる、進化の上での素晴らしいメリットのことは見落としがちだ。あなたが菌として、交配の準備をするときに最初にすべきなのは、おなじみの手順である。うまの合う（つまり「和合性のある交配型の」）パートナーを見つけなければならないのだ。菌類には、「雄」（求める側）と「雌」（受け入れる側）がいるが、菌類学者はそう呼ぶ代わりに、「A型」と「a型」と呼んでいる。このようなジェンダーに配慮した表現は科学の世界ではめずらしいが、詩的想像力が欠けた名称をつけた点はいかにもというべきだ。ではたとえば、あなたの交配型がA型で、a型の相手と出会いたいとしよう。あなたの菌糸の先端細胞は、交配を受容するパートナーの存在を示すシグナルに向かっていく。うまの合うパートナーが見つかると、そのa型の菌はあなたにかなり似ているだろう。あなたとそのパートナーは、好奇心旺盛な二匹の犬が鼻をすりあわせるみたいに、菌糸の先端細胞でしばらく互いを調べてみる。自分のクローンを識別するときには、遺伝子適合性のチェックリストを使ったが、今回はそのときと逆の結果になることを確かめれば、関心を持っている円筒形細胞が自分とは違う遺伝子を持つ細胞だと確かめられる。あなたたちの先端細胞が合体すると、細胞内でそれぞれの細胞核が踊り回り、やがて融合する。遺伝子レベルでの体操競技が始まって、染色体の一部の交換や、遺伝子の並べ替えが起こる。遺伝子が再配置されることで、あなたの子孫が新たな環境に多少うまく適応できる可能性が高まる。運がよければ、子孫に改良型の酵素が受け継がれるだろう。[14]

すべてうまくいくと、さらに数度の細胞分裂で四個か八個の胞子ができる（それ以上の場合もある）。子育て熱心な人間とは違い、菌類の子嚢や担子器は面倒見が悪く、自分の子どもである胞子を外の世界に無造作に放り出してしまう。そのときに胞子たちが持って行けるのは、自分で運べる量の栄養分と、成功への手がかりとなる、家族の遺伝情報が載ったガイドブックが一冊だけだ。多くの胞子は近場に着地するが、植物感染症の原因になる菌の中には、新たな宿主を求めて海を越えるものもいる。それ以外の菌は、土や枯れた植物の残骸の中にうずくまって春を待つ。

担子菌類のなかには、さらにＢ型とｂ型という交配型の遺伝子を持つものもいる。二組の交配型遺伝子を持つのは珍しい戦略であり、これがうまくいくには、ペア同士の交配型が和合性を持っている必要がある。この場合、主な性別は四つあるが（ＡＢ、ａｂ、ａＢ、Ａｂ）、Ａ／ａまたはＢ／ｂの遺伝子には多数の対立遺伝子が存在することがある。対立遺伝子の組み合わせまで異なる性別として数える場合、いくつかの菌種について計算してみると、約二万三〇〇〇通りの性別を持つ種もあることがわかる。[15] そうしたわけで、インターネット上にある菌類関係の派手な記事は、指数関数的なセクシーさをはらんでいる。

クローンが頻繁に作られ、数千個の無性胞子を送り出す傾向があるせいで、あなたが交配相手を探しにいったときに、一卵性双生児のきょうだいに出会う可能性はとても高い。外に出かけるたびに、自分自身とひたすら会い続ける状況を想像してほしい。あなたの反応はたぶん、「なんだよ、また私かよ」だろう。自分のクローンと交配するのは、あなた自身と交配するようなものだ。ほぼすべての遺伝子が同じなのだから、何の意味もない。ただしA型とa型の両方である菌類も少数いて、彼らは自分自身と交配する。手を合わせるように自分の菌糸同士を合わせると、有性生殖が始まるのだ。また、一生のうちにA型とa型を行ったり来たりする、トランスジェンダーの酵母も数種類いるが、彼らの場合は、セックスをするにはやはり和合性のあるパートナーが必要だ。

無意識であなたに働きかけ、交配相手へと導くシグナルになっているのが、フェロモンと呼ばれる化学物質だ。空気中や水中、土壌中には、きわめて低濃度でも劇的な生化学反応を誘発する、小さなシグナル分子があふれている。菌類の生化学反応経路――「代謝」と呼ばれるプロセス――は、「代謝産物」という小さな分子を組み立てたり操ったりしている。あらゆる生物の細胞内では、ある共通した生化学反応経路が動いている。このプロセスは酸素を取り込み、糖を細かく切断して二酸化炭素にする。そのときに放出されたエネルギーを、あらゆる細胞の生化学反応に燃料を供給するアデノシン三リン酸（ATP）という化合物に蓄える。この流れを「一次代謝」または「呼吸」という。一次代謝は遺伝子によって制御され、細胞内のミトコンドリアという小さなエンジンで駆動されている。この中心的な生化学反応経路の脇で行われる反応で生成される代謝産物は、二次代謝産物と呼ばれる。[16] この二次代謝産物が、あなたやあなたの菌糸が反応する化学的シグナル、つまり色素や香り、匂い、誘いかけ、警告などになっている。あなたが違う「言語」を身につけたいなら、この二次代謝産物は格好の学習対象だろう。これはネイティブスピーカーが最も多い「言語」

であり、菌類が使うのと同じ代謝産物の多くが、人間のような圧倒的に視覚に頼っている動物も含めて、あらゆる生物によって使われているからだ。ただし生物種によっては、そうした化学物質の組み合わせ方や解釈が異なる点には注意してほしい。

あなたは社会意識の高い菌なので、そういう化学物質を介した賑やかな会話に参加して、近くにいる他の菌類や微生物との間で分子シグナルをやり取りするだろう。そういったシグナルとなるのは、ガスのように空気中を漂ったり、水に溶けたりする、揮発性の代謝産物のことが多い。匂いも味もしないものも多いが、そうでないものもある。あなたがよく感知するのは、果物に似ていたり、強い芳香を発したりする、アルデヒドやアルコールといった分子だ。こうした分子はたいてい、甘い食べ物が手に入るというシグナルだ。一方で、塩素や硫黄などを含む悪臭のする化合物は警告を意味することが多い。さらには、コロニー内や体内、あるいはある生物種の個体間で正確な情報を伝えるホルモンがあり、ピンポイントで働く分子の大きな代謝産物がそれだ。一方で、交配に対する関心を引くといった行動に影響するホルモンは、フェロモンと呼ばれる。

もちろん、こうしたコミュニケーションにはすべて目的がある。あなたは世界で一人きりではない。同じ種類の菌仲間がたくさんいるし、他の生物界に属する生物もいる。他の菌種の菌糸体にもしょっちゅう出くわすだろう。他の菌類や細菌類が、クモの巣状になったあなたのコロニーと同じスペースを共有したり、隙間を通り抜けようとするかもしれない。あなたは隣人と親密にかかわるコロニーでの生活に慣れなければならない。同じ食べ物を狙っているのでないかぎり、あなたを助けてくれる隣人がいる一方で、とことん意地悪で、けんか腰の隣人もいる。あなたは、協力的なのは誰で、競争心が強いのは誰かを見極めて、どちらの相手ともうまく付き合う方法を考え出す必要がある。

# 第2章 ともに生きる生物

……相利共生から寄生、生物学的侵入まで

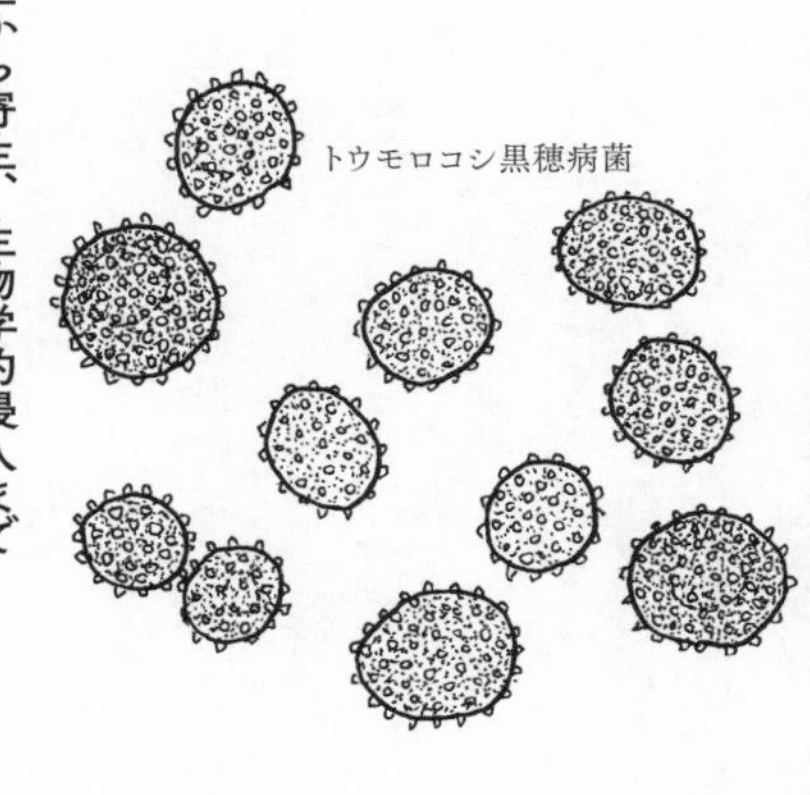


トウモロコシ

アウトドアを愛する人なら、都会暮らしだろうと、人里離れた場所に住んでいようとも、自然に身を浸すことの喜びを知っている。高くそびえる木々、働き者のアリ、水中をせわしなく動きまわるカエル。それぞれに独自の不思議な物語がある。独立して存在しているものはない。せわしない都会から逃げ出して自然の中を歩き回っていると、涼しい空気があたりを流れ、そよ風が肌をかすめるのを感じる。樹冠から柔らかい光が漏れてくる。かすかに揺れる葉が都市の不協和音を消す。時間の流れが遅くなる。チクチクした手触りの乾いた地衣類が木の幹や枝にくっついている。アリが土くれや植物の切れ端をあちこちに運んでいく。リスは木の枝にキノコを引っかける。さまざまな生物種が影響し合うのを見たときに、あるものは味方で、あるものは敵だと無意識に解釈していては、生物同士の多種多様な関係性を見失うことになる。たいていの生物はうまく生きていくために、仲間を探して頼りにする。協力的な仲間という感じの生き物もいるが、競争と搾取を生きがいにしているような生き物もいて、驚くことがある。一方で、その中間にいて、ちょっといい人とちょっと悪い人の間を行ったり来たりしている生き物もいる。

「共生」は、かみ砕いて言えば「一緒に生活する」ということで、異なる種の間の依存または共依存の関係を表す。共生している個体は共生者と呼ばれ、一方が他方の内部で増殖する場合には、すみかを提供している側を宿主という。共生と呼ばれるには、少なくとも一方の共生者が、生活環を完成させるためにこの関係に頼っていなければならない。共生の考え方は、一般に近代菌類学の創始者とされるアントン・ド・バリー（一八三一〜一八八八年）によって広められた。この概念は、一〇〇年ほどは少数派だったが、現代生物学では主流を占めるようになっている[1]。

共生は協力関係を意味するというのが一般的な解釈だ。つまり、味方同士の二者がつねに一緒にいて、互いに支え合い、栄養分やすみかを共有するという関係とみる。その関係がきわめて密接で、一方または両方が完全に相手に頼って生きている場合もある。そうなると、時間がたつにつれて、共生パートナーのゲノムや生化学プロセスに共依存関係のシグナルが現れてくる。たとえば共生相手がすぐれた生化学反応経路を持っていると、自分の経路を完全に停止させたりする。一方で、行き当たりばったりで一時的な共生関係もある。共生パートナーの一方または両方が一生のある期間を単独で過ごしたり、他の種と一緒にいたりするケースだ。共生は生物界全体で起こっていることがわかっているが、とりわけ菌類は共生を得意とするようだ。

私たちは共生を、生物が利他精神を発揮する珍しい例として考え、互いに利益をもたらす「相利共生」関係に注目することが多い。しかし共生の範囲は広く、パートナーが協力し合う相利共生と、攻撃や破壊といった行動をみせる「寄生」を両極として、その間にさまざまな形の共生がグラデーションをなして存在する。「寄生」では、一方の共生者が他方に害を及ぼし、殺してしまうことさえある。恩恵を受けるのは一方だけという「片利共生」もある。恩恵を受ける方は、恩を返すことも、害を及ぼすこともない。相利共生や片利共生のパートナーシップの多くは、条件が変化すればたちまち寄生に姿を変える。

伝統的な進化論では、競争的な関係が重視されている。たとえばチャールズ・ダーウィン（一八〇九～一八八二年）は、自然界での協力の重要性を低くみていた。自然選択は資源をめぐる個の間の闘争であり、その結果として一方が勝者となるというのがダーウィンの見方だった。双方に利益をもたらすという結果を認めていなかったのである。そのため、共生はときに「ダーウィンの盲点」と言われる。[2] 自然界での行動を観察するときに、協力と競争の間に明確な線を引くのは難しい。資源を共有する二つの生物の間でどんな合意があったとしても、それはつねに再交渉の対象になる。

私たちの身の回りには無数の微生物がひしめいている。これほどの数の多さや、生物種のどの二者の間にも起こりうるあらゆる相互作用を考えれば、自然の複雑さが一段とはっきりしてくる。そして菌類と他の生物の共生関係を考えると、私たちが個体性や、進化のパターンについて抱いている先入観が疑わしくなってくるのである。

## 地衣類——菌類と藻類のギブアンドテイク

私が子どものころ、サドベリーに育つ地衣類が話題になったことがある。サドベリーのニッケル製錬所は、腐った卵のようなにおいで知られる亜硫酸ガスの世界最大の点汚染源だった。サドベリー周辺に広がる樹木のない土地には、汚染によって酸性化した不自然なほど透明な湖が何百も点在していた。巨大煙突のインコ・スーパースタックが稼働を開始した後、この地域の環境修復が始まった。作業員たちは土壌の酸性度を下げるために石灰を散布し、耐性のある草や低木を植えた。夏休み中の学生研究チームは建物や岩、樹木を調べて、亜硫酸ガスに敏感な地衣類の生育状況を監視した。そうした地衣類の生息数の変化は、汚染された環境が回復しつつあることを早い段階で示した。地衣類はいまでも、都市周辺の大気汚染の監視に使われている。[3] ところで、この地衣類という奇妙な生物は何なのだろうか。

あたりを見回して地衣類を探してみると、そこらじゅうにいるように思える。波打ち際を探索すると、黄色や緑色のかさぶた状の地衣類が岩に取りついて、広がっているのが見つかる。森の中の道を行けば、別の種類の地衣類が木の幹に貼りついたり、枝から飾り物の房のように垂れていたりする。街中では、地衣類は石垣や、古い建物の屋根瓦に広がっている。地衣類をつまんでみると、乾いていて硬く、革のようだ。地衣類の体である「地衣体」は、菌類の菌糸でできた分厚いフェルトだ。ルーペで見ると、その表面はヒエロニムス・ボス（ルネサンス期の画家）が描いた気味の悪い風景のように見える。かさぶた状の表面全体に、どっしりした柱や、不定形のこぶのような盛り上がりが散らばっている。共生パートナーである藻類の細胞に菌糸が巻きつき、房や束のようになっているのだ。これらはスキンタグ〔中高年にできる皮膚のイボ。軟性線維腫〕のようにちぎれる。樹木や岩の上にある古い地衣類からは、より小さな地衣体が下に滴（したた）り落ちることがよくある。ぽたぽたと下方に落ちた薄片は、そこで成長し始める。地衣体は層構造になっていて、菌類でできた表層のすぐ下に、藻類の細胞が集まって緑色の帯になり、光合成をしている。

地衣類は典型的な共生の例だ。[4] 地衣類はたいてい、二つの部分からなる生物と説明される。一方は菌糸の形態を取る菌で、共生菌と呼ばれる。もう一方は単細胞性の藻類で、共生藻と呼ばれる。これは真核生物である緑藻類のこともあれば、光合成細菌であるシアノバクテリア（藍藻（らんそう））のこともある。菌類の約二〇パーセントは地衣類の中にだけ生息していて、自然界では共生藻なしで生きられない。そうした共生菌のほとんどが子嚢菌だ。共生菌は、共生しない他の子嚢菌と同じようにフラスコ形やコップ形の有性世代を作るが、子嚢から放出された子嚢胞子は、降り立った場所で新しい藻類パートナーを見つける必要がある。パートナーになる藻類は少ししかいない。そうした藻類の一部は単独でも生きていけるが、実際には自活している例はほとんど見られない。そして藻類は、宿主の菌糸と絡まり合っている間は交配しない。それはパートナーの菌類が抑制しているためだが、藻類がプライバシーを気にするからかもしれない。

地衣類をもっと詳しく調べると、予想以上に複雑であることがわかる。地衣類は個体というよりもコミュニティに近い。地衣体の中には酵母や細菌の塊が散在していることがあって、共生しているようではあるが、役割は不明だ。他の菌類の菌糸が古い組織に絡みついていることもしばしばあるが、そうした菌類が共生者なのか、それとも不法占拠者なのかはわからない。全体としてみた場合、地衣類は各部分を単純に足し合わせたものを超えていて、構成する菌類や藻類が単独では耐えられない厳しい環境を集合体として生き延びる。地衣類の相利共生に見られるギブアンドテイクの関係は、公平な取引の良い例だといえる。共生菌はすみかを与え、共生藻は光合成をする。シアノバクテリアが共生藻の場合は、光合成だけでなく、アミノ酸やタンパク質の合成に使われる窒素の固定とイオンへの変換もおこなっている。

地衣類は、菌類のなかでキノコについでシチズンサイエンティストの情熱をかき立てる。どこにでも生息していて、簡単に見つけられるサイズで、異世界の生物のような見た目をしているからだ。地衣類の多くは成長速度が一年で数ミリメートル未満なので、観察には忍耐力が必要になる。人気のある地衣体の中には、数百年もの間、多くの人が観察を引き継いできたものもある。そうした観察では、地衣計測法という手法を使って、それぞれの種の成長速度をもとに、各個体の年齢を計算する。地衣類研究者は毎年、地衣体の形をデジタル写真に撮影したり、紙に写し取ったりして記録する。南極に生息する、ある地衣類の個体は四五〇〇歳と推定されている。氷河の側方モレーンに露出している岩に生息している地衣類のサイズを調べれば、氷河の後退速度の推定まで可能だ。[5]

地衣類は岩の上でどうしてそんなに長生きできるのだろうか。地衣体が乾燥状態になると、ゲル状の多糖類が菌糸と藻類の細胞を保護するので、長期間の水不足を乗り切ることができる。地衣類を岩に固定する根のような巻きひげ状の菌糸は、気候による物理的な風化作用とともに、生物学的風化作用によって岩石の表面を浸食する。乾燥していた地衣体が水分を与えられると、この巻きひげ状の菌糸から塩類や、シュウ酸などの有機酸がしみ出してきて、風化を進めるほか、そうした化学物質が乾燥すると岩の割れ目や穴で微小な結晶になる際に硬い岩を細く砕いていく。[6] 共生菌のゲノムからは、一部の地衣類が長生きする理由の手がかりがさらに見つかる。長生きする地衣類では、老化にかかわる遺伝子が欠けているか、オフになっているのだ。

菌類と藻類の共同体（コンソーシアム）は、二次代謝産物の生産において創造力を大いに発揮している。二次代謝産物である化合物はこれまでに約八〇〇種が研究されているが、その多くが地衣類に特有のものだ。

そうした研究では、パートナーを組んでいる菌類と藻類を別々に培養する必要がある（一度別々にすると、シャーレの中で一緒にしても地衣類の形にはなかなか戻ろうとしない）。分離させた菌類と藻類の生化学的性質や遺伝的性質を調べ、それを元の地衣類の研究結果と比較すれば、それぞれが共生にどう貢献しているのかを明らかにできる。二次代謝産物の生合成に藻類がどのように関わっているかは不明だが、共生菌を単独で培養すると、自然界にいるときとは異なる二次代謝産物を作ることがわかっている。

一部の地衣類に鮮やかな見た目を生み出す色素は、地衣体を紫外線から守る日焼け止めとなる二次代謝産物だ。そうした地衣類の色素は古くから染料として使われてきた。[7] 近代のヨーロッパ諸国の君主が身につける濃い紫色（ロイヤルパープル）のローブは、オーキルという地衣類染料で染められている。原料となるのはリトマスゴケの一種ロッセラ・ティンクトリア（*Roccella tinctoria*）だ。リトマスゴケからは、化学の授業でよく使う、酸性やアルカリ性の水溶液が触れると色が変わるｐＨ試験紙（リトマス紙）の活性成分が得られる。またスコットランドのツイード生地として有名なハリスツイードの染料は、一般に「クロッタル（crottle）」と呼ばれるカラクサゴケ属（*Parmelia*）の地衣類が原料になっていて、その色素の抽出には人間の尿を使う（ツイードには独特なにおいがあるとよく言われるが、ファッション評論家はそのわけを説明したがらない）。カラクサゴケの葉状の大きなコロニーは、染料の原料として北太平洋や地中海の沿岸地域で何世紀にもわたって大量に採集されてきたため、現在は絶滅の危機にある。最近では、この希少で高価な地衣類染料を使うのは、伝統的な知識を保存しようとする職人やホビーストが中心だ。

カビが抗生物質を作り出すことを科学者が発見する何百年も前から、伝統的な民間治療師は傷の上に地衣類を貼り重ねたり、チンキ剤にしたものを薬として処方したりして治療をしていた。中世や現代の薬草医は、地衣類やその抽出液を火傷や咳、肺結核、腸疾患、肺炎、猩紅熱、潰瘍などの治療に使うように指示している。地衣類は、伝統医学や民間療法の薬としては頻繁に使われるが、現代医療では地衣類から作られた医薬品はめったに使われない。地衣類から化学的に抽出した物質には、強力な生理作用を持つ二次代謝産物が多く含まれているが、それがもたらすのは良い生理作用ばかりではない[8]。薬となるか、毒となるか——つまりある有用にはたらく数個の分子と、まったく別の作用をする大量の分子との綱引きの結果——は、実際に身をもって試してみないとわからないことが多いのだ。地衣類に最も豊富に含まれる生物活性化合物であるウスニン酸は、歯磨き粉やマウスウォッシュ、デオドラント剤などのパーソナルケア製品に添加されている。臨床試験でも抗ウイルス性と抗炎症性を示しており、創薬分野で活用される可能性もみえている。しかし減量サプリメントとして販売された、ウスニン酸配合の市販のサプリメントは、肝障害との関連性が判明したため販売中止になっている。一方で、最近発見された地衣類の代謝産物のなかには、抗がん剤として開発が進められているものがある。

菌類は地衣類以外では、森林や農場も含めた自然界で植物と多くの相利共生の関係を築いている。菌類には植物のパートナーというイメージがあるが、おそらく菌類の大半にあたる何千もの種は、動物、特に昆虫と結びついており、一部は相利共生の関係にある。菌類と昆虫の体を作る炭水化物はキチンであるため、両者の間に生じる結びつきと軋轢には生化学的に筋が通っている。つまり、菌類と昆虫がみずからの細胞壁や外骨格を形成したり分解したりするのに使っている酵素は、共生パートナーのそれにも影響するのだ。こうした菌類と昆虫の関係は、協力と競争の微妙なバランスを示すとともに、私たちが考える共生の定義のあいまいさを浮き彫りにする。共生のパートナーはつねに結合して一つの体を作っていなければならないのだろうか。それとも互いに隣り合って生きていけるのだろうか。後者だとしたら、それは家畜化と何が違うのだろうか。

## ハキリアリと菌糸の園――農業の発明

南米大陸の最北端では、夜行性のハキリアリが、ギザギザに切り取った葉の断片をウィンドサーフィンの帆のように掲げてバランスを取りつつ、細枝の上で一列になって、コンガを踊るように気取って進む様子が見られる。この葉はハキリアリのエサではない。堆肥の材料だ。ハキリアリの地下都市で育つ、おいしい菌糸体の園に栄養を与えるためのものである。六〇〇〇万年前にアリは、菌類の菌糸体を自分たちの巣のトンネルや横穴の中に移植し始めた。それから三〇〇〇万年後、そのアリと菌類はたがいに信頼し合うようになり、菌類はアリの庭に永久に棲みつくことになった。ハキリアリは菌類農業を発明することで生息範囲を広げた。そしてホモ・サピエンスが進化するよりもはるか前に、きわめて複雑な昆虫社会を作り上げた[9]。

大陸移動の結果、三〇〇万年前に南米大陸と北米大陸がつながると、ハキリアリは現在のメキシコや米国南部にあたる地域へ移っていった。約五万年前から一万年前に、この地域で人間による農業が始まると、アリと菌類のパートナーシップによる植物略奪の影響がみられるようになった。ある日、畑には作物がよく育ち、果樹の下に建てた小屋は木陰になっていて涼しかった。しかし翌朝になると作物は消え、果樹は丸裸になり、農夫たちは暑さと空腹に苦しめられる羽目になった。

アリと菌類の共生の仕組みはこうだ。まず働きアリが青葉を収穫し、それを踊りながら巣まで運ぶ。巣では「ミニム」と呼ばれる、働きアリよりずっと小さいアリが顎（あご）を使って葉を細かく切り、ペースト状になるまで切り刻む。その後、ミニムはそのペーストを菌園に吐き戻し、葉の断片を重ねておいしいミルフィーユにし、追加の肥料として自分の糞を加える。それに応えて菌類は、アリの秘密都市の巣室を、棒付きキャンディの形をしたジューシーで栄養豊富な特殊な菌糸でびっしりと覆う。女王アリはこの菌園の奥まったところで、心地よい菌糸の毛布にくるまっている。若い時期に、多くのオスとの激しい乱婚によって精子を集めた女王アリは、それから二〇年ほどは蓄えた精子を使って卵を産み続ける。その卵から孵化した幼虫にとって、脂肪と炭水化物が豊富な菌類の菌糸はマナ〔神から恵まれた食べ物〕のようなものだ。

現在、世界には約二〇〇種のハキリアリがいて、エサとなる四種の担子菌類から一つを選んで自分たちの農園、つまり「菌園」で育てている。なかでも最も複雑な共生のために選ばれるのが、ハラタケ科キヌカラカサタケ属の一種ロイココプリヌス・ゴンジロフォラス（*Leucocoprinus gongylophorus*）だ。[10] ハキリアリは、コロニーを最高の健康状態に保つために、育てている菌類の純粋なクローンを維持しようとする。働きアリが歩くルート上や巣の中では、招かれざる訪問者を遠ざけるために屈強な兵隊アリが警備をしている。巣の中で出た廃棄物は集められて、別のゴミ捨て場となる部屋にまとめられている。働きアリは交差汚染の可能性を減らすため、菌園の間を行き来することを禁止されている。そして害菌が忍び込んで来たときには、ミニムのパトロール隊が検知して取り除く。複数の部屋からなるコロニーで一つの菌園が衰えたら、その菌園の部屋は封鎖される。こういった用心深さはひとえに自分たちの健康のためだ。菌類はアリたちの唯一のエサなのだ。

さらに、土を掘って新たな巣室や菌園を作り、元からあるコロニーにつなげる作業がつねにおこなわれている。働きアリは地中から土を一粒ずつ運び上げ、地表に捨てる。そうやってできた噴火口のような小さな砂山がいくつも並ぶ牧草地の下に、どのくらいの広さの地下都市があるのか興味を持ったブラジルの生物学者チームは、地表の巣の入り口から一〇トンのコンクリートを流し込んだ。三週間後、バックホーといった重機と学生ボランティアたちが投入されて、巣の周りの土を取り除く作業がおこなわれた。姿を現したハキリアリの大都市(メトロポリス)は、ドクター・スー〔ユーモラスなイラストで知られる児童作家〕が設計した、奇想天外な遊園地の乗り物のようだった。深さは約八メートル、面積は約四五平方メートルの大構造物だ。換気と輸送のための曲がりくねったトンネルが乱雑なネットワークを作り上げ、サッカーボール大の菌園とゴミ捨て場を何百個もつないでいたのである。(11)

これほど広い領地に一匹の女王アリが二〇年にわたって君臨し、八〇〇〇万匹ものアリを治めている。新しい女王アリが孵化して、成熟し、婚姻飛行のために巣を離れると、オスのグループが女王アリについていく。そのときに女王アリは母親のコロニーで育っていた菌類のクローンである菌糸を抱えていき、新しいコロニーに植え付ける。一方で、女王アリの死はメトロポリスの終焉を告げる。女王アリの死去後すぐ、まるで王室に敬意を表するかのように、残された巣の残骸からキノコが生えてきて、カサを開き、担子胞子を放出する。この胞子は空気に乗り、新しい君主を探しに行く。空っぽの巣から逃れるためにする、そんな本能的な反応を別とすれば、ハキリアリが育てる菌類がわざわざキノコを作ることはめったにない。

このコミュニティには他の微生物も生息している。菌園にいる細菌のなかには、空気中の窒素を固定して、菌類とアリのエサになる形に変換するものがいる。一方で、ボタンタケ科エスコボプシス属（*Escovopsis*）の有害なカビがはびこると、菌園は明るい茶色の汚れた塊になって崩壊してしまう。エスコボプシス菌は菌類とハキリアリの相利共生への寄生菌であり、その共生関係に頼って生きている。ハキリアリの巣以外の場所でエスコボプシス菌が見つかることはないのだ。一部の巣では、働きアリと女王アリが背中に放線菌というカビによく似た細菌をつけている。白いペンキの染みのように見えるストレプトミセス属の放線菌には、エスコボプシス菌などのカビの増殖を防ぐ抗真菌物質を作り出すはたらきがあるのだ。

菌類の家畜化は、数多くある共生の種類の一つと解釈できる。家畜化（domestication）というのは、単語の定義（「家に属する」）からいえば、インフラを提供する側の視点で名づけられたプロセスだが、この家畜化はふつう共同事業で進められる。元の野生集団から十分長く隔離されていた菌は、遺伝学的な意味での「ストックホルム症候群」のようなものにかかる。そうした菌のゲノムは宿主に取り入る方向に変化するのだ。それに応じて宿主のゲノムも変化すれば、それは共生という状態になる。アリが葉をあらかじめよく消化してくれるおかげで、菌類はセルロース分解酵素を持たなくなった。代わりにアリのほうは、アミノ酸の一種であるアルギニンを自分で作るのをやめた。エサとする菌類の菌糸にはアルギニンが豊富だからだ。[12] 栽培する菌類との相互作用をスタートさせたのはハキリアリのほうだが、両者の関係は家畜化から共依存へと進化した。家畜化というのは、菌類で繰り返し登場するテーマだ。農業や食糧と私たち人間との関係をよく考えてみれば、家畜化は興味深い話になってくる。

ここでは相利共生の例として、地衣類とハキリアリを取り上げた。どちらの共生システムも、第三者の微生物によって機能が高められている。こうした二つの相利共生の例をふまえると、生態系や進化に対する見方は複雑になってくる。相利共生というバランスの取れた状態からかけ離れている他の共生システムを考えると、疑問がさらに増えてくる。

## 片利共生——何もしてくれない友人

片利共生は共生の一種で、相利共生と寄生のグラデーションのちょうど中間に位置する。真の片利共生は珍しく、あったとしても多くは短期間に限られる。菌類と昆虫の相互作用の一部はこの中間的な位置にある。トリコミケーテスの菌類はそうした片利共生の一例だ。トリコミケーテスは接合菌類の一グループで、ヤスデや甲殻類、あるいはトビケラなどの水生昆虫の幼虫の腸内に生息し、宿主のエサの残りを吸収している。ＤＮＡ分析によって、トリコミケーテスの一部は菌類ではなく、アメーバ〔鞭毛などを持たない単細胞の原生生物〕に近いことがわかっている。そのため、今では「トリコミケーテス」は正式な分類名ではなく、非公式のニックネームとして使われている[13]。

多くの昆虫は短い一生の間にいくつかの段階(齢)を経験する。そして次の段階に進むための変態が起こるたびに昆虫の消化管は新しくなる。トリコミケーテスは、通常は幼虫の体内にしかコロニーを作らない。指のような形の菌糸で幼虫の後腸〔消化管の後部〕の壁を船の錨のようにつかみ、菌糸体が体外に排出されないようにする。そしてソーセージ状の菌糸が消化液の中を漂って、肛門へ向かってゆっくり流れてくる余った栄養分を吸収する。この栄養分はトリコミケーテスが吸収しなければ老廃物として排出されるものだ。この片利共生は、幼虫が次の段階に変態したときに終わる。

片利共生は、共生関係がいかに不安定なものになりうるかを端的に示している。トリコミケーテスの一部は、自分の体内のステロールやビタミンBを分泌してパートナーの栄養摂取を支えており、これは控えめな相利共生だと言える。一方で、ボウフラに寄生するスミッティウム・モルボスム(*Smittium morbosum*)という菌類は、宿主をうっかり死なせることがあるが、宿主を攻撃するのでも、明白な病原性があるのでもない。ボウフラを脱皮できなくさせてしまうのだ。スミッティウム・モルボスムはボウフラの腸に入り込み、肛門近くのキチン質部分にくっつく。ボウフラは自らの外骨格の中で成長し続けるが、外骨格内部の空間より大きくなって脱皮を始めたときに、この菌が付着していると、古い外骨格と新しい外骨格が分離できない。そうなると大きくなり続けるボウフラはつぶれて死んでしまう。一部の研究者はこのスミッティウム・モルボスムをマラリア媒介蚊のボウフラの駆除に利用できないかと考えている。

スミッティウム・モルボスムのケースは、宿主との関係が続くにつれて、片利共生から寄生に変わる例だ。多くの共生者は、自らに有利な状況になるまでじっと潜んでいるのだ。

## グレーゾーン――寄生菌か病原菌か

病気と微生物が関連するという考え方は一般に「細菌説」と呼ばれる。この説を初めて提唱したのはルイ・パスツール（一八二二～一八九五年）とされる。パスツールは、ヒトの出産後に起こる感染症は細菌が原因であることを証明した。共生菌が病気を引き起こす場合、それは寄生とみなされ、共生のグラデーションの中では相利共生の対極に位置する。寄生者は宿主の体内で成長して栄養素やエネルギーを吸収するが、お返しとして何か利益をもたらしたりはしない。寄生菌の一部は、最初は相利共生や片利共生をしているが、やがて宿主が年老いたり、環境が変化したりすると、戦略を変えて宿主を衰弱させる。そうした寄生菌と、外部から攻撃する病原菌の違いは言葉の意味上の問題に思えるかもしれない。しかしあなたが病気にかかっていて、「なぜ病気になったのか」と考えるときには、その違いは大きい。

パスツールは、細菌がヒトの病気の原因だという画期的な発見で有名になった後、カイコの寄生虫症である微粒子病の研究をするようになった。この病気の原因はノゼマ・ボンビシス（*Nosema bombycis*）という単細胞生物だ。ノゼマ・ボンビシスは微胞子虫門に分類される一四〇〇種のうちの一種だが、微胞子虫門は不明なところが多く、この一〇年でようやく、菌界に含まれることがD

NA分析によって確かめられた。ノゼマ・ボンビシスはカイコの幼虫を攻撃し、宿主の細胞の中で一生を過ごす。微胞子虫類の大半と同じように、ノゼマ・ボンビシスはコイル状のむちのような繊維を持っていて、それを宿主細胞内で解きほぐしてから、隣り合う細胞の細胞膜に針のように突き刺す。そして新たにできた通り道から細胞核と細胞質を注入し、新しい寄生を始める。この寄生菌が組織を乗っ取り、エネルギーを奪うので、宿主であるカイコの幼虫はひどく衰弱する。微粒子病になると死にいたることが多い。生き残ったカイコも嘔吐し続けるせいで弱り、生糸を吐けなくなるか、不十分な形の繭しか作れなくなる。ノゼマ・ボンビシスの黒い胞子によって幼虫の組織に染みができ、これが黒コショウをふったように見えるため、英語では「コショウ病」という。この胞子はカイコの卵を通して世代から世代へと受け渡される。パスツールは、病気のない系統を育てるために、顕微鏡を使って感染した卵を選り分けて廃棄する手法を養蚕農家の人たちに広めようとしたが、彼らは乗り気ではなかった。農家の人たちの疑いを取り除いたのが、パスツールの一番下の娘の可愛らしさだった。彼女は人々に、顕微鏡を使うのがどれだけ簡単かを示したのだ。その後パスツールはフランスの絹産業を救ったと評価された[14]。微胞子虫類がふたたび世間の注目を集めるようになったのは、一〇〇年以上後に、AIDS患者が微胞子虫感染症にかかることがわかったときである。

いくつかの植物寄生菌は、生存するにも、生活環を一巡りするにも、生きた植物を必要とすることから、しばしば「絶対寄生菌」と呼ばれる。高温多湿の気候でよく発生するうどんこ病は、子嚢菌の一グループが緑の葉の両面に菌糸を広げる病気だ。絶対寄生菌であるうどんこ病菌は宿主の表皮に微細な短い針を突き刺して、栄養物を菌糸の中に吸い上げ、植物を弱らせる。そのせいで葉が枯れるうえに、種子が成熟しないことがある。うどんこ病菌の無性胞子は白くて円筒形をしており、鎖のように連なっている。この無性胞子は夏から初秋にかけて、植物組織を粉のように覆う。

ブドウうどんこ病菌（*Uncinula necator*）は一八〇〇年代初めにヨーロッパに偶然持ち込まれた。それ以来、ブドウ畑では繊細なブドウの木をこの菌から守ることが長年の優先事項になっている。一九世紀には、フランスでのブドウ収穫量がブドウうどんこ病のせいで最大七五パーセント減少した。うどんこ病にかかったブドウは実がふくらまないことが多かった。こうした菌が原因の植物病害は、抗真菌剤が発明されるきっかけになった。当時のワイン農家は、通りすがりの人がブドウをつまみ食いしないよう、道沿いのブドウの木に、硫酸銅と消石灰を混ぜ合わせて作った、けばけばしい緑色で苦い味の液体を散布するようにしていた。フランスの菌類学者ピエール＝マリー＝アレクシス・ミラルデ（一八三八～一九〇二年）は、この液体を散布したブドウがうどんこ病にかかりにくいことに気がついた。ミラルデはこの液体の散布実験をして、初めての化学的な抗カビ剤を開発した。「ボルドー液」と呼ばれるこの薬剤は、うどんこ病の抑制効果は高かったが、ブドウを摘む作業者の指は青くなった。一部の有機栽培生産者はボルドー液を人工的薬剤ではなく自然なものだとみなしているため、今でも使用してよいと考えている。ご存知のように、ワインを好んで飲むヨーロッパの習慣の広がりとともに、ブドウの木は世界各地に移植された。そしてときにはうどんこ病菌も一緒に旅をした。[15]

病気を引き起こす菌類でも、それが寄生菌なのか、それとも感染性のある病原菌なのかを見極めるのが難しいものはかなり多い。黒穂病は、担子菌類が特にイネ科植物の子房を攻撃し、菌糸と暗褐色の胞子の塊に置き換える病気だ。「smut」という英名は、それがすすに似ていることを示すのであって、この単語のもっと下品な定義を意図しているわけではない〔smutには「すす」の他に「わいせつな言葉や画像」の意味がある〕。トウモロコシ黒穂病は、世界中で生育するトウモロコシの約三分の一に害を与えており、特にスイートコーンの被害が大きい。しかし植物病理学者から見ると、トウモロコシ黒穂病菌（*Ustilago maydis*）は、同じ生活環の中で腐生性と病原性、共生性というフェーズを持つ菌だ。黒穂病菌はその一生の一部で、土壌中や作物残渣（ざんさ）の中で成長する腐生性酵母になる。この酵母が植物に飛び散り、病原体として感染するが、その後は酵母型から菌糸型に形態が変化する。この菌糸型によって生活環の中の有性生殖段階が完了する。そしてこの段階の黒穂病菌は生きた宿主に依存しているので、寄生菌とみなされる。黒穂病菌はトウモロコシのヒゲの間を進んでいって、生育中の実に到達すると、そこで増殖して、やがて炭塵のようなこぶになる。このこぶは粉状の胞子を大量に作り出すため、黒穂病の感染がひどい作物の間をコンバインがガタゴトと進んでいくと、後方に胞子の雲がもくもくと立ち上がって、エンジンが火をあげているように見えるほどだ。たいていの農家はトウモロコシ黒穂病を災難と考えている。しかしメキシコ人はアステカ文明の時代から、黒穂病にかかった未熟なトウモロコシをウイトラコチェと呼んで、好んで食べてきた。ウイトラコチェは必須アミノ酸のリシンが豊富で、なめらかなペースト状にしてトルティーヤやスープに使うと、土っぽいスモーキーな香りが出る。またコレステロールを減らす効果があるとも言われる。生や缶入りのウイトラコチェには、病気ではないトウモロコシよりもはるかに高い値段がつく。[16]

とはいえ、微生物による病気と聞いてまっさきに思い浮かべるのは、宿主を外側から攻撃し、弱らせるか殺すかすると、また新たな宿主を探す病原体だろう。多くの病原体は広い範囲に素早く広がる性質を持っており、共生は決してしない。彼らは自分のことしか考えていない。だから私たちは注意が必要なのだ。

## 侵入——外来種(エイリアン)がやってきた

あなたの庭を見てほしい。窓の外に見える植物や、鳥、げっ歯類などの動物の多くは、別の場所から来たものだ。イエスズメやタンポポなどは、入植者たちがふるさとを懐かしむために、海外から意図的に持ち込んで放したり植えたりしたものだ。そうではないハツカネズミやミミズなどは知らないうちにやってきた。喜ばしい乗客であれ、密航者であれ、原産地から新たな環境に移植された生物は「移入種」や「非在来種」と呼ばれる。多くの栽培化された作物や家畜化された動物は私たちの身近に長い間いるので、在来種と思われがちだが、大半が非在来種だ。そうした動植物が病気や害虫、共生者を一緒に運んでくることも多かった。

生物学的侵入というのは、非在来種が爆発的に増殖して、その地域の固有種を押しやったり、生存できなくしたりすることだ。生物学的侵入は既存コミュニティの生態系を不安定にする。影響を受けた生物が経済的に重要だったり、人間の健康にかかわっていたりする場合には、深刻な結果をもたらす。北米とヨーロッパの間で船の行き来が始まってからの数百年間、両大陸の植物や動物をごちゃ混ぜにするのはよくないことだと考える人はいなかった。しかし後から考えると、一四世紀にヨーロッパでペストが流行して以来ずっと、生物学的侵入の予防の重要性は明らかだった。このペスト流行の原因は、ペスト菌（*Yersinia pestis*）という細菌に感染したノミがネズミにつき、このネズミが船で密航してヨーロッパにやってきたことだった。[17] 菌類は、そうした生物学的侵入の犯人や共犯者になることが多い。

侵入してきた作物病害で最も有名なのはジャガイモ疫病だ。アイルランドの小作農の人々はこれを疫病と呼んでいた。原因は、フィトフトラ・インフェスタンス（*Phytophthora infestans*）という菌類に似た生物だ。これは外見や動きは菌類に似ているが、ＤＮＡ解析によって進化史をたどると、光合成をしない藻類に分類される。アイルランド人が愛するジャガイモは、一六〇〇年頃に原産地のペルーからエメラルド島の異名があるアイルランドへ導入された。一九世紀中頃には、アイルランド人の農民はイギリス人の地主のために小麦を育て、その横で自分の家族を養うためのジャガイモを植えていた。収穫したジャガイモは冬の間ずっと保存が利いたし、石だらけの畑一エーカー（約〇・五ヘクタール）から収穫されるジャガイモは家族六人分の食料になった。

しかし、温暖で雨が多かった一八四五年の夏、フランスで前年に初めて発生していたジャガイモ疫病がアイルランドでも流行した。政治家たちは、ジャガイモ畑の上に渡した新式の電線が原因だと見当をつけた。一方でイギリス人聖職者のマイルズ・ジョセフ・バークリー（一八〇三〜一八八九年）は、微生物が原因だという、当時としては突拍子もない主張をした。バークリーが顕微鏡で観察すると、感染した葉の裏側に枝付き燭台のような形の菌糸構造がぶらさがっているのが見えたのだ。この構造体から放出された胞子は、健康な葉を求めて風に乗って漂った。ただしその胞子が湿った土に落ちると、そこから菌糸を伸ばすのではなく、胞子が割れて、中からオタマジャクシのような遊走子の群れが出てくる。この遊走子の群れが土の中を泳いでいき、新しい塊茎に感染した。フィトフトラ・インフェスタンスの菌糸はデンプンを吸収するため、健康なジャガイモが感染から数日で腐敗して、悪臭を放つ塊に変わってしまった。保存されているジャガイモも腐って、ぐちゃぐちゃした黒い塊になり、栄養価は失われた(18)。

アイルランドでは、一八四六年から一八五一年の間に一〇〇万人が飢えや病気で死亡した。特にひどかったのが一八四七年だった。さらに二〇〇万人が国を離れた。

ヨーロッパのジャガイモ疫病は昔から、他の土地から侵入してきた病気と考えられていた。二〇一五年の遺伝子分析で、毒性の強い菌株がアメリカ原産であり、その菌株に感染したジャガイモが大西洋の向こうから運ばれてきたことが確かめられた。疫病菌は依然として侵入病原体であり、損害額は今でも年間五〇億ドルになる。最近では、トマト疫病がより大きな問題になっている。二〇〇九年からは北米全域で、家庭や有機栽培農家に向けて販売された苗木が深刻なトマト疫病の被害を受けた。そうした苗木は、ヨーロッパから大西洋を越えて戻ってきた毒性の高い菌株に感染していた。

侵入種は、原産地で天敵や競争相手から（ときには共生者から）逃れてきて、新しい土地に侵入することが多い。そうした生物学的侵入との戦い方のひとつに、元の生息地から天敵を持ち込んで、侵入種の勢いを削ぐというのがある。有害な生物学的侵入への対応策として、細心の注意と制御（ができているという期待）のもとで生物を侵入させることを、生物的防除という。そしてそのための生物防除剤（生物農薬とも）は一般的には、化学的な農薬に代わるものであり、環境を損なうことなく、昆虫や菌類、その他の害虫による植物や動物の被害を減らしたり、ゼロにしたりできるとされている。

生物的防除の試みは多難なスタートを切った。一九三〇年代、オーストラリアのクイーンズランド州に、サトウキビ農園で大量発生していた外来のコガネムシを駆除する目的で、約六万二〇〇〇匹のアメリカ産オオヒキガエルが導入された。困ったことに、このオオヒキガエルは野生化してオーストラリアの北部と東部に広がり、その後五〇年にわたって在来の生態系に深刻な被害を与えている。そのため生物防除剤の使用には、オオヒキガエルのように永続的に棲みついて広がり、固有種の生存を妨げ、それ自体が侵入種になってしまうという懸念がある。しかしさび病菌類（プクキニア属など）は特定の宿主だけを攻撃する傾向があるので、侵入してしまった雑草を駆除する目的でさび病菌類を慎重に導入して成果をあげた例もある。駆除対象の植物の個体数はふつう大幅に減少するが、完全な根絶にいたることはめったにない。ただ、しつこい雑草がひどく弱れば、導入したさび病菌が別の宿主に飛び移らないかぎり、さび病も消えていく。[19]

## 侵入された細胞

生物学的侵入は頻繁に起こるが、ほとんどの場合は小規模で、生態系全体を危険にさらすことはない。そして生物学的侵入の影響は悪いものばかりではない。大きな恩恵をもたらし、それが新しい形の生命につながることもある。最もよく知られているのは細菌がかかわっている例であり、すべての真核生物がその恩恵を受けている。

一五億年前、単細胞生物同士で起こった相利共生が、その後の真核生物の出現に向けた下地を作った。真核生物である植物や動物、菌類、原生生物はみな細胞に核を持ち、すべての細胞の核にはその生物独自の染色体（とＤＮＡ）がおさめられている。しかしあらゆる真核細胞は、別個体の組織が共存するキメラであるという特徴も持つ。[20] 細胞のエネルギーの大半を作り出すミトコンドリアは、もとは自由生活性の細菌だった。それが、私たちの遠い祖先の細胞に取り込まれるか、侵入するかした結果、共生者として細胞内に永遠に住みついたのである。今や私たちはミトコンドリアなしでは生きていけない。ミトコンドリアは独自のＤＮＡを小規模ながら持っていて、細胞核内の染色体が有性生殖によって再編成されたり細胞分裂の際に分裂したりしていても、それらとは無関係に独力で増える。動物の場合には、世代間で受け渡されるミトコンドリアＤＮＡは母親の卵細胞に由来する。したがって、共生者であるミトコンドリアを調べることで、母方の血統はたどれるが、父方はたどれない。

他にもそうした例はある。植物細胞は約一〇億年前に光合成細菌を吸収し、この細菌もやはり細胞内に永久に棲みついた。この共生者が葉緑体だ。植物が太陽からエネルギーを獲得するにも、私たちの細胞内でエネルギーを管理するにも、共生者が頼みだ。共生者が細胞から出て行くことに決めたら、私たちはとても困ったことになる。

共生というものを見ると、自然の仕組みに関する私たちのさまざまな思い込みを考え直さないわけにいかない。生物同士がときには友人として、ときには敵として、どちらかの内部に入り込んだり、互いに重なり合ったり、隣り合ったりして生きている状況は、人間には想像しにくい。私たちが好むのは、相利共生というシンプルで、どこかロマンティックな状況だ。それは、二つの無関係な生物が一つの場所に住みついて生活を共有すること、つまり二つの生物が一つに混ざり合う至福の関係である。しかし共生関係が一時的であったり、有害であったりすることも多い。その一方で、菌類は優れた協力者であり、菌類と他の生物の共生が多くの生態系の繁栄にとって不可欠になっている。こうした共生という行動や共依存の関係は、時間やその生物の年齢とともに変化する可能性がある。多くの共生には、始まりと中間、終わりがあるのだ。そして共生や分解、養分循環や化学的シグナルの伝達などの担い手としての菌類の幅広い能力が十分に発揮されるのが、森林の中だ。そこを探ることで、私たちが実際の姿とは異なる自然を思い描いていることが、初めてはっきりとわかるようになる。

# 第II部
# 菌の惑星

# 第3章 森……木を見て菌を見る

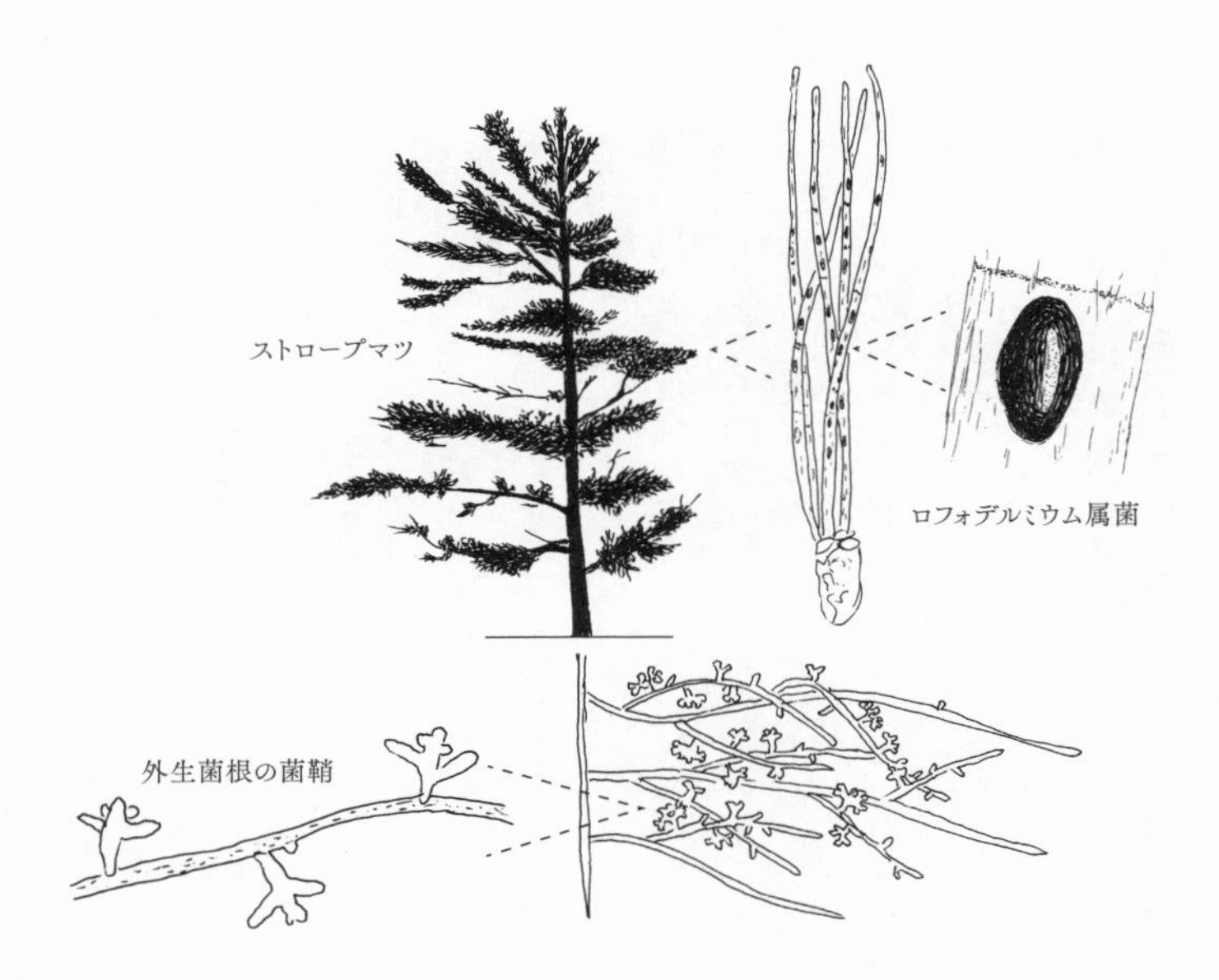

一度も伐採されたことのない森に立ち入るというのは、あまりない経験だ。今もわずかに残る手つかずの原生林に足を踏み入れると、高さ数十メートルの成長した木々に出会う。その幹を抱えようとしたら数人がかりだ。重なり合う樹冠はアーチ形の天井となり、低木層に影を落としている。しかしよく見るとわかるのだが、そうやって隣り合う木々の枝はほとんど接触していない。「樹冠の譲り合い(クラウンシャイネス)」と呼ばれる現象だ。この現象が起こる理由はわかっていないが、害虫や寄生菌が木から木へ飛び移るのを防いでいるのかもしれない。

天然の森というと、老木が大昔に明け渡した場所に、若い世代の木々が勝手に無計画に再生していたり、若木がどんどん生えてきたりするといった、まとまりのない状況をイメージすることが多い。一方で商業的な植林地というのは、木材を伐採して新しい木を植えることができるよう、短期間で成長させることを目指している。世界の多くの地域では非在来種の苗木が育てられている。世界各地の温暖な気候の地域には、ダグラスモミやラジアータパイン(モントレーマツ)などの北米原産の木が移植されているし、熱帯地方の各地には、成長の早いガムツリー(ユーカリ属)のクローン苗を使った植林地が一面に広がっている。都市の大通り沿いや公園に植えられた観賞用樹木も、海を越えて共生菌や病原菌と一緒に運ばれてきたものだ。人工の森林は設計された生態系だ。特定の気候や土壌においてどの高木と低木を一緒にすればうまく育つかという判断にもとづいて計画されている。偽の生態系と言ってもいい。もちろん、生産性の高い素晴らしい森ではあるが、自然の原生林にそなわる複雑性と回復力を正確に再現するのは難しい。

菌類はすべての森にとって、死活にかかわる重要なパートナーだ。どんな貧相な植林地でも、秋になればキノコが胞子を風に乗せて飛ばし、まるで結婚式の紙吹雪のようになる。しかし実はどの季節でも、森の中のどこを見ても、菌類は視界の中にいる。彼らは何でもないところに潜んでいるのだ。菌類は葉や樹皮の外側を覆い、葉の組織に隠れ、根に菌糸を巻き付けている。木の洞を腐らせもする。土の中では、腐生菌が鉱物をあさり、植物の残骸を分解する。地表では菌類のコロニーが広がって、落ち葉の間に菌糸体を扇形や紐状に伸ばすのに忙しい。そうしたコロニーから、靴ひも状の根状菌糸束が新たな縄張りの探索に送りだされることもある。

森は都市に似ている。木はビルだ。ビルとビルの間は、隠れたインフラや、複雑な輸送ルート、そしてそれぞれの生活を送る多種多様な生物によってつながっている。たいていの菌類は外で忙しく活動しているが、同時にビルの多くにはたくさんの菌類が入居している。

## 空の上の街——内生菌と着生菌

カナダ東部にある自宅の窓から外を見ると、カエデやニオイヒバの樹冠の間からストロープマツが突き出していて、スカイラインにそびえるいびつな塔を思わせる。一本の木というものは、高層マンションのようだ。基礎部分は地中に深く伸びているかもしれないが、刺激的なことが起こるのは地上部分だ。最上階にはレストランやバーがあるし、途中の階にも立ち寄る場所がたくさんある。鳥や昆虫がマンションのあちこちをぶらついている。木の洞はマンションの部屋で、そこでは小さなダニやヤスデ、昆虫の幼虫、ネズミなどが大勢集まってパーティーを開いている。大きな枝から垂れる着生植物やコケ、地衣類は、バルコニーの庭だ。目立ちにくいカビのなかには、植物の表面で増殖する着生菌がいる。そうしたカビは、葉や樹皮のワックスの外層を這い上がったり、奇妙な形の胞子をぽんと放出したり、植物から滴り落ちる栄養分を吸収したりして生きている。

マツには常緑のイメージがあるが、実際には松葉は落ちる。ただ、一度に全部落ちるのではなく、二、三年の寿命で時期をずらして落ちる。松葉の束が枝に引っかかって、空中に浮かんでいることもある。そうでなければパラパラと落ちて、林床に降り積もり、滑りやすいカーペットのようになる。落ちた松葉は、初めは滑らかで金色をしているが、数週間すると針の先ほどの黒い染みが現れる。この染みを拡大すると、黒っぽい上下の唇のように見える。これが少し湿ると、唇が開いて、固くて白っぽいゲルが出てくる。松葉に黒い線が現れ、ぐるりと一周して輪になることもあるが、それはまるで誰かが鉛筆で線を引いて、無数にできた唇状の染みをグループ分けしたかのように見える。この染みはロフォデルミウム属（*Lophodermium*）の菌類で、かつてこの菌は、死んだ松葉が地面に落ちた後に増殖したものだと考えられていた。そうではなく、この菌が葉ふるい病や葉枯れ病といったマツの病気の原因だという見方もあった。しかしこの数十年でそうした見方は変わってきている。

植物の内部で増殖する菌類を指す「内生菌（endophyte）」は、一五〇年以上前から知られている。[1]

この「endophyte（エンドファイト）」という用語は、一九世紀半ばに共生という概念に光を当てた、あのアントン・ド・バリーによって作り出された。内生菌は最近まで、実際の菌種が特定できなかったことと、増殖が非常に遅いことから、ブラックボックスのような存在だった。病気を引き起こす様子もなければ、宿主の木にも黙認されているようなので、ある種の共生者だとは考えられていた。しかし内生菌は何をしているのだろうか。顕微鏡で調べると、松葉や葉芽、樹皮の細胞の間に菌糸がまばらに広がっているのが見える。植物はこれを通常の状態と見なしているようだ。両者の取引としては、植物組織を流れる栄養分を菌類が吸収しているのは間違いないように思える。しかし、植物はお返しに何をしてもらえるのだろうか。内生菌は木に、環境の変化に対応するための柔軟性をもたらしていると考えられている。活発な内生菌の集団が定着している木は、より早く、より大きく成長し、水不足を耐えられる。そして重金属などの有毒物質の影響を受けにくいようだ。

私が大学院生として初めて出席した学会では、大学をすでに引退した風変わりな教授の基調講演があった。彼は生きている針葉から苦労して分離した、成長の遅い培養菌の写真を見せた。それは石炭のような黒い塊で、シャーレ内の培地を一カ月に一インチの一六分の一（約一・五ミリメートル）という速度で移動した。しばらくするとその菌は進むのをやめて、そこから動かなくなった。菌が生きているのか死んでいるのか、判断は難しかった。その教授は、この増殖の遅さのせいで自分のところに大学院生がほとんどいないのだと、地衣類みたいな口ひげの下でぶつぶつこぼした。大学院のわずか五年の研究期間では、実験に使うのに十分な量の菌糸体を培養できない。そのうえ教授の培養菌のほとんどは胞子を作らなかったので、誰も菌種を同定できなかった。名前もわからない菌類について博士論文を書くなんて、誰ができるだろうか。

針葉の内生菌を分離して培養するのは大変な作業だ。針葉の外側は、風で飛んできたり、昆虫の脚についてきたりした着生菌や腐食性のカビの胞子で覆われて、厄介な状況になっている。実際に針葉内部で増殖している菌類を分離するには、外側を「表面殺菌」という方法できれいにする必要がある。表面殺菌では、針葉を滅菌水で十分に洗ってから、アルコールか漂白剤にしばらく浸す。よそ者のよくわからない胞子をすべて殺して、針葉の内部にいる菌類は生かしておかなければならない。きちんとやるにはコツが必要な作業だ。

DNAバーコーディング〔生物のDNA配列をバーコードとして用いる同定手法〕が登場すると、これまでに培養した菌や植物組織から直接取り出したDNA配列情報から、内生菌には何千種もの菌が含まれるという衝撃的な事実が明らかになった。内生菌はほぼすべての植物種に存在する。その一部は、森林内の他の場所で自由生活性の腐生菌か寄生菌として観察されていた菌の近縁種だったが、これまで一度も見つかったことがなく、近縁種も知られていない菌もあった。そして先ほど述べたロフォデルミウム属菌も含めて、内生菌のほとんどが子嚢菌類だ。

DNAを使ってロフォデルミウム属菌を検出できるようになり、培養菌が増殖するのを待たなくてもよくなった結果、健康なマツに生えている、生きた緑の針葉の数百万本に一本の割合でロフォデルミウム属菌が存在していることがわかっている。ロフォデルミウム属菌は一生のほとんどを葉の内部に隠れて過ごす。[2] 松葉の表皮は硬くて耐水性のある壁となって、内部で増殖する菌糸を太陽光や乾いた風から守る。菌がコロニーを形成している針葉をぐるりと一周する、鉛筆で書いたようなリング状の線は、バラージと呼ばれる。この線は多くの種類の葉や針葉にできるもので、同じ組織内で異なるクローン群や異なる種の菌が競争状態にあることを示している。組織内部のスペースで、隣り合う内生菌との間でもめごとが起こると、菌たちは自分用の栄養分を貯蔵しようとする。そこで、他の菌糸が入ってきて栄養素を奪われないよう、自分の縄張りの端に黒っぽい細胞で壁を築くのだ。バラージによって木材に生まれるパターンは、芸術家や家具職人に好まれ、そうしたパターンのある木材は「スポルテッド材」と呼ばれる。

樹冠では、家族や友人、見知らぬ人、敵の間柄にあるたくさんの生物が、たった一人の大家に生活を支えてもらいながら暮らしている。この高層住宅で共生がうまくいくのは、すべての間借り人が大家に家賃を支払い、維持管理に協力するときで、この場合、誰もが良い生活を送ることができる。しかし面倒を起こしたり、秘密の部屋で違法なビジネスを始めたり、隣人や宿主にあまりにも粗暴な振る舞いをする間借り人がかならず数人は出てくる。別の言い方をすれば、相利共生からこっそり抜け出して寄生菌になる内生菌がいるということだ。そういう内生菌はすでに宿主細胞内にしっかり入り込んでいる。しかし、木の防御システムは別のところに向けられているので、内生菌の予想外の裏切りは、宿主にとって致命的になることがある。

不都合な真実と言えるのが、ロフォデルミウム属菌を含めた多くの内生菌が、有益な存在から有害な存在への一線を越えることが頻繁にあることで、そうなると木は内生菌を身近に置きたがらなくなる。一本の成木には何百種類もの内生菌のコロニーが存在する場合がある。そうした内生菌の大半が若くて、元気で、平均的にみればプラスの影響を与えているかぎりは、宿主である木は彼らを手元に置いておく。しかし手に負えない間借り人に対しては、マンション全体が崩壊してしまう前に、大家として最終的に退去通知を突きつける必要がある。これが針葉樹などが葉を落とす理由の一つだ。

ロフォデルミウム属菌について言えば、針葉が落ちて枯れるときだけ、子嚢と子嚢胞子を作るためのリソースを集める。針葉に現れる唇状の染みは胞子を形成する器官で、その内部の白いゲルは子嚢の層だ。この子嚢が高圧放水銃のように子嚢胞子を発射する。標的になるのは、下生えから飛び出てきた成長中の若木の新しい柔らかな針葉だ。ただし、落ちてくる途中で枝などに引っかかった針葉にできた子嚢は、近くの成木の樹冠にある若い葉芽を直接狙う。毎年春になると、枝が成長期を迎えて新しい針葉が出てくるのと同じタイミングで、なんとか木の内部に戻ろうとするロフォデルミウム属菌が、木に向かって子嚢胞子を投げつけるというわけだ。こうしたことから、一本の木に生息する共生菌の構成はつねに変化している。この共生は、地衣類に見られるような二種類のパートナーによる安定で長期的な共生とはタイプが異なる。無数の内生菌と無数の宿主が、共生者をたえず入れ替えながら小規模な共生関係を結び直している。そしてそれぞれの共生は、相互利益につながる関係と、敵対や搾取、無関心をもたらす関係のあいだを行ったり来たりしているのだ。

要因は他にもあるかもしれないが、植物の健康状態は内生菌が昆虫による害を抑えることで向上している可能性がある。木はガや甲虫などによる食害をしばしば受ける。そうした昆虫は、木の幹や葉に開けた穴の中で卵を産み、生まれた幼虫は生きた幹や葉の組織をエサにして育つ。虫害を受けた木は、枯れるところまでいかなくとも、弱って光合成の能力が落ちたり、水を吸い上げて各組織に行きわたらせるはたらきが低下したりする。こうした害に関して、針葉の中の安全な住まいにいる内生菌は宿主と利害が一致している。内生菌も昆虫に食べられたり、他の菌類に追い出されたりしたくはない。害虫は抑制するが木の生化学プロセスには影響しないような毒素を内生菌が作り出すことができれば、宿主と内生菌の両方に都合がいい。実際に昆虫は、内生菌がコロニーを形成している組織を避ける傾向がある。また培養された内生菌には、昆虫を殺すような毒素や、大食いの幼虫が食べたがらないように葉の味を変える毒素を放出するものがある。さらに病原性を持つ菌類を抑制する化合物や、一つで昆虫の忌避効果と病原性菌類の抑制効果の両方をもつ化合物を放出する菌もいる。

木には非常に多くの内生菌がいるので、定着や再定着の仕組みが菌種によって異なるのは意外なことではない。木が季節の変化に合わせて、葉や針葉の機能が停止し始め、落葉の準備に入ると、一部の内生菌は、まだ樹冠にいるうちから胞子を放出する。しかし多くの内生菌の場合、植物内で過ごすのは一生のうちのある時期だけだ。そうした内生菌は、葉に乗って一緒に林床に落下し、そこで腐生栄養モードに切り替える。そして枯れ木のかけらや落ち葉を食べたり、軽業師のように身軽な星形の胞子を空気の流れに乗せたりする。内生菌のなかには、共生相手の木や草の種類にかなり神経質な菌もいるが、そんな菌も林床での栄養分にはあまりこだわりがない。枝や針葉、葉、花、種子、実などは、すべていつかは地面に落ちる。そのときには内生菌を一緒に運ぶとともに、土の中で待っている菌類に身をさらすことになる。土の中の地下都市もやはり賑やかな場所だ。

## 地下からの手紙――菌根菌と根圏菌

人間の都市では、地下に基礎を打ち込むことで建物が倒れないようにしてあり、電線や配管が建物を地域と結んでいる。森も同じだ。根は木を真っ直ぐに支えると同時に、地面から樹冠へ水や栄養分をつねに汲み上げる複雑な生物学的インフラになっている。植物学者たちは長い間、木はそうしたことを自力でこなしていると考えていた。現在では、木はたくさんの手助けを受けていることがわかっている。

木の幹の下にある土や木の根をきれいに垂直方向にカットしたかったら、魔法の鋤が必要だ。もしそういうものがあったら、有機物の破片や土が積み重なった層がしっかりと見え、同時に菌類と木の相互作用がいかに広範囲にわたっているかが理解できるだろう。森の表面に近い、肥沃で軟らかい土の中では、近くの木から伸びる細根の先が白い鞘のようなものに包まれていることがある。あらゆる木の根系〔植物体の地下部全体〕には、若くて細い根の先端にこうしたスポンジ状の小さな菌の塊が無数についている。これは「菌鞘」と呼ばれるものだ。菌鞘からは菌糸体が雲のように広がっており、菌糸や菌糸束が稲妻のように根から外向きに伸びている。

菌鞘は、一八四〇年にドイツの菌類学者テオドール・ハルティヒ（一八〇五～一八八〇年）によって、マツで初めて確認された。ハルティヒは顕微鏡による観察で、木の根の細胞の間に管が粗い網目状に広がっていることに気づいた。それは迷宮に伸びる糸のようだった。それから三五年後、こうした管が菌糸であることがわかり、この網状組織はハルティヒネットと命名された。菌糸を菌鞘からキノコへ、さらに別の菌鞘へと根気よく追いかけることで、異なる木から伸びる根をつなぐ菌糸のネットワークをたどることができる。この菌糸のネットワークはとても繊細だし、菌糸はかなり見つけにくいので、そうやって菌糸をたどる作業には特別な感受性が求められる。緑の親指(グリーンサム)（園芸の才）ならぬ菌の親指(ファンガスサム)が必要なのだ。

マツの根で発見された菌の塊は、はじめは珍しいものとされたが、やがてヨーロッパに生育するさまざまな樹種で菌鞘とハルティヒネットが見つかると、ありふれたものであることがわかった。林業従事者の間では、そうした菌は根に寄生しているという見方が強かった。しかしドイツの植物学者アルベルト・ベルハルト・フランク（一八三九〜一九〇〇年）は、木と結びついている菌糸体はその木の「乳母」であり、栄養分の取り込みをコントロールしていると考えた。さらにフランクは、そうした菌と一体になっている根に「菌根」という名を与えた。菌根（mycorrhiza）という用語は、ギリシャ語で「菌類」を意味する「mukēs（myco）」と、「根」を意味する「riza」を組み合わせたものだ。[3] こうした菌根を作る菌類（菌根菌）は、自然界ではつねに共生相手の木と結びついている。内生菌とは違って、独立した腐生菌としての形態を持たないのだ。木は菌根菌がいなくても生きていけるが、菌根菌がいるほうが成長が早く、樹高も高くなる。そういう意味でこの共生関係は相利共生だと言える。しかし、菌根菌はこの共生関係からより多くの利益を得ているので、穏やかな種類の寄生菌と解釈できると主張する生態学者もいる。

菌根というのは、森の中で起こる共生関係としては花形だ。菌根は生命が陸地に初めて進出してから六〇回ほど独立して進化しているし、現代の植物は、菌類を自分の根に住まわせることに多くのリソースをつぎ込んでいる。何らかの菌根菌との結びつきをまったく持たない陸上植物は、全体のわずか八パーセントだ。(4) 菌根にはいくつかのタイプがある。ランの仲間は、若いころには葉緑素を持たない。ランの菌根菌は、膠質菌と呼ばれる担子菌類に近縁であり、ランが独自に光合成を始めるようになるまで栄養素を供給する。菌根菌の存在はとても大きいため、大半のラン類は種子にその菌を入れる〔「ラン型菌根」というタイプ〕。ギンリョウソウモドキ（*Monotropa uniflora*）など一部の植物は、葉緑素を作るのを完全にやめていて、菌根菌に寄生するようになっている〔「モノトロポイド菌根」〕。ブルーベリーやクランベリー、さらにその近縁種は、栄養の乏しい土壌でも育ち、通常は子嚢菌類と結びついて菌根を作る。こうしたツツジ科の植物に形成される菌根は「エリコイド菌根」と呼ばれており、宿主の植物が栄養分として窒素を吸収するのに不可欠だ。そして最も古くから存在する菌根が「アーバスキュラー菌根」で、多くの農作植物と共生している。

森林で菌鞘やハルティヒネットを形成する菌根は、根の外側に菌糸が広がることから、「外生菌根」と呼ばれる。栄養分のやり取りにかかわる菌糸は根の細胞の間に伸びるが、細胞内には侵入しない。外生菌根菌は約八〇〇〇種あり、その多くが担子菌類だ。(5)

林床を彩るキノコの多くは、そうした外生菌根菌の子実体（胞子を作る器官）だ。たとえば、ゴムボールのような滑らかで光沢のあるかさを持つベニタケ属（*Russula*）のキノコや、ひだから赤色などの乳汁を出す色鮮やかなチチタケ属（*Lactarius*）のキノコ、猛毒を持つテングタケ属のキノコ、そしてヤマドリタケ（ポルチーニ）の大半が外生菌根菌だ。特に人気のある食用野生キノコのなかにも外生菌根菌がある。私が大好きなのは、フランス料理でジロールやシャントレルと呼ばれるアンズタケ属（*Cantharellus*）のキノコだ。その代表であるアンズタケ（*C. cibarius*）は、トランペット形のオレンジ色をしたキノコで、かすかにアンズの香りがする。かさの裏にはシート状のひだではなく、緩やかな厚いうねがある。そしてナッツや果物のような風味と、しゃきしゃきした食感がある。乾燥アンズタケも売られているが、生のアンズタケとは風味や食感が違う。商品価値が高いアンズタケだが、管理された環境での人工栽培法は見つかっていない。アンズタケは生きている樹木とのつながりが必要であり、もしかしたらまだ理解されていない別の必要条件もあるかもしれない。

大半の菌根菌は、一つの種または属の木のみと共生関係を築く傾向があるので、キノコ狩りをする人にとって、木の種類はキノコを探すべき場所の貴重な手がかりなる。ただ、もっと無頓着な性格で、針葉樹全般、あるいは広葉樹全般を好む菌根菌もいる。一方で木のほうは菌類よりも節操がない。たとえばダグラスモミの根は二〇〇〇種もの菌類との間で菌根を作る。ただし通常は、一本の木と外生菌根を形成する菌種は一〇種から二〇種程度だ。[6]

森に広がる菌根ネットワークは、自然愛好家や科学者の想像力をかきたてる。異なる菌種の菌糸は、直接融合することはできないが、菌根菌として同じ木の根につながることはできる。非常に細かく枝分かれした木の根と菌糸からなる広大な構造によって、森林内のすべての木が一つの統合ネットワークに接続されている。それは一部の動物の脳にみられるような中央集権的神経システムではなく、建物に電力や情報を供給する配線のような、複数形式（マルチモーダル）による分散型ネットワークである。

こうした森の通信網の存在は現時点では仮説の段階だが、しばしばインターネットとの類似性が指摘されていて、「ワールド・ワイド・ウェブ」をもじった「ウッド・ワイド・ウェブ」と呼ばれている。[7]

こういった根と菌糸が作るネットワークを通じて、どんな種類の通信がおこなわれているのだろうか。この点についての最初の実験は、一九五〇年代に、スウェーデン人研究者のエリアス・メリン（一八八九〜一九七九年）とハラルド・ニルソン（一九二一〜一九八九年）によっておこなわれた。メリンたちが所属していたのは、近代分類学の父と呼ばれるカール・リンネがかつて教鞭をとっていたウプサラ大学だった。メリンたちは、三角フラスコの中でマツの苗木を育てて、それとは別にガラスカップに入れてあるヤマドリタケの培養菌とマツの苗木が菌根を形成するように慎重に操作した。その後ヤマドリタケのカップ内に、炭素やリンなどの放射性同位体で標識した化合物を加えた。しばらくして苗木の針葉を調べると、培養菌に追加した放射性同位体が検出された。そうした同位体は、ハルティヒネットや、根の間をつなぐ菌糸を通じてマツの苗木に入ったとしか考えられなかった。さらに反対に、マツの針葉での光合成で作られた糖が根から菌糸に移動することもわかった。ミネラルと栄養素は両方向に流れていたのだ。[8] それは、マツが根の重要な機能の一部を菌糸体に委託しているかのように思える。マツは自分よりも菌類のほうがその機能をうまく果たせると認めているのだ。

天然林でおこなわれた最近の実験では、炭素の放射性同位体を含んだ二酸化炭素をトレーサーとして一本の木の近くで放出したところ、一時間以内にその炭素同位体が付近の木から検出された。最初の木とは別種の木から見つかったケースもあった。この場合、最初の木がトレーサーである二酸化炭素を吸収して、その炭素同位体を別の分子に代謝する。生成された代謝産物は根へ移動し、菌糸ネットワークに入って、最終的に近くの木の組織にたどり着く。森にある他の木のほとんどと繋がっているノードの木（いわゆるマザーツリー）は、森の中で最も古くて高い木であることが多い。さらに、自分自身の苗木には他の木より多くの栄養分を分け与えることから、マザーツリーは自分の子どもを見分けており、菌糸ネットワークを通じた栄養分の流れを調節できるらしい。菌根ネットワークを通じてシグナルとなる分子が交換されていることはわかっているが、彼らがどんな話をしているのかは今のところ不明だ。たぶん、天気がどうだとか、よそから攻撃的な昆虫が移ってきたとかいう世間話がほとんどだろう。[9]

菌根は、木と菌類にとってウィンウィンの取引である。そして森林の生産性や健康状態を向上させることから、私たち人間にとっても重要だと言える。伐採や病気の悪影響を受けている森林でも、菌根菌は生物学的に重要であり、かつ経済的な価値がある場合がある。たとえば、マツの菌根菌であり、キノコ通には「Matsutake」で知られるマツタケ（*Tricholoma matsutake*）やアメリカマツタケ（*T. magnivelare*）といったキノコは、勢いの衰えた森に生えることが多い。北米大陸の西岸は一年に一度、西部開拓時代さながらになる。マツタケ前線を追いかけて、荒くれのキノコ採取業者の集団がピックアップトラックで南から北へと移動するのだ。大自然の中からトラックで運び出されたマツタケは、空港で貨物機に積み込まれる。そして採取から数日以内に日本や韓国、中国の市場で売られる。[10] マツタケは野菜というより香味食材として用いられる。薄く切ったマツタケを数切れ加えるだけで、一杯のスープがかぐわしくスパイシーな印象になる。このキノコがアジアでとても人気なのは、そのマツと肉、花が混じり合ったような香りのためだ。その香りを説明するのは、微妙なニュアンスを言い表すことに長けた俳句の名人にも難しいことだが、日本人のマツタケ愛好家にとっては「昔を思い出させてくれる」香りなのだという。[11] 欧米人は往々にして、こうした機微をあまり解さない。長い間、ヨーロッパで育つマツタケにはトリコロマ・ナウセオスム（*Tricholoma nauseosum*）という学名があり、フィールドガイド本では「汚れた靴下の匂い」と書かれていた〔一九九九年にヨーロッパと日本のマツタケが同種であることが確認された〕。

香りの良いフランスのペリゴール・トリュフ（*Tuber melanosporum*, クロセイヨウショウロ）やイタリアのピエモンテ・トリュフ（*Tuber magnatum*, シロセイヨウショウロ）は、一生をオークなどと共生する菌根菌として過ごす。トリュフが育つのは地面の下だ。木の苗木に菌根が十分に育って、成熟したトリュフ（胞子を作り出す器官）を作るまでには数十年かかる。トリュフは、ゆがみや裂け目のあるジャガイモや、石炭のように見える。子嚢菌であるトリュフは、かつては皿のような円盤状をしていたが、進化の過程で折りたたまれた形になり、内部に子嚢を作るようになった。そのせいで子嚢胞子を空気中に放出できなくなったので、胞子を散布するために別の方法を見つける必要が出てきた。トリュフはうっとりするような匂いでげっ歯類や鳥、ハエの大群などを引き寄せて、胞子を運ばせることで、確実に生きのびられるようにしている。一部のハタネズミは、トリュフからトリュフへとつながる地下トンネルを掘る。また犬や豚を訓練すれば、匂いでトリュフを探し出せるようにもなる。以前は、ムスクの香りのようなトリュフの匂いは豚や人間のオスの性ホルモンと同じ物質（5α－アンドロステノール）によるものとされていたが、現在ではこの説は否定されている。トリュフの匂いは、複数の揮発性有機化合物が複雑に混ざりあって生まれている。さまざまなトリュフを化学分析した結果、トリュフの香りを生み出している代謝産物が一〇〇種以上見つかっている。トリュフの匂いを主に生み出しているのは、ジメチルスルフィドという、硫黄を含む小さな代謝産物だ。このジメチルスルフィドは口臭の原因にもなっているし、キャベツを加熱しすぎたときの独特な「くさみ」の成分でもある。トリュフは、一ポンド（〇・四五キログラム）あたり九〇〇ドル以上の価格がつくのも珍しくなく、一キログラム前後で傷のないものになると、オークションで一〇万ドル以上の金額で落札されたことがある。ただし、そうしたトリュフ取引には詐欺のうわさが絶えないので、買うときには注意が必要だ。[12]

菌根菌や内生菌と木の共生関係は一時的であることが多い。どんな木でも、根と葉の両方にたくさんのパートナーの菌がいるが、菌との共生関係は、木が老化したり、環境が変わったりすると変化する。そうした変動が絶えずありつつも、木は古い建物のように安定した状態を保っている。木というのは、植物体と、菌類による多数のサポートシステムが一つになったキメラなのだ。

## 木を弱らせるキノコ

街路樹や都市の緑地、近郊の森などを見渡せば、病気の木や枯れた木がかならず見つかる。微生物や昆虫による病気の症状は、ストレスや干ばつの影響と似ていることが多いので、見分けるには経験が必要だ。病気になると、上のほうの枝が枯れたり、一部の葉がしおれて早めに落ちたりといった症状が出ることがある。病気の葉には黄色や褐色、黒色の斑点ができるが、これは光合成ができない、葉緑素の薄くなった部分だ。幹や枝にはこぶや凹みができて、そこから樹液がしみ出す。樹皮にひびが入って、内部の組織が見えることもある。そうした症状が出た後で、寄生菌や病原菌が新たな宿主を探す段階になると、幹や地表に出た根からキノコなどの胞子を作る構造が現れる。

それぞれの木には強い回復力がある。高度な防御システムを持っており、樹液を一気に流して有害な菌類を一掃する。また細胞にタンニンやシュウ酸などの毒素を満たすことで、菌類の成長を阻害する。さらに感染組織のブロックを、緻密で分厚い細胞壁を持つ細胞の層で囲んでしまうこともある。一枚の葉が感染すると、木はその葉を落とす。場合によっては、調子の悪い枝全体を切り捨てる。その過程で木自体が弱る可能性があるが、何とか生きていく。そしてその木は周辺の木にシグナルを送って、近くで問題が発生していることを知らせる。人間の病気と同じで、木の病気も、若い頃は気になりつつも大事にはならないが、年齢とともに身にしみてくる人生の現実といったところだ。ただし商業的な植林地では、老木までたどりつけない木がほとんどだ。

木の病気の大半が風土病として定着している。つまり、生態系の一部としてつねに存在しているということだ。たいていは、競合する生物や宿主の防御システムが病気の害を一定に抑えている。たとえばナラタケ（*Armillaria*）が引き起こす根の病気は、広範囲にわたる風土病の一例だ。ナラタケが生えるのは森林の状態が良くないしるしだと言える。急に生えてくるナラタケの塊はまるで不良グループみたいで手に負えない。特に水不足や痩せた土壌、大気汚染などで弱った木の根を攻撃して枯らし、その後も居座って木を腐らせるのだ。

森林土壌では、菌類のほとんどが小さなコロニーの寄せ集めの形で存在するが、ナラタケの仲間は個体が大きく成長して、広大な面積を占めることがある。最初に巨大キノコと呼ばれたのは、ワタゲナラタケ（*Armillaria gallica*）の一つのクローン（無性生殖で生まれる、同一の遺伝情報を持つ個体群）で、一九八〇年代後半にミシガン州のクリスタルフォールズ近郊で発見されたものだ。このコロニーはホワイトハウスの敷地面積の二倍にあたる、三七エーカー（〇・一五平方キロメートル）を占め、重さは二万一〇〇〇ポンド（九五〇〇キログラム）超で、スクールバス一台分よりわずかに軽いだけだった。このクローンの菌糸体は二五〇〇年かけて、森林の落葉層を少しずつ進んだ。その硬い紐状の根状菌糸束は、一年に約一メートルという速いペースで前進した。根を腐らせ、木を枯らしながら拡大を続け、犠牲者の木々を結びつけ、広い病害エリアを作り上げていった。

それから三〇年間、菌類学者たちはもっと大きな菌類のコロニーを見つけようと、切磋琢磨している。現在の一番手は、二〇〇八年にオレゴン州のマルール国有林で発見された、八六五〇歳のオニナラタケ（*Armillaria ostoyae*）のクローンだ。このオニナラタケは、二三〇〇エーカー（九・三平方キロメートル、フットボールグラウンド一六六五面分）の面積に広がっている。重さは三万五〇〇〇トンもあり、シロナガスクジラ二〇〇頭分以上だ。[13]

こうした巨大なコロニーはもつれあったパターンを形作っている。まるで複数の場所からスタートしたコロニーが、不規則なキルトみたいにランダムに縫い合わせされたかのようだ。どうやってそうなったのだろうか。ナラタケの拡大家族というべきクローンは、かなりの規模になる。数千個から数百万個もの一卵性双生児たちがある地域に侵入し、成長する場合もある。そのコロニーは、一個のキノコの胞子から増えたものもあれば、複数のキノコから増えたものもあるだろう。しかし自分たちが同じクローンの一部だと気づくと、彼らは融合して、見事な三次元のデイジーチェーン（数珠つなぎ）になる。こうなっても、このナラタケは相変わらず一つのクローンであり、細胞の数が増えただけだ。ナラタケはこうして、一たす一イコール一という算数の裏技を発見したのである。

そんな世界最大の生物が、長い間どうして見つからなかったのだろうか。ナラタケは本当に地球で最大の生物なのだろうか。「大きさ」というのは相対的な概念だ。からだのデザインが違っている上に、「一個体」とされる単位にまとまる方法も異なっている生物を比較するのは、微妙な話だ。木の中にもクローンになっているものがある。ユタ州のフィッシュレイク国有林にあるアメリカヤマナラシ（trembling aspen）のクローンには、「パンド」という愛称があり、「震える巨人（Trembling Giant）」という名でも知られている。このクローンは、地下の巨大な根でつながっている、遺伝子的にまったく同一な四万七〇〇〇本の木からなっている。その重さは合計六六一五トン（シロナガスクジラ約四五頭分）で、一〇〇エーカー（〇・四平方キロメートル、バチカン市国とほぼ同じ）の面積に広がっている。年齢は推定八万歳だ。このパンドは、一本と四万七〇〇〇本のどちらとして数えるべきなのだろうか。

たぶんここで問題なのは、私たちが「個体」という言葉を人間中心に定義していることだろう。人間という生物種について言えば、私たちは個体とは何かをしっかりわかっている。他の人間と会ったときに、相手が自分ではないことはほぼ間違いない。一方、菌類や木は自分たちの個体性というものを私たち人間ほど重んじておらず、多くの菌類や木にとってクローンは日常の一部だ。別々のコロニーで生活していても、同じクローンの一部だということはありうる。もしかしたらサイズというのは、動物以外の生物にとっては意味のない概念なのかもしれない。それでも、クリスタルフォールズのナラタケのクローンは、たとえ世界最大であろうとなかろうと、途方もないものであることに変わりはないので、地元では今でも毎年八月に、「巨大キノコフェスティバル」を開催している。その呼び物は、一〇フィート四方（約三メートル四方）のオーブン皿と、特注のレンガのピザ窯で焼いた巨大キノコピザだ。

ある森の病気のかかりやすさは、そこに生えている木の遺伝的多様性に左右される。遺伝子の多様性が高いほど、木々の集団が新しい病気や環境の変化に適応できる確率が高くなる。商業的な人工林は一つの種やクローンからなる単一植栽のことが多く、そうした森の木々は原生林の木々よりも遺伝的多様性が低い。たとえば、世界各地にあるガムツリー（ユーカリ属）の人工林は遺伝的多様性がほとんどないクローンであることが多い。伝染性の強い病原菌がやってきた場合、混合栽培の森であれば軽くすむ病気でも、単一栽培の森だと多くの木が枯れてしまう。また木々が水不足で弱っていたり、気候変動によって森のダイナミクスが変わっていたりすると、菌類や、菌類を媒介する昆虫が急激に増加し、病気が蔓延することになる。一方で、病原菌が海を越えて別の土地に到達したとき、そこの木々がその菌に接したことがなければ、たとえ森の遺伝的多様性が高くても病気の蔓延を止める力がないこともある。

## 菌に侵された森

私の研究人生が始まったころは、ちょうどニレ立枯病とクリ胴枯病が流行していた暗い時代だった。ともに外来の菌類による植物病であり、北大西洋の両岸で田舎や都市の風景を一変させてしまった。ニレとクリはどちらも美しい木だ。その材は丈夫で、魅力的な木目を持つことから、建材や家具、楽器、棺に使われている。ニレは街路樹として都会の大通り沿いに植えられ、その高い枝葉のおかげで夏の歩道は日差しをさえぎる緑の回廊になっていた。一方でアメリカのジョージア州からカナダのオンタリオ州までの地域では、生育する木の四分の一を在来種のクリが占めていて、目を奪うような巨木になり、大聖堂の天井を思わせる樹冠を広げていた。ニレ立枯病とクリ胴枯病の症状は似ていて、樹液を運ぶ維管束組織を詰まらせたり、枯らしたりするため、根から葉への水分輸送が妨げられる。どちらの病気も大西洋両岸の貿易によって広がったが、その生物学的特徴はそれぞれ異なっている。

ニレ立枯病の原因は、異なる時期に流行した二種類のよく似た病原菌だ。最初の流行は第一次世界大戦後のオランダで確認された。この病気の英名である「Dutch elm disease（オランダニレ病）」はこのことに由来する。当初、ニレが枯れるのは、戦争中に化学兵器として使われた塩素ガスのせいだと考えられていた。やがてオランダの医学生のベアトリス・シュワルツ（一八九八〜一九六九年）が、枯れたニレの木からオフィオストマ・ウルミ（*Ophiostoma ulmi*）という菌を分離することに成功したが、この発見は十年近く無視された[14]。北米大陸の建築ブームを支えていたヨーロッパからの木材積み出しを遅らせるのは、経済にとって都合が悪かったのだ。一九三〇年代にアメリカを襲ったニレ立枯病の第一波は、その後一九四〇年代にカナダに到達し、東海岸の港から西に広がった。二〇年から三〇年後、今度は大西洋の両岸で流行の第二波が発生した。原因菌はオフィオストマ・ウルミと似ているが、病原性がより強いオフィオストマ・ノボウルミ（*Ophiostoma novo-ulmi*）という菌種だ。この菌のせいで、農地の間や都市の大通り沿いには枯れたニレがY字型の骸骨のように残された[15]。

こうしたニレ立枯病菌はどちらも、弱った木に集まるキクイムシによって運ばれた。病原体を運ぶ生物を「媒介生物」という。よく知られているのがマラリアを媒介する蚊だ。昆虫は樹木の病原菌類を媒介することが多く、そうした昆虫と菌類の関係が相利共生とみなされることもある。菌類からすれば、エースパイロットに胞子をくっつけるほうが、適当に風に乗せるよりずっと効率的だ。キクイムシの大きさは米粒の半分に満たない。アメリカでニレ立枯病を媒介したのは、ヨーロッパからニレ立枯病菌と一緒に船の貨物倉にただ乗りしてきたキクイムシの一種（*Scolytus multistriatus*）だった。アメリカに到着すると、ニレ立枯病菌は在来種のキクイムシの一種（*Hylurgopinus rufipes*）にも飛び移った。水分と栄養分が豊富なニレの辺材は、一部の菌類が好んで食料源としているが、同時にキクイムシも引き寄せる。成虫は樹皮に穴を開けると、栄養に富んだ樹皮形成層のすぐ下にある辺材の表面にトンネル（坑道）を刻み込む。キクイムシはその坑道に産卵し、幼虫はその安全な空間内で成長する。キクイムシの坑道の内側は菌に覆われ、ねばねばする細長い菌の先端が並んでいる。そこをのたのたと通過するキクイムシにはもれなく胞子が塗りつけられる。新しい世代のキクイムシが飛び立とうとするときには、ニレ立枯病菌も一緒に新しいすみかへ運ばれていく。さらに感染した木では、胞子が樹液を伝って、一番若い枝まで到達する。最初に枝の先端がしおれ、次に葉が黄色くなってしわしわになり、やがて茶色になって落葉する。ニレ立枯病菌は、セラトウルミンという有毒の小さなタンパク質を放出していて、この物質が樹皮の中にある管状の細胞を傷つけ、最終的にはしおれさせ、枯らしてしまう。一年後には、しわのよった分厚い樹皮がぐらついてきて、やがて幹から大きなシート状となって剝がれ落ちる。

ニレ立枯病の蔓延を抑えるための対策として、初めのころは樹木医が幹に金属の針を打ち込んで、ベノミルという、バラのうどんこ病予防によく使われる抗カビ剤を注入していた。この処置は費用がかかり、数年おきに繰り返す必要があった。その他のクロルピリホスなどの殺虫剤はベノミルより効果が高かったが、人体に有毒だった。別の手だてとして、フェロモンを使う方法があった。キクイムシは、卵を産もうとするメスのキクイムシを弱った木に集めるためにフェロモンを放出する。樹木医はその化学シグナルを混乱させようと、フェロモンを少量練り込んだ粘着捕虫シートをニレの近くにある柵の横木に貼り付けた。そうすれば、キクイムシが弱った木を攻撃しようとするときに、標的を誤らせたり、捕まえたりできるはずだ。しかし第二波の流行が始まってから三〇年後の一九八〇年代には、ミシシッピ川以東のアメリカニレがほぼ失われてしまった。街の通りに日陰をもう一度作り出そうとニレの苗木が植えられたが、そうした苗木もすぐに、たきぎの中に隠れていたニレ立枯病菌とキクイムシに襲われてしまった。

この事態に心を痛めたカナダのゲルフ大学の森林学者チームは、わずかに残った健康なニレから種子を採取し、「ニレ再生プロジェクト」を始めた。彼らはこのプロジェクトを「ひとりぼっちのニレのための結婚相談所」と呼んでいる。目指すのは、病気に抵抗性のある苗木を再生することだ。一部の都市では中国原産のニレが植えられた。ニレ立枯病菌はアジア原産なので、中国のニレはこの病気に対する抵抗性を受け継いでいるのだ。

北米とヨーロッパでは、他にも多くのオフィオストマ属菌が固有種として定着している。そうした菌種のほとんどがキクイムシと関係があり、なかにはその関係が、ニレ立枯病の二つの原因菌の場合よりもはるかに密接なものもある。その影響は、樹木の側からみればかさぶたができる程度のものが大半だが、ときには軽度の病気になって、木材に見苦しい青色のしみができることがある。

近年では、北米の太平洋岸北西部に広がるポンデローサマツ林を飛行機から見下ろせば、かつては緑だった森の一帯が茶色に色あせているのがかならず目に入る。この森林破壊は、アメリカマツノキクイムシ（*Dendroctonus ponderosae*）の侵入が原因だ。アメリカマツノキクイムシはもっと暖かい地域が原産地だが、二一世紀に入ってからの温暖化で、冬でも寒さで死ぬことがなくなったのだ。キクイムシには、菌嚢（マイカンギア）という、共生菌類の胞子や菌糸の束を運ぶ袋のような器官があり、アメリカマツノキクイムシの場合は、オフィオストマ属菌（*Ophiostoma*）に近縁のグロスマニア・クラビゲラ（*Grosmannia clavigera*）とレプトグラフィウム・ロンギクラバツム（*Leptographium longiclavatum*）という相利共生菌の胞子を運ぶ。アメリカマツノキクイムシが木の幹にトンネルを掘り終えると、共生菌は自らがクッション状のエサに変身するか（ハキリアリの菌園を思い出す話だ）、木の繊維を柔らかく分解して、幼虫のエサにする。一方で、そうした菌自体が木に対して病原性を持つ場合もある。キクイムシの攻撃に耐える数少ないマツも、媒介された菌類によって枯れてしまうのだ。

一九〇四年、ニューヨーク市のブロンクス動物園に生えている一本の在来種のアメリカグリに、明るいオレンジ色の癌腫が突然現れた。ニューヨーク市内に日本産のクリの苗木が植えられてから二八年後のことだ。この病気、クリ胴枯病は、クリ胴枯病菌（*Cryphonectria parasitica*）によって起こる病気で、傷ついた根や樹皮のひび割れ、折れた枝の傷などから感染する。クリ胴枯病菌の胞子は、雨粒に打たれて空中に飛び散ったり、洗い流されて根に到達したりする。癌腫は幹を取り巻くように発生して、水分の運搬をさまたげる。中国産や日本産のクリはこの病原菌に抵抗性があるため、アジアではクリ胴枯病の被害はあまり大きくなかったが、アメリカでは在来種に抵抗性がまったくなかった。四〇年間で四〇億本のクリの木が枯れた。その後の第二次世界大戦中、ヨーロッパの数カ国でもクリ胴枯病が発生し、クリの収穫量が大幅に減少した[16]。

森林学者たちは、クリ胴枯病によってアメリカやヨーロッパの在来種のクリが絶滅することを恐れた。ところが驚くことに、イタリアではクリ胴枯病に感染した一部のクリが自然に治癒していることがわかった。そうしたクリでは健康な樹皮が育って、癌腫をふさいでいた。クリ胴枯病菌がCHV1（クリフォネクトリア・ハイポウイルス1）というRNAウイルスに感染して、強毒型から弱毒型に変化していたのだ[17]。ウイルスに感染したクリ胴枯病菌は、やはり小さな癌腫を作りはしたが、木を枯らすことはなくなった。弱毒型に変化したクリ胴枯病菌は、病原菌から内生菌に変わったかのようにふるまったのである。さらに弱毒型のクリ胴枯病菌の菌糸が、付近の木にある同じクローンのコロニーと融合する場合には、ウイルスも一緒に移動した。そこで森林学者たちは、弱毒型の菌株のコロニーを細かく砕き、クリ胴枯病菌で枯れかけているクリの癌腫に接種した。するとその癌腫はある程度回復したうえに、その菌のクローンが自力で近くのクリに移動し、その木の癌腫を回復させたのである。こうした処置によってクリ胴枯病の流行は減速した。現在、イタリアの農村地方ではふたたび栗園があちこちに広がっている。一部の木ではクリ胴枯病の軽い症状が見られるが、木を枯らす規模の感染は起こっていない。

残念ながらイタリア以外の国では、CHV1ウイルスはそれほど簡単に広まらなかった。北米の栗園では、被害を与えているクリ胴枯病菌のクローンの種類が多く、異なるコロニーの菌糸は出会っても融合する可能性が低い。CHV1ウイルスは、特定のクローンに閉じ込められていたのだ。非常に多様のクローンに感染した森を治療するためには、病原菌のクローンのそれぞれに対してウイルス感染済みクローンが必要だった。菌類には、菌糸ネットワークを拡大させつつも、ウイルス病の蔓延を防ぐという、矛盾したことが求められているようだ。おそらく、異なるクローンの融合を妨げている遺伝レベルの自己認識システムは、ウイルス感染の拡大を遅らせるように進化したものなのだろう。[18]

クリの木は成木まで育つのに数十年かかる。そのうえクリ胴枯病の流行中は、ほとんどが実がつくようになる前に枯れていたため、種子から新しい木を育てることができなくなった。そこでアメリカでは交雑育種によって、病害抵抗性を持つアジア産クリの遺伝子をアメリカグリに導入しつつ、在来種の特徴をできるだけ多く残そうとする取り組みがおこなわれた。その結果、五〇年ぶりにアメリカにクリの成木が戻ってきた。しかしそれは雑種の木だ。交雑していないアメリカグリは、少なくとも自然界ではほぼ絶滅状態であり、その遺伝子の歴史は人造の雑種クリに吸収されている。それでもこの新しいアメリカ産クリがいつの日か、失われたアパラチア山脈の森林を再現してくれると期待されている。

侵入的な樹木病原菌を集めた現時点の前科者リストをみたら、木を愛する人なら誰でもぞっとするはずだ。サビキンの一種である五葉松類発疹さび病菌（*Cronartium ribicola*）は、約一〇〇年前にアジアからヨーロッパへ、そして北米へと移ってきて、今も窓の外に立つみすぼらしい木の梢(こずえ)から私のことをじっと見ている。トネリコ枯死病を引き起こすヒメノシフス・フラシネウス（*Hymenoscyphus fraxineus*）は、アジアからポーランドへと輸送された苗木に内生菌としてついてきたと考えられている。この菌は一九九〇年代に、ヨーロッパに自生するトネリコを宿主とするようになった。そこでは内生菌ではなく病原菌になり、現在では北ヨーロッパの多くの地域でトネリコを壊滅させている。甲虫が媒介する菌類で、「サウザンドキャンカー（千の癌腫）病（thousand cankers disease）」という派手な名前の病気を引き起こすジオスミシア・モルビダ（*Geosmithia morbida*）は、二一世紀になるころにアメリカでクログルミの木を襲うようになった。この菌の原産地は不明だ。[19]

## すべてを分解する——木材の腐食と栄養素循環

病気や老化、干ばつや森林火災など理由はさまざまだが、地面には死んだ植物質がたえず集まってくる。そうした残骸にはセルロースやリグニン、デンプンなどの、植物の構造体の成分や貯蔵エネルギーとなる炭水化物、さらにタンニンやメラニンなどの頑丈で分解されにくい二次代謝産物がたっぷり含まれている。こうした物質はどれも、分解には特別な酵素が必要だ。そうした植物に含まれる炭素は、空気中の炭素が光合成によって取り込まれたものだ。その炭素はエネルギー豊富な有機物に合成されたのち、別の生物によって摂取される。そうした有機物は分解されて、炭素を二酸化炭素の形で空気中に再放出する。こうした炭素の移動は「炭素循環」と呼ばれている。世界全体での炭素総量は一定だが、空気中にある炭素と、鉱物や生体細胞に組み込まれている炭素の割合は変化する。炭素の多くが「化石炭素」という形で固定され、循環の外に出ている。化石炭素は先史時代に生体細胞の一部だったものだが、堆積物の中に何百万年も隔離されてきた。それを現代の私たちが化石燃料として使っているのである。

世界全体で活発に循環している炭素の八〇パーセントは、植物の細胞壁内のセルロースとリグニンに取り込まれている。[20] セルロースは紙やセロファンの成分で、グルコース分子の鎖が束になって繊維を作ったものだ。リグニンは、フェニルプロパン類が重合してできた不規則な三次元構造の物質であり、セルロース繊維同士をつなぎ合わせて木材を頑丈にしている。菌類、特に子嚢菌類と担子菌類は、セルロース分解酵素（セルラーゼ）やリグニン分解酵素（リグニナーゼ）などを使って、植物細胞や木材に固定された炭素を解放する主な生物だ。それは自分自身のためにエネルギーを生成するプロセスだが、最終的には菌類以外の生物のためにもなる。この菌による分解というプロセスがなかったら、植物の残骸は無限に積み上がり、私たちはみなその下に埋もれてしまうだろう。

生きている木の中心部でも、ひそかに木材の腐食が進むことは多い。街路樹でも、実は見えないところで腐食が進んでいて、激しい嵐で大きな枝が折れたり、幹の外側の辺材部分が裂けたりして、家や自動車に落ちてきてびっくりするということがよくある。木の腐食が始まるのは、枝が折れた跡や、倒木にえぐられてできた樹皮の傷の中で胞子が発芽するときだ。腐食のサインを見分ける方法はある。色が少し変化したり、枝が枯れたり、樹皮にひび割れや傷ができたり、キツツキがつつくとひどく大きな穴が開いたりしていたら、それがサインだ。サルノコシカケのような棚型のキノコが樹皮から飛び出してくるのも、木材が以前ほど緻密ではないことをはっきり示している。

年老いた木が倒れたり、切り倒されたりすると、隠れていた腐食部分が見えるようになる。木の中心部が腐食して空洞ができることを「心材腐朽」という。この空洞は、菌糸体が樹皮や辺材を通り抜けて伸び、幹の中心部にまで到達するとできる。この中心部（心材）はほかの部分より水分が少なく、細胞の防御システムが不活発だ。空洞ができた木は中心部の支えを失っているので、幹を激しく揺さぶるような風や大雪に耐えられなくなる。心材では特定グループの菌類がよく増える。たとえば、コフキサルノコシカケ（*Ganoderma applanatum*）は、広葉樹の幹でも特に地面に近い部分の中心部をひどく腐らせる。この現象は「根株腐朽」と呼ばれる。フォークアートの作家たちは、コフキサルノコシカケの裏側の白い管孔面をひっかいてスケッチを描くことから、このキノコには「芸術家の鼻（Artist's conk）」という名前がある。コフキサルノコシカケの近縁種であるマンネンタケ（*Ganoderma lucidum*, 霊芝）は、二酸化炭素の濃度が低い環境で育つと、鹿の角や枝サンゴに似た形に育つ〔「鹿角霊芝」などの名称で販売されている〕。またマンネンタケには抗がん特性があると広く考えられている。こうした木材腐朽菌の多くは植物病原菌とみなされる。木材腐朽菌の活動は、木の死んだ細胞からなる心材に限られるものの、生きている細胞からなる辺材部分には木自体を真っ直ぐ保つほどの強さはないことが多いので、心材が腐れば不幸な事態は避けられない。

腐った木材は軟らかくなって、指でばらばらにできるほどになる。その繊維を握って絞ると、水が出てくることもある。その水は、腐食の過程でセルロース分子やリグニン分子の分解によって出てきたものだ。副生成物として二酸化炭素も放出される。何種類かの担子菌類（特にかさのあるキノコやサルノコシカケ類を生じるもの）や子嚢菌類の微小なカビが作るセルラーゼは、セルロースの長い鎖を切ってもっと短い鎖にする。セルロースが分解されると、木材の構造が徐々に崩れていく。最終的には、しなびてもろくなった残骸が残る。この残骸に含まれるのは分解されなかったリグニンで、このタイプの腐食を「褐色腐朽」という。針葉樹は褐色腐朽を受けやすい。一方、一部の担子菌類は、セルロースを分解するだけでなく、リグニナーゼを作り出して、蜂の巣構造のリグニン分子をばらばらにする。この場合は、残った材は白くなる。この腐食のパターンは広葉樹の木材に多く見られるもので、「白色腐朽」という。[21]

有機物の分解過程では、さまざまな生物種が決まった順序で次々と登場してくるが、これは一種の生態遷移だと言える。有機物は、さまざまな菌類やその他の微生物、微小動物などから波状攻撃を受ける。それぞれの生物種は自分の好きな食物を処理するときに、複雑な構造を持つ分子を分解してより単純な分子にし、後からやってくる生物群集が分解しやすい物質を残す。木の場合は、最初に入り込んだ担子菌類が心材や辺材のセルロースとリグニンの分解を始める。やがてそうした材が空気に触れると、ヒラタケ属（*Pleurotus*）などの腐生性の担子菌類の胞子がやってきて、分解を続ける。この段階で、最初に入り込んだ担子菌は消えていなくなる。さらに多糖類の分解が進むと、木材の繊維には水分と糖が多くなるので、さまざまな種類の腐生性のカビが育ち始める。そうしたカビは侵略性が高いため、先にいた木材腐朽菌を死滅させることが多い。

木の周囲の土壌は、微生物を豊富に含む堆肥になっている。林床で腐っていく木材は、樹冠からひらひらと落ちてきた葉の残骸や、幹が太くなるにつれて剝がれ落ちてくる樹皮と混ざり合う。菌類の清掃作業チーム（ほとんどが、こうした場所だけで見られる、子嚢菌や接合菌に属する自由生活性のカビだ）は、そうした死んだ植物質の内部に侵入する。さらにそこへ腐生栄養モードに切り替わった内生菌もやってきて、以前のすみかだった葉を分解すると、後には死んだ組織が蜂の巣状の残骸として残る。腐生菌の中には、木の根とは直接結びついてはいないが、根の周囲にとどまって栄養分を吸収したり、放出したりしている菌があって、根圏菌と呼ばれる。腐りかけの落ち葉の上や土の中は、微小菌類の多様性が高く、特に熱帯林では何百種もの菌類が落ち葉を襲う。複数種の菌が放出した酵素のスープは、分解されにくい炭水化物の化学結合を攻撃し、有機物をさらに小さな断片に分解する。そこへ細菌がやってきて、自分の酵素を加える。さらに昆虫やミミズ類、その他の小さな土壌中の動物が有機物の残骸をがつがつと平らげ、その消化管でさらに細かくする。結果としてできあがるのは、有機物を多く含む腐植土という土だ。温帯林では、植物質の残骸が上から降り続けるので、土壌は降ってきたばかりの組織から腐植土へと段階的に変化する、はっきりとした層状(「層位」)になる。菌類は種類によって異なる土壌層位を好むので、積み重なった層位は生分解の過程で起こる微生物の遷移を表していると言える。腐植土は水と酸素を吸収し、消化しやすい栄養分をもたらす。それはまるで、森を健康に保つ食物繊維のようだ。木々の種子はこの肥沃な土壌層の中で眠り、カビがその硬い種皮を軟らかくする。やがて種子は発芽して、光の中へ新芽を伸ばしていく。

## 生物的防除──共生関係を応用する

枝や葉の組織に満ちている内生菌。葉を覆う着生菌。根の周囲にいる根圏菌類。土の中で木と木をつなぐ菌根菌。地面の上で落ち葉などを分解する腐生菌。健康な森林は賑やかな場所だ。森林を健康に保つためには長期的な取り組みが必要になる。森林生態学者や森林病理学者(樹木医と呼ばれることもある)は、管理する植林地で発生する病気につねに先回りして対応し、病害の症状を示す木があれば、他の木に広がる前に治療や伐採をおこなっている。たとえば北米の数カ所では、ガの一種であるトウヒノシントメハマキの大発生がおよそ三〇年周期で起こる。その発生タイミングについてはまだ不明な点が多いので、注意深い監視が必要だ。そしていったん大発生が起こったら、食欲旺盛なトウヒノシントメハマキの幼虫は針葉樹や広葉樹の葉をむさぼり食うので、低空飛行の航空機から化学殺虫剤を空中散布しないかぎり、森全体が破壊されかねない。

しかし病害を受けた森の中でも、一部の頑強な老木は毛虫の大発生を何度もくぐり抜けてきている。こうした木々は、最も効果的な内生菌を持っていて、腹を空かせた幼虫を抑止するマイコトキシン（第4章を参照）を高濃度で作り出している。森林学者は、被害を受けやすい木々にランダムに棲みつく内生菌の代わりに、マイコトキシンを多く産生する菌株を慎重に選んで森林に導入すれば、虫害の予防法として効果的ではないかと考えてきた。

あるとき、私と仲間の研究者はそんな菌類を探すために、地元の林業関係者数名と一人の謎の無口な男とともに、カナダ東部アカディ地方の森林の奥深くを訪れた。四輪駆動車はひどく浸食された道路を通って、更地になった植林地に入り込んでいく。下見のおかげでそのえり抜きのトウヒの正確な位置はわかっていた。それは樹高が最も高く、幹が真っ直ぐで、針葉が健康なトウヒだった。四輪駆動車に乗り合わせていた例の謎の男は、高性能ライフルを手にした狙撃手だった。研究チームの一人である化学者が、双眼鏡で高い木々を注意深く調べると、指を指して「あれだ」と言った。狙撃手がライフルを撃つと、一本の枝が梢から落ちてきて、木の葉の間を抜け、地面に到達した。[22]

研究室に戻ると、学生と生物学者たちが複雑な手順を踏んで、狙撃手がライフルで撃って収集した枝や、その近くの木で収集した試料から、数百種の内生菌を分離した。DNAシーケンシングの結果、針葉から這い出してきた、しわの寄った茶色い培養菌の多くがロフォデルミウム属菌（*Lophodermium*）であることがわかった。ただしこの菌は胞子を作らなかった。別の試料からは、フィアロセファラ属菌（*Phialocephala*）という別の子嚢菌類が出てきた。このフィアロセファラ属菌の場合には、冷蔵庫に数カ月入れておいた後で、胞子を何個か作ることもあった。実験室での実験からは、この二種類の菌類の培養菌が、トウヒノシントメハマキの幼虫を抑制したり、殺したりするマイコトキシンや、ほかの菌類の増殖も抑えるマイコトキシンを産生していることがわかった。私たちはこうした内生菌が、森林でガの幼虫から木々を守るはたらきをするのではと考えた。問題は、そうした菌を生きている苗木にどうやって導入するか、そしてそれらが内生菌として恒久的に定着し、ハマキガが大発生した際の損害を減らせるかどうか、という点だった。内生菌のいない若木を使った初期段階の実験では、期待できる結果が得られている。若木に導入した内生菌が定着して、数年間生存したのだ。その若木の針葉からは、実験で見つかったのと同じマイコトキシンが検出されている。

今日、針葉樹の一生は育苗場から始まることが多い。育苗場は体育館くらいの広さの温室で、何百万本もの苗木が深めの卵パックのような専用コンテナに入れられている。苗木は何列ものテーブルの上に並べてあり、その上には蛍光灯が取り付けられ、さらに灌水システムのホースやパイプが張り巡らしてある。内生菌は寒天培地よりも培養槽内の培養液のほうが増殖しやすいので、シャーレからとった菌糸体の集まりを培溶液に混ぜるようにする。菌を苗木に導入するには、若い針葉にコロニーが最も定着しやすい時期を選んで、菌糸の断片を苗木の上方の灌水システムから噴霧する。そしてその苗木を森林に植えて、付着した菌が生きのびると、毎年春に針葉が出てくるときに、新芽に生じた傷から内部に侵入し、針葉にコロニーを作る。この内生菌が産生した、昆虫がいやがるマイコトキシンは、それを必要とする針葉に蓄積されていく。古い針葉が地面に落ちて分解されると、そうしたマイコトキシンも分解される。これまでに数億本のトウヒの苗木に、注意深く選んだカナダ東部原産の内生菌を使った処置がおこなわれた。これは長い時間がかかる実験だ。内生菌を導入した木々が成木になり、次のトウヒノシントメハマキ大発生での成果がわかるときには、実験を準備した人たちはすでに研究者を引退しているかもしれない[23]。

内生菌を計画的に使うことで昆虫の大発生を防ぐというのは、生物的防除法の例としては珍しいものだが、示唆に富んだ例だともいえる。まずこの例からわかるのは、苗木の段階で処置をおこなうのは、森林内の数百平方キロメートルもの範囲に殺虫剤などを散布するよりもはるかに効率の良い戦略だということだ。この方法はすでにある相利共生を変化させたり、関係を強化したりすることで、強力なマイコトキシンを産生する望ましい菌株が増えやすくする。そうした介入によって、植林した苗木を、あまり役に立たない菌株がたまたま何種類かいる状態ではなく、昆虫から守ってくれる有益な内生菌群集が定着した状態にするのだ。

もうひとつ、このアプローチが示していることがある。私たちは天然林と人工林のどちらにおいても、自分たちの利益のために生態系を管理しようとしているが、そうしたいのであれば、その生態系に存在するすべての生物を意識しなければならないということだ。生物の表面や体内に存在する微生物の集合を「マイクロバイオーム（微生物叢）」という。宿主が生きている植物の場合には、それに関連する微生物は「ファイトバイオーム」と呼ばれる。そして木は、複数の生物種の集合体である「ホロビオント」だ。私たちの目には、木は一つの生物種の細胞から作られた個体に見える。

しかしもっと詳しく調べれば、それぞれの木は数多くの異なる構成生物種の集まりだということがわかる。管理林の機能を高めるには、木のファイトバイオームがどのように形成されているか、それぞれの構成生物種が時間とともにどう変化して、脅威にさらされたときにどう対応するか、そして私たちが一本の木と見なすものを作り出すために、すべての構成生物種がどのように協力しているのかを理解する必要がある。そうすれば、健康状態や回復力を最適な状態にするためにホロビオントを必要に応じて微調整することができる。結局のところ、私たちが一本の木だと見なしているホロビオントにおいては、内生菌や菌根菌、着生菌、根圏菌、病原菌といった菌類が、そうした部品を一つにまとめている植物本体と同じくらい重要なのである。簡単にいうなら、木を守ろうとすればかならず菌類を守ることになる。それも、木の一生のすべての段階を通してだ。

私たちは木と菌類のことを考えるとき、森だけを考えがちだ。しかし木が自然に育ったものにせよ、植林されたものにせよ、つまり森林でも、植林地でも、果樹園でも、菌類はファイトバイオームに欠くことのできないものである。木と森林は木材だけでなく、キノコやスパイス、果物の生産にとっても重要だ。さらに、ファイトバイオームは畑にとっても大切である。畑の場合、菌類がもたらすプラスとマイナスの影響を理解しているかどうかが、増えつつある人口を養うのに十分な食料を生産できるか、あるいはできないかの分かれ目になるのだ。

# 第4章 農業……世界で七番目に古い職業と菌類

小麦

黒さび病のいぼ

黒さび病菌の胞子

バイオテクノロジーとは、ほかの生物の生物学的・生化学的性質のうち、人間の利益になるものを意図的に採用することだが、そうなると農業は人間にとって最初のバイオテクノロジーだ[1]。偉大な発明の多くと同じように、農業も繰り返し再発明された。おそらく地球のあちこちに住む異なる部族によって、一〇回は発明されただろう。人類の人口は、農業が始まる前には一五〇〇万人足らずだったが、今では七〇億人を上回る〔二〇二三年に八〇億人に達した〕。私たちは祖先が送っていた狩猟採集生活に郷愁を覚えたり、遊牧民のライフスタイルや旧石器時代（パレオ）の食事法（ダイエット）に憧れたりするかもしれないが、そんな牧歌的な日々は過去のものになっている[2]。

現在の穀物農場は、地面から上の部分は自然の草地やプレーリーと変わらないように見えるが、実際にはそれらとはまったく異なる世界だ。穀物農場の生態系は数百年かけて人工的に作られてきた。その数百年間、農民たちは土を耕し、種を蒔（ま）き、日光や雨を求めて祈ってきた。そして作物の病気に頭を悩ませてきたが、その原因は長い間わからないままだった。農民たちは栽培化された植物をあれこれと研究し、望ましい性質を持つ植物同士をかけ合わせてきたが、そこに共生者がかかわっていることには気づかなかったのだ。最近では、食料の増産がかつてない規模で進められており、作物を高効率で大量生産するための工場のような農場が、パーツすべてを十分に理解することなく組み立てられている。栽培化された植物の種子や家畜、化学肥料や農薬、脱穀機やコンバイン、灌水システムといったものは、どれも現代農業の特徴だ。しかし、自然の植物や未耕作の土壌で起こっているような共生が、作物と菌類、その他の重要な微生物の間でも重要だとは、最近まで考えられていなかった。

現代の農業従事者は、ほとんどが生物学をよく理解している。それと同時に、植え付けた種や苗の一〇パーセントから二〇パーセントが収穫までに失われるため、損失分を多く植え付けして埋め合わせるという古くからの慣習が今も続いている。農民たちは何世代にもわたって、足りない栄養分を供給したり、病気や害虫を防いだりする目的で、合成化学物質に頼りながら作物の生育を調整してきた。そして今でも多くの生産者がそうした合成化学物質を使い続けている。ところが、植物は土から必要なリンやカリウムをうまく吸収できないことが多い。窒素も不可欠な栄養素だが、植物や動物、菌類は大気成分の七八パーセントを占める窒素ガスを直接吸収することができない。かわりに、アンモニウムイオンや硝酸イオン、亜硝酸イオンの形で窒素を吸収して、アミノ酸を合成し、さらにそれを使ってタンパク質を作らなければならない[3]。窒素ガスを自力で利用できるのは窒素固定細菌だけだ。さいわい、窒素固定細菌の多くは相利共生菌であり、マメ科植物の根に根粒というこぶ状の塊を作ったり、土や水のなかで自由に生活したり、他の生物のパートナーになったりすることで、窒素を供給している。二〇世紀初頭、窒素欠乏の作物に与える肥料の成分とするために、ドイツの科学者のフリッツ・ハーバー（一八六八〜一九三四年）とカール・ボッシュ（一八七四〜一九四〇年）は、空気から窒素を搾りだす方法を発明した。その結果として生産性が向上して、農地面積を増やす必要がなくなったことが、過去一世紀の急激な人口増加の主な要因になっている。

規模の大きなものに注意を向けがちな農業の世界で、微小な共生パートナーの存在が見過ごされがちなのは無理もない。しかし作物のファイトバイオームは、樹木のファイトバイオームと同じくらい重要だ。多くのカビが植物の健康に影響を与えている。そして農業工場の効率を最大化したければ、そうしたカビを理解する必要がある。農作物に本来備わっている生物学的モジュールの機能を回復させることは、現代農業が引き起こす環境破壊を最低限にとどめつつ、農業の生産性を高めるための鍵になるだろう。

## 作物の共生菌――菌根菌、根圏菌、内生菌

四歳のころ、おじの農場で撮った写真には、脱穀したての小麦を胸の前でしっかりと握りしめながらポーズを取る私が写っている。私たち家族にとって休暇と言えば、一九六〇年製の緑のオールズモビルでオンタリオ州とマニトバ州を横断して一三〇〇マイル（約二〇〇〇キロメートル）走った後に、サスカチュワン州レジャイナにある父の家族の農園に車を停めることだった。私は昔からその地域のプレーリーが大好きだった。ヒューゴーおじさんは、真ん中分けの髪にポマードをつけ、鼻眼鏡をかけて、ベークライト製の巻きたばこ用パイプを愛用する、昔風のスタイルの男だった。青々とした小麦畑が彼の想像力をかきたてたのだ。いつも日が落ちる前に、私たちは農場内をのんびり歩いて、その日ごとに違う区画の確認に行った。小麦は私の身長とだいたい同じ高さで、私の姿は小麦畑にほぼ隠れてしまっていた。私の目には、小麦は健康に育っているように見えたが、ど

こを見るべきかわかっていたらおかしなことが起こっていると気づいただろう。畑の端で育っている雑草は共生菌でいっぱいだったのに、作物自体にいる共生菌ははるかに少なかったのだ。

木には菌類を巻き込んだ活発な共生関係があって、それが森を動かしているのと比べると、作物と菌類の共生関係は希薄に思える。農地の生態系をバランスの取れた自然界の生物コミュニティと比較するのが難しいのは、人間が作物を栽培化する過程で、本来の生物学的つながりの多くを知らずに断ち切ってしまったからだ。作物と共生している菌類は主に根の周りで見つかる。どんな畑でも、作物の下の土をふるいにかけると、ひとつひとつがまち針の先よりも小さい、光沢のある茶色い球が何百個も見つかる。初めて見ると小さな昆虫の卵だと思うかもしれないが、実は巨大な単細胞の無性胞子だ。この胞子を染色して紫外線顕微鏡で観察すると、明るい色をした数百個から数千個の細胞核が見える。[4] この胞子にこんなに多くの細胞核がある理由はわかっていないが、それぞれの胞子が細い繊糸のような菌糸によって(この菌糸の細胞内にもたくさんの細胞核がある)、根の内部の特別な構造とつながっていることはわかっている。そのためこうした関係は、「内生菌根」(endomycorrhizae,「根の中」の意味)と呼ばれる。

内生菌根菌の進化は二回起こっている。グロムス門で一回、そしてアツギケカビ綱という接合菌類の一グループ(現在はケカビ門に分類されている)で一回だ。スライスした根の組織を顕微鏡で観察すると、この両方のグループの菌類は、根の細胞の内側に一つか二つの独特な構造を作っているのがわかる。嚢状体(のうじょうたい)という丸く膨れた細胞と、細かく枝分かれした木のような樹枝状体(arbuscules)という構造だ。このうち樹枝状体が、この共生関係を表す「アーバスキュラー

(arbuscular) 菌根」の名前の由来になっている。アーバスキュラー菌根の囊状体は、外生菌根のハルティヒネットが発見されるよりも四〇年早く、スイスの植物学者カール・ネーゲリ(一八一七～一八九一年)が初めてスケッチしているが、それが何なのかを理解している人はいなかった。それは、よく見られる植物病原菌であるフハイカビ(*Pythium*, 菌類に似た生物で、ジャガイモ疫病菌に近縁)が作る構造に似ており、一〇〇年以上の間、珍しい種類の病原菌だと考えられていた。それが有益なものではないかという議論が始まったのは、一九五〇年代になってからだ。そして一九七〇年代に、根を調べる新たな顕微鏡観察手法が登場すると、熱帯や草原の植物を含めて、野生植物の約七〇パーセントにアーバスキュラー菌根があることがわかった。さらに、外生菌根を持たない一部の木にもアーバスキュラー菌根が見られた[5]。樹枝状体と囊状体はどちらも根の内部でしっかりと守られているので根の化石の中に残るが、考古学者たちは、それらが菌類の一部だとはしばらく気づかなかった。そうした化石記録と、分子時計を使った進化年代の決定を組み合わせると、アーバスキュラー菌根による共生は、植物が海から陸へ進出した時点ですでに存在していたことがわかる。この共生関係による支えがなければ、陸の植物が現在のように繁栄する可能性は低かっただろう。アーバスキュラー菌根の研究者はよく、「植物には根はない。菌根があるのだ」と言う。植物自体の根は、アーバスキュラー菌根菌が近くにいない場合の次善策だと考えているのだ。

たいていの外生菌根菌とは違って、アーバスキュラー菌根菌は、相手を選ばずにどんな植物でもパートナーにする方針をとっていて、たくさんの異なる植物と共生関係を結ぶ。実際に、数千種の植物がわずか二〇〇種から三〇〇種のアーバスキュラー菌根菌に頼っている。一方でアーバスキュラー菌根菌の菌糸は外生菌根菌と同じように、リンなどのミネラルが豊富な堆積物を探して土の中をさまよっていく。そうした栄養分は菌糸でできた配管システムの中を根に向かって運搬され、樹枝状体の細かな枝を通って根細胞に直接広がっていく。樹枝状体にはたくさんの枝分かれがあって、人間の肺の肺胞のようにも見える。そうした枝分かれによって、ミネラルや液体と、宿主の光合成で作られた炭水化物を交換する表面積を最大限に大きくしているのだ。すべてではないものの、一部のアーバスキュラー菌根菌は、厳しい時期に備えて予備の栄養素を貯蔵するための嚢状体を作る。いってみれば、共生関係のための食糧倉庫だ。

作物育種の分野ではこれまで、アーバスキュラー菌根菌に注意が払われてこなかった。また新たな栽培品種が内生菌根を形成できるかどうかも考慮されていなかった。そういった見落しはあったが、今ではアーバスキュラー菌根菌の存在が意識されるようになり、そうした菌が畑の土壌で次の年まで残ることや、多くの作物で菌根を形成することが知られている。しかし近くの未耕作の土壌と比べれば、畑の菌根は関与する菌類の多様性が低いし、作物の根量もそれほど大幅に増えない。それでも、アーバスキュラー菌根菌がたまたま定着すれば、そうでない場合と比べてミネラルの吸収量が多くなり、光合成や植物ホルモンの合成が活発になる。さらに菌類には、過剰な重金属をその細胞壁のキチンや細胞内構造に固定することで、植物が重金属イオンの毒性にさらされにくくするはたらきがある。結果として葉はより濃く、より緑に茂り、種子も多くつく。そして、菌根を持つ植物は根系が大きく広がるので、水不足への耐性も向上する。さらにアーバスキュラー菌根菌は、植物の防御システムを働かせ、根の病原体の感染を防いでいるようだが、その詳しい仕組みはよくわかっていない。一方で二〇〇〇年頃からは、アーバスキュラー菌根菌の菌糸が同じ種や異なる種の植物との間に、森でのウッド・ワイド・ウェブによく似た菌根ネットワークを作ることを示す証拠が相次いで見つかっている。そうしたネットワークは、生育の遅い苗に栄養素を与えて元気づけたり、植物病原体の存在を知らせるシグナルを伝えたり、植物個体間でシグナルホルモンを運んだりする。しかし季節ごとに土を掘り起こす作業（耕起）をすると、こうしたネットワークを崩してしまう。(6)

アーバスキュラー菌根にはたくさんのメリットがあるのだから、そういう菌を畑に追加すればいいだけのことではないか。そう思うかもしれない。しかし残念ながらそんなに簡単な話ではない。苗温室内で実験をすれば、滅菌した土にアーバスキュラー菌根菌を加えた場合と加えない場合で、苗の成長を比較できる。ただし、そうした実験でプラスの効果が見られても、土の中にアーバスキュラー菌根菌がすでにいて、植物に定着しようと待ち構えている畑での実験とは結果が一致しないことが多い。内生菌根と、耕起作業や肥料や農薬の使用、植物感染症といった要因、そして作物収量との関係は、単純には説明できない。合成肥料によって栄養分が豊富に与えられていると、菌類が植物にもたらしている、栄養素を集める機能は不要になる。現在育てられている栽培品種のほとんどは、肥料として大量の栄養分が供給されるという前提で交配がおこなわれていて、菌根からの少量の栄養分で育つようには考えられていない。また植物病原体を殺すことを狙った抗カビ剤が、共生菌も殺してしまう場合がある。さらに、耕起作業の回数を減らせばアーバスキュラー菌根菌の多様性は高まるものの、一部の菌種は、耕起されていない畑では植物に定着することができない。これはおそらく、畑の表面に積み重なる作物の残骸で増殖する腐生菌との競争が増えるからだろう。その結果として、アーバスキュラー菌根菌を畑に追加しても、作柄にはほとんど効果がないことが多い。

アーバスキュラー菌根を形成する菌種の大多数は、多くの菌類の培養に使われる通常の培地ではまったく育たない。菌糸が成長してさらに胞子を作るようになるには、生きている植物の根が近くにある必要があるのだ。植物生物学者はこうした菌種を培養するためには、根の細胞を寒天培地内で育ててから、土壌から取り出した胞子をその培地に植え付ける方法か、宿主を選ばないアーバスキュラー菌根菌なら、生育の早い母植物を育てている育苗ポット内に胞子を接種する方法をとる。数カ月後に培地や土壌から嚢胞のような胞子を回収して、粉末や顆粒の状態にして、園芸店であなたが購入するときまで胞子を生きた状態に保つようにする。農業資材企業はこれまでに、何百エーカーもの農地にアーバスキュラー菌根菌を産業規模で接種する方法を開発している。通常は、リゾファガス・イントララディセス（*Rhizophagus intraradices*）、リゾファガス・イレギュラリス（*R. irregularis*）、フンネリフォルミス・モセアエ（*Funneliformis mosseae*）が単独で、あるいは混合して使われる。そうした微生物接種（バイオ肥料と呼ばれる）は先進的な手法と言えるかもしれないが、アーバスキュラー菌根菌のはたらきについてはまだ不明な点がたくさんある。その効果を最大限発揮させられるようになるのはもう少し先になるだろう。そして、高パフォーマンスの（つまりエリートの）アーバスキュラー菌根菌を混合したバイオ肥料で育てた場合に期待通りの高収量が見込めるような栽培品種を、育種段階で事前に開発できるのは、おそらく数十年先になる。

作物の根の周りには他の菌類も生息しているが、菌根は形成しない。草地の微生物のDNA分析をおこなうと、こうした菌根を形成しない根圏菌や細菌が数千種類もうろついていることがわかるが、畑に生息するのはその一部にすぎない。ただし、菌類の多様性が高いほど、畑の土壌は肥沃になる。畑に生息する腐生性の根圏菌は、耕起作業で土や根が混ざり合うのを喜び、その菌糸は藁や、枯れた葉や根に群がるように伸びる。そしてたえず炭素を分解し、ミネラルを放出するとともに、土の粒子をほぐして水や空気が入り込みやすくする。さらに害虫類を襲撃したり、植物病原体を攻撃したり、打ち負かしたりする。根圏に生息するペニシリウム・ビライアエ（*Penicillium bilaiae*）やトリコデルマ・ビレンス（*Trichoderma virens*）といったカビのなかには、培地で培養しやすく、植物の成長を促す製品として市販されているものがある。そうしたカビの胞子は混ぜ合わせて粉末状にしたうえで、種蒔きや移植の際に庭や農地に散布する。その菌糸が成長すると有機酸を放出するが、この有機酸のはたらきでミネラルがイオンに変換されて、植物に吸収されやすくなる。こうしたカビ類はアーバスキュラー菌根菌のはたらきを阻害することはないらしく、リンの少ない土壌でバイオ肥料として効果を発揮する可能性がある。[7]

野草の多くには、根の周りの相利共生菌に加えて、葉に生息する内生菌がいる。ほとんどの野草は寿命が一年以下なので、内生菌にはすみかを準備する時間がほとんどない。そこで草にいる内生菌は木にいる内生菌とは異なり、一生を植物の内部で過ごしており、種子の中にあらかじめ入っている。草がしおれて種子を旅に送りだすとき、内生菌も種子に同行する。そして次世代の若芽が育ち始めるときには、すでにその内部に組み込まれているのだ。エピクロエ属菌（*Epichloë*）は多くの野草に内生菌として相利共生している。植物の外ではなかなか育たないので顕微鏡観察で見つかることはめったにないが、植物の茎の中では網目のような構造を作り、アルカロイドという複雑な毒素を作り出す。このアルカロイドは植物組織が昆虫に食べられるのを防ぐ。ただし動物から身を守るのに効果があるとはかぎらない。アサガオの種子に幻覚作用があるのは有名だが、それは内生菌が作り出す麦角(ばっかく)アルカロイドによるものだ(麦角については後で詳しく説明する)。

作物では、内生菌がジキルとハイドのような二面性を見せることがある。森の話で見てきたように、内生菌は有害な昆虫を追い払ってくれるので、植物にとっては役に立つ存在だ。しかし、内生菌に感染した草を羊やポニーが飼料として食べすぎると、病気になる場合がある。ライグラスという牧草の場合、酔っ払った大学生みたいによろめいて転ぶ症状のある、ライグラススタッガーという病気になる。またトールフェスク(オニウシノケグサ)を大量に摂取すると、フェスクフットという病気になって、蹄(ひづめ)が脱落してしまうことがある。こうした内生菌の毒素は、感染した種子を食べた鳥やげっ歯類には影響しない。一方でウサギの中には、内生菌に感染した草を原料とするペレットを与えられても食べようとしない、賢いものがいることがわかっている。

同じ共生関係が利益をもたらすこともあれば害を与えることもあるが、それを決めるのは、その植物を食べるのが害虫なのか、家畜なのかということだ。そこで内生菌対策に積極的な農家の人々は、家畜向けには内生菌なしの牧草を育てて、庭の芝生用には内生菌入りの種子を使うようにしている。[8] また内生菌によっては、最初は植物に手を貸しているように見えても、後になって刃向かうこともある。夏の終わりが近づくころに牧草地をぶらぶら散歩すると、目立つ染みのようなものが牧草の茎にまとわりついているのをよく見かけるが、これはエピクロエ属菌が子嚢胞子を形成するための組織だ。卵の黄身にちょっと似たこの組織が発生するのは、一般に「がまの穂病」と呼ばれる病気で最初に見られる症状だ。牧草の一生の終わりに近いこの段階では、内生菌が相利共生から寄生に切り替わる。そして牧草の根から上部に向かう栄養分の流れを止めてしまう。

実を言えば、食料用に育てられている栽培品種の穀粒には内生菌はめったにいない。現代農業で畑に蒔く穀粒は数千年前に野生種を栽培化したもので、それは新石器時代の農民が気に入った種子を取っておいたことに始まる。そうした古い時代の植物にはおそらく内生菌がいただろうが、交配の過程で失われてしまった。一部の植物学者は、内生菌による害虫防御作用を期待して、野生種から取ったエピクロエ属菌を栽培種の穀物植物で増殖させようとしている。この試みは、小麦を対象とした温室内での研究ではある程度うまくいっているが、針葉樹の葉を害虫から守るために開発された生物的防除システムとは異なり、いまのところ安定した長期的な共生関係が確立したケースはない。そのため当面は、食料用の穀物作物はこれまで通りほとんどが内生菌なしで栽培されるだろうが、いずれこの状況は変わるかもしれない。

私たちは自分たちの目的に合わせた選抜育種を通して、さまざまな穀物や草を栽培化してきたかもしれないが、そうした植物の多くもまた、私たち人間との付き合いを通じて成功してきたと言える。小麦は、一万年前に人間との付き合いを始める以前は、中東原産の地味な野草にすぎなかった。[9]それが今では、地球上の約一五〇〇万平方マイル（約四〇〇〇万平方キロメートル）の土地で育てられており、収穫量を増やすために何百もの品種が存在している。しかしこうした広い地域に分布できる作物の場合には、耕地が広がり、種子が国から国へと伝えられ、食料としての輸出入が増えるにつれて、病気も広い地域にまたがって発生する傾向がある。

## さび病は眠らない

私の祖父はマーキス小麦を育てていた（プレーリーの農民たちはたいていこれを「マークウィス」と発音する）。これは高収量の小麦品種で、プレーリーの短い夏の間に素早く成熟するという特長があるが、黒さび病にかかりやすい。農場で働く人々が畑から出てくると、靴やズボンにオレンジ色の胞子が雲のようにまとわりついてくることがよくあった。もみと穀粒を分けるコンバインにも同じ胞子の粉がこびりついていた。小麦の茎に縞模様のようにできる、オレンジ色の小さないぼは、麦類の黒さび病の原因菌であるプクキニア・グラミニス（*Puccinia graminis*）によるものだった。さび病菌には何千種類もあって、ほとんどが特定の植物に感染する病原菌であり、大半の穀物と多くの木に感染する。小さないぼ状のふくらみのひとつずつに、非常に小さな胞子が詰まっている。感染が中程度に広がった小麦畑では、黒さび病菌の胞子の数が一エーカー（約〇・四ヘクタール）あたり五〇兆個にもなる。

黒さび病は聖書の時代から知られているが（創世記四一章二五〜三〇節に記述がある）、カナダとアメリカの穀倉地帯では一八七〇年代に初めて確認され、その後、病原性を強めながら少しずつ広がっていった。二〇世紀に入ると、北米のプレーリーでの小麦黒さび病の流行はますます深刻になった。アメリカでは、一九一七年に第一次世界大戦が始まる前の時点で、小麦収穫量の三分の一がさび病によって失われ、パンの価格が急騰した。黒さび病菌の活動を止めるために最初に取られた対策は、菌の交配を妨げることだった。具体的に言うと、黒さび病菌の中間宿主であるセイヨウメギという低木を見つけ出して、切り倒すということだ。セイヨウメギは、ヨーロッパからの移民が庭木として持ち込んだもので、果実はジャムの材料にもなる。このセイヨウメギ駆除のため、すぐにボーイスカウトと「さび病菌撲滅隊」が動員され、さび病予防協会と米国農務省から、セイヨウメギは「親ドイツ派」の植物だから「この罪な低木を見つけたらすぐに処分」するようにという指示が与えられた[10]。中間宿主の駆除によって、新たな病原株の進化のスピードが遅くなり、しばらくはそれほど深刻な黒さび病の大流行は起こらなかった。しかし一九三〇年代のカナダとアメリカは、干ばつ続きのうえに、経済と政治の世界で混乱が広がった。育った作物はどれも黒さび病に倒れた。世界大恐慌が影を落とすなか、この時代の人々はバッタや菌が農場をまるごと枯らしてしまうことを身をもって知った。

黒さび病菌の胞子が小麦に付着して発芽すると、菌糸が茎の硬い細胞壁に穴を開け、軟らかな生きている組織に入り込む。そして菌糸が小麦の中を曲がりくねりながら進んでいき、表からは見えなくなる。この様子は内生菌を思わせるが、有益な共生関係は築かれない。黒さび病菌に感染した小麦は、枯れてしまうか、そうでなければ栄養分を吸われすぎて種子が成熟できなくなる。小麦黒さび病菌の生活環が複雑であることは、一六六〇年の段階ですでにわかっていて、実際のところその複雑さは一部の昆虫の変態にも劣らない。異なる季節に、分類学的に遠い関係にある二種類の宿主植物（中間宿主と呼ばれる）の上で、五種類の胞子（無性胞子が四種類、有性胞子が一種類）が形成されるのだ。そうした胞子のうちの数種類は、一つの畑の中の短い距離で伝染していく。別の種類は厚い壁を作ってその場にとどまり、腰を据えて生きのびる。他の種類の胞子は、風に乗って舞い上がり、長距離に散布される。いまだに学生たちは、こうした細かい点を説明するように言われると恐怖で身震いするものだが、この複雑さは同時に、さび病を抑えようという農家の人々の前に立ち塞がっている。[11]

黒さび病菌の有性胞子が作るいぼは葉の裏面にできるが、カナダやアメリカ北部では、感染した植物から落ちた胞子はすべて冬が来るたび、寒さで死んでしまう。ところが一九三五年にナショナルジオグラフィック協会が揚げた高高度気象観測気球「エクスプローラーⅡ」によって、高度約二二キロメートルの成層圏から独特のとげだらけの形をした黄金色の黒さび病菌胞子が見つかった。[12]実は小麦黒さび病菌は、南米および北米大陸の熱帯や亜熱帯に育つ野生のセイヨウメギを避寒地にしているのだ。そこで冬を過ごした胞子は、地表付近の熱によって生じる上昇気流でセイヨウメギから上空に運ばれると、北向きの気流に乗る。そして数週間後、胞子は北米のプレーリーに生えてきたばかりの柔らかな小麦の茎や葉に降り立つ。小麦黒さび病菌は毎年侵入してくる外来性の感染症なのだ。

小麦黒さび病の流行によって、育種という仕事には新たな切迫感がともなうようになった。遺伝子が作用する仕組みがまだ知られていない時代からすでに、小麦と黒さび病菌が共進化している気配が明らかにあった。黒さび病菌の病原株は「レース」と呼ばれており、それぞれのレースは固有の病原性遺伝子のセットを持っている。そのため農業従事者は、自分の畑がある地域で発生するレースの感染を予防できるように育種された、抵抗性遺伝子を持つ種子を蒔くようになった。もちろん、黒さび病菌は新たな変異を絶えず進化させて、植物に入り込む新たな方法を探している。しかしそうした進化が起こるまでの一〇年から二〇年は、作物は黒さび病菌にかからない。やがて黒さび病菌は新たな病原性遺伝子を偶然見つけ出し、その作用によって、それまで黒さび病に免疫のあった小麦品種を攻撃するようになる。そこで育種家は、古い品種がさび病に勝てなくなった時点で別の品種が使えるように、近縁の野生種から新たな抵抗性遺伝子を探し出し、それをかけ合わせ小麦の新系統を作り出している[13]。その地域のさび病レースに抵抗性がある作物を植える場合には、抗カビ剤を使う必要はほとんどない。しかしいったん新しいレースが黒さび病に弱い作物品種を見つけると、生活環に見られるさまざまな種類の無性胞子によって急速に広がる。そして新たな流行が始まり、遺伝子レベルの軍拡競争が繰り返されていくことになる。

ノーマン・ボーローグ（一九一四〜二〇〇九年）は、発展途上国のための小麦の品種改良に取り組んだアメリカの育種家だ。一九四四年にボーローグはロックフェラー財団からの依頼で、メキシコでの深刻な食糧不足の原因になっていた、小麦黒さび病流行の解決に取り組んだ。さらに第二次世界大戦後には、インドと、分離独立直後のパキスタンでも、小麦黒さび病が壊滅的な規模で流行し、やはりひどい食糧不足の原因になった。ボーローグの同僚であるM・S・スワミナサンは、対策に消極的なインド政府を説得して、メキシコで改良した品種を栽培することにした。そこでボーローグは一九六五年、トラック何台分もの種子を、メキシコの育苗場から国境を越えてアメリカに運ばせた。この種子は、黒人差別をめぐって起こったワッツ暴動のさなかのロサンゼルスで貨物船に積み込まれ、インドには植え付けにちょうど間に合う時期に到着した。一九六五年から一九七〇年の間で、インドの小麦収穫量は倍増した。ボーローグとスワミナサンの取り組みが数十億人もの命を救ったのである。ボーローグは一九七〇年にノーベル平和賞を受賞している。ボーローグの取り組みは極度の食糧不足を防ぎはしたが、彼のノーベル賞受賞に対しては異論も多く、今も議論が続いている。草丈が低く倒れにくいため、高収量を見込める小麦を実現した品種改良は、大規模な灌漑システムや化学肥料、農薬の利用と合わせて、「緑の革命」と呼ばれている。批判的な立場の人々は、発展途上国世界の問題をハイテクで解決するそのアプローチには、長期的な持続可能性が欠けていると指摘した。発展途上国世界での人口抑制策を推進する人々も、その状況に不安を抱いた。一方で平和主義者が指摘したのは、使われた化学肥料の多くが、爆薬製造にも大きく投資している化学薬品会社によって製造されていた点だった[14]。

一九九八年にはウガンダで、病原性の強い黒さび病菌の新レース「Ug99」が見つかった。このレースに対する抵抗性遺伝子は知られていなかった。Ug99は他のレースよりも標高の高い場所でも生きのびるので、広がれば重要な農業地域を危険にさらすことになる。その後、Ug99はアジアを横切る亜熱帯ジェット気流に乗って、アフリカ東部からイエメンへ、さらにイランへと広がった。そこでカナダとアメリカでは小麦の育種家が新しい抵抗性遺伝子の探索を始めた[15]。試験中の小麦品種にUg99の胞子をまく実験は、バイオセキュリティレベルの高い温室でおこなわれた。カナダではさらに用心して、同じ実験を冬の間だけおこなった。この研究はうまくいっており、新しい抵抗性遺伝子はすぐに使える状態にある。ただしいまだにUg99の新しい変異が見つかり続けている。いまのところ、この黒さび病菌はインドには到達しておらず、穀倉地帯である北米大陸のプレーリーからも距離がある。

## 徐々に効く毒――麦角病とマイコトキシン

おじの時代のサスカチュワン州では、ムギ類の麦角病(ばっかくびょう)はむしろ珍しがられるような病気だったが、その恐ろしい歴史を知らない人はいなかった。中世にヨーロッパの小作農の間に広がった麦角中毒は、はげしい痙攣や、足が燃えている幻覚を引き起こした。重症化すると、血液の循環が悪くなって足が壊死する。麦角病は、患者の治療をおこなった修道会の守護聖人にちなんで、「聖アントニウスの火」とも呼ばれた。一六七〇年には、こうした症状が貧しい人々の主食であるライ麦に関係があることがわかったが、菌類とのかかわりが判明したのは一八八〇年代になってからだ。フランスの医者のシャルル・テュラーヌ（一八一六～一八八四年）と、法律の専門家だった兄のルイ・ルネ（一八一五～一八八五年）が、麦角中毒にはいくつかの胞子形態がある菌が関係していることを突き止め、その菌をクラビセプス・プルプレア（*Claviceps purpurea*）と命名した[16]。

クラビセプス・プルプレアなどの麦角菌に最も感染しやすいのはライ麦だが、野草や栽培されている穀物のほとんどが麦角病になる。麦角菌が子嚢胞子を放出し、春風で運ばせるのは、ちょうど草や穀物が花を咲かせる時期にあたる。これは植物病原菌がよく使う手口で、宿主の植物が攻撃に対して最も弱くなっている時期に合わせて有性胞子を作るのだ。麦角菌の胞子は発芽すると、ムギの小花の中央部に菌糸を送り込む。ムギが花粉を導くために用意した通路をうまく利用するのである。そしてそれぞれの子房が黒いカギ状に変わり（これは菌糸体の固い塊で、菌核と呼ばれる）、種子が作られなくなる。この菌核が麦角（ergot）という名前の由来である。フランス語でergotとはニワトリの足のけづめのことだ。長く尖った菌核がムギから突き出ているところが、けづめに似ているのである。感染した花からは、蜜滴という粘り気のある黄色い液体が滴り落ち、茎をつたって流れる。この蜜滴には小さな胞子が何百万個も含まれており、蜜滴をなめに来た昆虫の足にくっつく。昆虫がムギの間を飛び回って胞子を偶然落とすと、そこから新たな感染が始まる。感染したムギが成熟すると、菌核は地面に落ちるか、穀物と一緒に収穫される。ただし収穫されてもほとんどが選別器ではじかれる。冬を生きのびて春を迎えると、土に埋もれた菌核内の菌から曲がった柄が伸びる。その先には、オレンジの電球みたいな小さな生殖組織がバランスをうまく取ってついており、ここから子嚢胞子が放出されて、ふたたび感染のサイクルが始まる。[17]

麦角病は植物にとってもそれなりに迷惑な病気だが、その菌核を食べた哺乳類には深刻な影響がある。麦角菌に感染した穀粒が除去されずに残っている飼料を妊娠中の家畜が食べると、自然流産をしやすくなり、とりわけ豚で多く発生する。この菌核には有毒なアルカロイド、特にエルゴタミンが多量に含まれている。エルゴタミンは昆虫に食べられないように麦角菌が作り出す毒素だ。このエルゴタミンをヒトが摂取すると血管の収縮が起こる。医師は片頭痛の治療に少量のエルゴタミンを用いているが、大量に服用すれば、「聖アントニオの火」の典型的な症状である、痛みを伴う燃えるような感覚や幻覚が生じる。[18] 一方、一部の穀倉地帯では麦角病はいまだに大問題になりうる。菌核は収穫後に選別で取り除けるが、毒性が強いので有毒廃棄物として処理しなければならないからだ。

一九四〇年代には、スイスの化学者アルベルト・ホフマン（一九〇六〜二〇〇八年）が、人間の分娩後出血を抑えうる薬として、エルゴタミンを研究していた。その薬効を高めるため、ホフマンはエルゴタミンの化学構造を変化させた分子を合成し、それをリゼルグ酸ジエチルアミド（ＬＳＤ）と命名した。一九四三年四月一六日、職場から帰宅する直前、少量の濃縮ＬＳＤが皮膚に飛び散ってしまった。自転車での帰り道、ホフマンは方向感覚を失い、空が万華鏡のように回転して見えるようになって、自動車を避けながら道の端から端へと蛇行運転するはめになった。この分子の作用に驚いたホフマンはその後、〇・二五グラムという、今日考えるとかなり多い量を意図的に服用してみた。これは世界初の「アシッドテスト」〔ＬＳＤパーティーのこと〕だったと言える。ＬＳＤや、マジックマッシュルーム（シビレタケ属菌［*Psilocybe*］）に含まれるシロシビンのような精神活性代謝物は、娯楽目的での使用は長年違法とされてきたが、現在ではアルコール依存症やうつの治療、脳内の化学シグナルの研究、創造性の刺激といった目的での実験に使われている。ただし、その場合の摂取量は幻覚を起こす量の約一〇分の一だ。サイケデリックな側面はさておき、エルゴタミンやそれに類似する化学物質が示す強力な作用からは、菌類の代謝産物や、それを化学的に変化させた物質には、生理学や心理学の面で驚くような効果をもたらす可能性があることがわかる。[19]

麦角アルカロイドは、エピクロエ属菌などの草の内生菌が生成するよく似た化合物も含めて、マイコトキシンと呼ばれる菌代謝産物の典型だと言える。マイコトキシンは、それに汚染された食品を摂取した動物や人間にマイナスの影響を与える天然化合物だ。自然界では、種子や葉に増殖したカビがマイコトキシンを放出することで、昆虫を寄せ付けないようにしていると考えられている。何種類かのマイコトキシンは畑に育つ作物でも生成されていて、収穫後の作物にも残っている。作物にマイコトキシンが残留することが明らかになってからまだ一〇〇年もたっておらず、多くの人はそのことを知らずにいる。しかし作物中のマイコトキシンは、今日私たちが直面している最も深刻な食糧問題の一つだ。国際連合食糧農業機関（ＦＡＯ）によれば、全世界の農作物の四分の一が許容値を上回る濃度のマイコトキシンに汚染されているという。マイコトキシンの過剰摂取は公衆衛生にとってきわめて有害であり、豊かな国と非常に貧しい国の格差を生み出している大きな要因の一つだ。殺虫剤使用量の削減や、野外での作物の保管、自家採種の実施、食品安全性規制の緩さなどがすべて、マイコトキシン摂取量の多さと相関している。[20]

## アフラトキシン、ボミトキシンそして近代農業

第二次世界大戦後のイギリスでは高品質のタンパク質が不足して、食料配給制度が何年も続いた。一九六〇年代には、品質が低いため人間の食用には向かないブラジル原産ピーナッツを原料とするピーナッツミール〔ピーナッツの絞りかす〕が、約一〇万羽の七面鳥の若鳥に飼料として与えられた。しかしこの飼料を食べた七面鳥が、ひきつけを起こして（首が痙攣して真っ直ぐ伸び、真上を見た

ままになる）最終的には昏睡状態になって死ぬようになった。新聞はこの病気を「七面鳥X病」と書き立てた。原因究明の結果、「アフラトキシン」という、それまで知られているなかで最も毒性の高い天然化合物の一つが発見された。アフラトキシンはピーナッツバターに混入していたが、より詳しく調べると、トウモロコシも原因であることがわかった。

「アフラトキシン（aflatoxin）」という名称は、このマイコトキシンを産生するアスペルギルス・フラバス（*Aspergillus flavus*）というカビの属名と種名に由来する（「ア（a）」＋「フラ（fla）」＋「トキシン（toxin, 毒）」）。細長い柄の先にほこりのような黄緑色の胞子がたくさんついた構造を持つ美しい菌で、ナッツ類や豆類、穀物、土壌で増殖する。ほぼどんな場所にも生息するが、特に暖かい気候でよく増殖する。アフリカや、アジアの貧しい地域では、黄緑色の粉のようなアスペルギルス・フラバスがあらゆるところで見られる。自然界でのアフラトキシンには、昆虫や鳥類が感染作物の種子を食べるのを防ぐはたらきがある。七面鳥X病の発生後にアフラトキシンが発見されると、それが人間の病気の大きな原因にもなっていることが少しずつ認識されるようになった。アフリカの大部分などのピーナッツを主なタンパク質源とする地域では、アフラトキシンの問題は古くからあったのに、見落とされていたのだ。すでに悲惨な状況にあったのをさらに悪化させたのが、緑の革命で実施されたトウモロコシの導入だった。それによって、その土地のアスペルギルス・フラバスは新たな食料源をたっぷり与えられたからだ。

その後、ヒトでの慢性的なアフラトキシン中毒の発症が研究によって確認された。トウモロコシやピーナッツ、またはそれらを材料とする食品に少量含まれるアフラトキシンを生涯にわたって摂取すると、肝臓に蓄積して良くない結果をもたらす。肝臓への蓄積量が臨界値に達すると、大量出血と肝硬変を引き起こす。さらにアフラトキシンは肝臓がんの主な原因の一つでもある。先進国では、輸入食品のアフラトキシン含有量に厳しい規制が設けられているが、アフラトキシンの汚染度が特に高い国々では、監視がほとんど実施されていないのが現状だ。熱帯の国々は外貨を必要としているため、汚染度の低い作物を輸出に回す。それ以外のアフラトキシン汚染がひどくて輸出できない穀物は家畜のエサになる。そして栄養不良や飢饉に苦しんでいる国々では、たいていはそうとは知らずに、汚染された食品を人間用にしてしまっている。アフリカの一部地域では、「アフラトキシンフリー」のドッグフードは買えるのに、子どもに与える食品ではアフラトキシン含有量について何の保証もないという状況だ。国によっては、恵まれない家庭の生徒に政府からピーナッツバターが毎日配給されているが、それはアフラトキシンを多く含む安価なピーナッツを原料としていることが多い。ある推計によれば、アフラトキシンが原因で死ぬ人は、マラリアで死ぬ人より多いという。[21]

アフラトキシンはアフリカだけの問題ではない。毎年、アメリカのトウモロコシ収穫高に五二〇〇万ドルから一七億ドルの損失を与えている。そして、加工食品の材料としてほぼ何にでも使われているコーンスターチなどのトウモロコシ製品が汚染されれば、その毒素は調理後も残る。カナダでは、現在の気候は寒すぎてアスペルギルス・フラバスはほとんど増殖できない。そのためアフラトキシン汚染は主に、輸入品のピーナッツバターやトウモロコシ製品が原因である。

さらに、温暖な気候の国々の農業を苦しめている菌類に、フザリウム・グラミネアラム（*Fusarium*

*graminearum*）というカビがいる。これはトウモロコシや小麦の赤カビ病の原因菌として知られている。この菌は一九六〇年代のおじの農場ではあまり見られなかったが、現在では世界中の小麦やトウモロコシの生産地で主要な懸念材料になっている。

　麦角菌や黒さび病菌と同じように、フザリウム・グラミネアラムは、春になって育ち始めた作物の上に有性胞子を放出し、その後、無性胞子をまき散らすことで作物の間で増える。トウモロコシでは、オレンジやピンクのコロニーが穂軸（すいじく）全体を覆い、外皮の外からでも見えることがあるが、小麦の場合はそれほどわかりやすくはない。経験豊富な人が見れば、しなびた黄褐色の穀粒を見つけ出すことができる。そういう穀粒は「トゥームストーンカーネル（「墓石の穀粒」）」と呼ばれていたが、言葉づかいに敏感なＰＲ専門家は「フザリウム損傷穀粒（ＦＤＫ）」という別の名をつけている。ヌルヌルしたオレンジ色の液滴はカヌー形の無性胞子の集まりだ。この菌は猛毒のマイコトキシンを数種類産生するが、中心となるのがボミトキシン（vomitoxin, デオキシニバレノールともいう）だ。この物質は名前に「vomit（吐く）」とあることからもわかるように、摂取すると吐き気を引き起こし、主に豚が影響を受ける。おそらく体の防御機構なのだろうが、豚は前ぶれなしにいきなり吐くようになる。ボミトキシンは現在、小麦とトウモロコシで最も厳重に監視されているマイコトキシンであり、多くの国で作物の育種家が特に注意している相手である。効果的な規制のおかげで、人間でボミトキシンの被害が出ることはめったにない[22]。

　これ以外にも少数のマイコトキシンが、製粉所や工場、国境検疫などでの厳重な監視対象になっている。フモニシン類は、フザリウム・バーチシリオイデス（*Fusarium verticillioides*）や近縁の種が生成する代謝産物群で、温暖な国を原産とするトウモロコシ製品に含まれることが多い。この化合物が見つかったのは一九八八年になってからだ。フモニシン類が何十年ものあいだ見過ごされてきたのは、化学構造に見られる変わった性質のせいで、一般的なマイコトキシン検出法をすり抜けてしまうからだ。フモニシン分子は構造が脂肪酸にかなり似ていて、細胞膜に入り込む性質があり、脳細胞の細胞膜にも入っていく。ヒトで起こる不可解な肝臓がんと腎臓がん、そして先天性疾患などは、フモニシンにさらされることと相関があり、特にアフリカでよく見られる。白質脳軟化症と呼ばれる馬の病気では、運動場を取り乱したように走り回る、意識がぼんやりして不活発になる、円を描くようによろめき歩く、後ろ向きに歩けなくなるという症状を引き起こす。症状が出てから二、三日すると、馬は発作を起こして死んでしまう。獣医らは脳を解剖した結果、この病気を「ホール・イン・ザ・ヘッド・シンドローム（頭の中の穴症候群）」と診断した。フモニシン類が原因だとわかってからは、この病気を防ぐため、馬にカビの生えたエサを与えないようにしている。[23]

麦角菌やアスペルギルス・フラバス、黒さび病菌、黒穂病菌、そして一部のフザリウム属菌といった病原菌は、最初は葉や茎、種子の内部で増殖するので、感染した植物はしばらくの間は健康に見える。植物病理学の専門家はこの状態を全身性増殖と呼ぶ。これは医師が私たちの体全体に潜んでいる病気に「全身性」という用語を使うのと同じだ。この全身性段階は一般には共生とはみなされないが、一部のマイコトキシン産成菌では共生かどうかの線引きはあいまいだ。たとえばフザリウム・バーチシリオイデスは、トウモロコシに感染して赤カビ病を引き起こす病原菌になることがある。しかし同じ菌が茎や葉の細胞の間で何の症状も引き起こさずに増殖することもあり、その場合には内生菌とみなせる。菌の影響を受けるのが私たちの食べたい部分である場合には、菌増殖の結果を病気と見なす。一方で、植物の側に立てば、別の見方ができる。植物は、内生菌が産生する代謝産物によって、少なくともしばらくの間は昆虫の食害から守られているのだ。

昆虫は畑にひどい害をもたらす。菌類は昆虫との争いでは植物側につくことが多く、マイコトキシンを武器として使う。寄生菌や病原菌が原因で昆虫が病気になることもある。菌と昆虫の関係のなかでも特に面白くて、同時にゾッとするのが、麦角菌やエピクロエ属菌の近縁である、ノムシタケ属（*Cordyceps*）やオフィオコルディセプス属（*Ophiocordyceps*）などのいわゆるゾンビ菌が関わっているものだ。タイワンアリタケ（*Ophiocordyceps unilateralis*）がオオアリに感染すると、ホラー映画「エイリアン」の菌類バージョンのようなことが起こる。タイワンアリタケはアリの体じゅうに菌糸を広げ、内側から食べていく。やがてアリに生化学シグナルを送って、太陽により近い、高い場所に登るように命令する。アリが葉の先までやってくると、タイワンアリタケは派手な形と色の柄をのばし、事切れた昆虫から子嚢胞子を飛ばして次の犠牲者を探すのだ[24]。こんな病原菌から、農業に役立つ有効な生物農薬が作り出せないものだろうか。

## 農業における生物的防除法――ボーベリア属菌とノゼマ属菌

動物の感染症のなかで初めて、原因が微生物であることが証明されたのが、フランスとイタリアの養蚕農家で流行した菌類感染症だった。この病気は白きょう病（Muscardine）と名付けられた。

感染したカイコガのさなぎはミイラ化するが、それがミュスカディーヌ（Muscadine）という、当時人気のあった、粉糖をまぶした柔らかいチョコレート菓子に似ていたためだ。一九世紀初頭、イタリアの役人だったアゴスティーノ・バッシ（一七七三〜一八五六年）は、役人として働きながら、白きょう病で経営が傾いた養蚕農家で病気の原因を調べていた。この病気の原因を発見して一山当てようと考えていたのだ。[25] 独特な形の真鍮の顕微鏡で観察してみると、ミイラ化して縮んださなぎのリンパ管を菌糸がふさいでいるのが見えたことから、バッシは死骸を覆う白い粉が菌類の胞子のかたまりであることに気づいた。彼が養蚕農家に向けてアドバイスした感染予防法は、現代の私たちにも妙に聞きおぼえのあるものだ。まず菌の拡散を防ぐために、繭（まゆ）をのせた棚の間隔を広げるとともに、エサを食べている幼虫の列同士の距離を大きくする。さらに手を洗い、衣服を煮沸消毒し、病気の幼虫は隔離する。こうしたアドバイスがイタリアの絹産業を救ったのである。後に白きょう病の原因菌（白きょう病菌）は、バッシに敬意を表してボーベリア・バシアーナ（*Beauveria bassiana*）と命名された。これはゾンビ菌と呼ばれる昆虫に寄生する菌の一つで、さなぎを覆っていたのはその無性時代にあたる。

商業的な規模で使用されている菌類を用いた生物農薬は、害虫を攻撃するカビを基本にしたものがほとんどだ。ボーベリア・バシアーナは、もともとはやっかいな病原菌として扱われていたが、一九三〇年代半ばに生物農薬のヒーローの座に躍り出た。この菌は初め、さまざまな昆虫に対して病原性を持つと考えられていた。しかし現在では、ＤＮＡを用いた分類学的研究の結果、この菌によく似ているが交配することのない約三〇種の菌が確認されており、これらが混同されていたと思われる。なかには特定の昆虫だけを攻撃する菌株もある。ボーベリア・バシアーナの胞子が発芽すると、菌糸は昆虫の外骨格を突き破り、ビューベリシンという致死性のマイコトキシンを放出する。その後、死んだ宿主の内臓に含まれている貴重な有機態窒素を吸収し尽くすことで、増殖の勢いを増す。ボーベリア・バシアーナは現在では、ゾウムシやコナジラミ、アブラムシ、ダニなど多くの害虫に対応する生物農薬として使われている。一部の菌株はトコジラミの防除にも有効ではないかと期待されている[26]。

太陽の光をさえぎるほど密集したトビバッタの大群は、大恐慌時代のカナダとアメリカに大打撃を与えた。そしてひどく腹を空かせたバッタの大発生は、聖書時代から熱帯地方の農民たちを悩ませてきた。こうした大群になる数十億匹のトビバッタは、幅数百キロメートルの範囲に広がることがあり、その密度はあまりに高くて航空機の飛行を妨げるほどになる。トビバッタの大群は作物の葉を食べ尽くして裸にしてしまう。海を越えて飛行することもある。夜間は飛びたがらないので、大陸を結ぶ貨物船の上で休む。船がなければ、水面に落ちて溺れて浮かぶ。次第に死骸が集まっていかだになり、後から来たバッタがその上で休むことができるのだ。緑きょう病菌とも呼ばれるメタリジウム・アクリダム（*Metarhizium acridum*）は、こうしたバッタなどの害虫を駆除する主な生物農薬の一つになっている。「グリーン・マッスル」という製品では、この菌の胞子を油に懸濁させて安定化してある。この懸濁液を、トビバッタの幼虫が成虫へと変態して破壊を始める前に、生息する牧草地の上に低空飛行の農薬散布機から散布する[27]。白きょう病菌と緑きょう病菌はどちらも土の中で腐生菌として増殖し、地中にいるトビバッタの幼虫に感染する。そしてどちらも、カカオやコーヒーなどの作物では根の内生菌にもなっていて、昆虫の死骸から吸収した窒素の一部を、宿主である植物と分け合うことがある。一方、ノゼマ属の微胞子虫は、パスツールが研究したカイコガの微粒子病の原因となる微生物だが、そのなかの数種は、トビバッタを防除する生物農薬としてグリーン・マッスルと同時に使われている。微胞子虫門の微生物は培地で培養できないので、捕獲したトビバッタの群れで増殖した胞子が採取されている。

特定の植物に感染する病原菌を雑草の生物農薬にするという考え方も、大きな注目を集めてきている。雑草は農作物と栄養分や水を奪い合う関係にあるが、雑草を駆除するための除草剤には殺虫剤と同じような悪影響がある。コレトトリカム・アクタツム（*Colletotrichum acutatum*）、コレトトリカム・グロエオスポリオイデス（*C. gloeosporioides*）、フザリウム・オキシスポラム（*Fusarium oxysporum*）など、宿主とする植物の範囲が狭い病原菌は、培地内で簡単に胞子を作り出す。しかし粉末や噴霧剤にするには、散布のために農場に運ぶまでの長期間、生きた状態で保てるようにするための特別な取り扱いが必要になる。こうした菌類を使った製品がいくつか近いうちに市販される予定だ[28]。

## 農から食へ

現代農業をめぐっては、工業型農業や環境への影響、人口増加に対する影響といった懸念を踏まえて、その対極を目指す動きが出てきている。持続可能な（環境再生型）農業は緑の革命に取って代わるもので、カーボンフットプリントを削減し、肥料や殺虫剤への依存を減らすことを目標としている。私たちが目指すのは、より健康な農業の実現だ。つまり、人間の健康にも自然環境の健康にもより良く、生物多様性を損なうことが少ない農業である。人口が増えるなかで、少ない農地を使ってより健康的な食料を人々に供給するには、良い菌か悪い菌かにかかわらず、食料生産に関わる菌類についての知識を総動員する必要がある。私たちはみな、今世紀の終わりまでに人口が一〇〇億人から一二〇億人になるというひとつの事実に直面している。医療の進歩によって長寿の人が増えるなかで、この一〇〇億人から一二〇億人が食べていかねばならない。農業はこうした流れと足並みを揃えていく必要がある。そして私たちは、新たな脅威を常に警戒し続けなければならない。「イデオロギーではなく科学を」をモットーとする、アメリカの非営利組織ジェネティック・リテラシー・プロジェクトによれば、今日、食料供給の脅威となる重大な植物病害は九つあるという[29]。そのうち、七つが菌類やそれに近い生物が病原体となるもので、小麦黒さび病やジャガイモ疫病などが含まれている。

菌類はこれまで、農業では害をおよぼす存在として位置づけられることがほとんどだったが、今後は農業のあり方を変えて、森で目にするような、植物や内生菌、菌根菌、根圏菌がバランスよくすべて揃った生態系を反映したものにしていくことが可能だ。現在の農業は、合成化学物質を多用し、大規模な灌漑施設を設置するというやり方に頼った、工場のような単純化したシステムになっている。それを、地域に適した作物とファイトバイオームを導入し、水管理を改善するとともに、耕耘(こううん)作業を減らし、病気とマイコトキシンの減少を目指すことを基本とした、生態系を管理する農業へとシフトさせることができるのだ。最近見られる家族農業への回帰や、有機農業、作物の多角化、地産地消、地域支援型農業（ＣＳＡ）、輸入農産物の国産化といった流れの多くは、私たちをさらに持続可能な方向へ前進させている。菌類の役割を考慮すれば、この道を進む一歩ずつがさらにスムーズになるだろう。

菌類には、食物生産の妨げになるという迷惑な性質があるが、菌類自体が私たちの食物になる場合もある。ますます多文化的になりつつあるスーパーの棚には、実は思っているよりも多くの菌類製品が並んでいる。

# 第5章 発酵……食品、飲料、堆肥

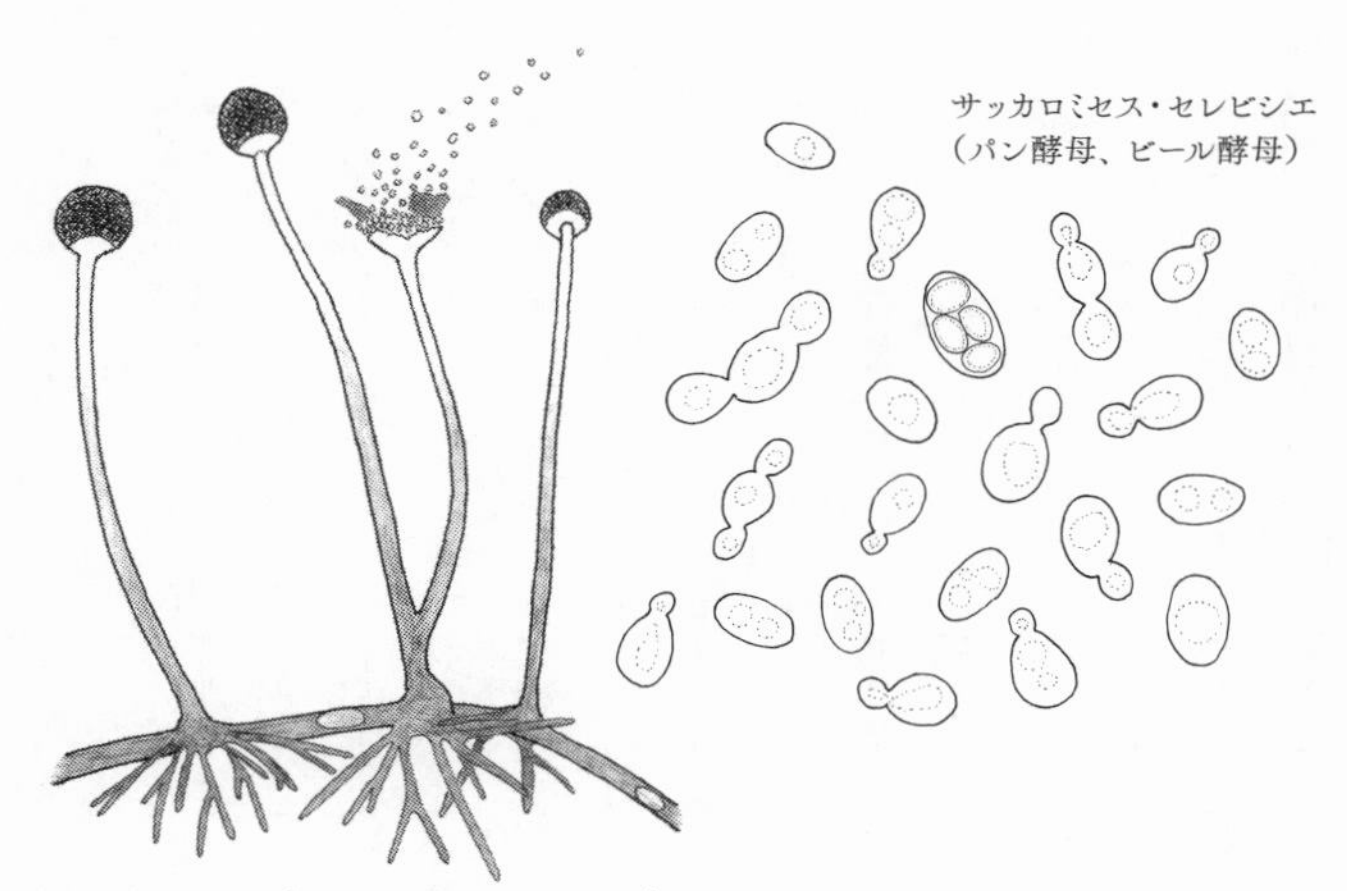
サッカロミセス・セレビシエ（パン酵母、ビール酵母）

堆肥に生えるカビ（リゾープス・ストロニファー）

歴史家のあいだでは、農業が始まり、頼れる食料源を確保できたことが都市や町の起源だとする説が主流だ。しかしカウンターカルチャー思想の哲学者たちはこれとは別の説を唱える。文明は、アルコールを安定して手に入れるために誕生したというのだ。この論法でいけば、遊牧生活をしていた私たちの祖先は、大麦や米、ライ麦、小麦、そしてブドウといった、酵母のエサになる作物を育てるために一カ所に定住するようになったことになる。今日でも、ブドウの生産は食用よりもワイン用のほうがはるかに多い。スーパーに行って食用のブドウが四、五種類売っていれば運がいいほうだが、どのワインショップにも、棚には何百もの異なる品種のブドウから作った発酵ジュースが並んでいる。推定では、ワイン、ビール、日本酒、蒸留酒などのアルコールに関連するビジネスは、世界経済の一〇パーセントに相当するという。これは大変な量の酒だが、酵母として考えてもすごい量になる。人間が定住生活を始めた理由がビールとパンのどちらだとしても、実際には酵母のほうが私たち人間をうまく手懐けてきたと言える。家畜化されたのはどちらなのか、考えてみなければならない。

微生物は、私たちにとって美味しくない物質や消化できない物質をもっと有益なものに変える職人だ。たとえばすでに説明したように、さまざまな腐生菌は植物質を分解して腐植質と土に変える。この「腐敗」という現象を、菌類や他の微生物が原材料を私たち好みの食品に変えてくれるという人間の視点で考えれば、それは「発酵」と呼ばれるようになる。発酵が起こると多くの場合、複合タンパク質や多糖類が分解されて、消化しやすく、魅惑的で快楽的な感覚をもたらす分子に変化する。微生物の作用で風味や食感、成分が私たち好みに変化すれば、本来は堆肥であるはずのものが食べ物にも飲み物にもなる。人間社会のほとんどが発酵を大々的に取り入れているが、発酵の産物を楽しめるかどうかは往々にして好みの問題だ。ある人がおいしいと思っても、別の人は腐っていると感じることがある。

発酵（fermentation）という単語は、ラテン語で酵母を意味する「fermentum」に由来する。発酵する（Ferment）という語には創造性という意味合いもある。発酵というのは人間と菌類がコラボレーションする重要な交差点だと言える。

## 甲虫（ビートル）からボトルへ——酵母による発酵

自然界に生息する酵母は数千種にのぼるが、ここではある有名な酵母に注目しよう。サッカロミセス・セレビシエ（*Saccharomyces cerevisiae*）だ。これはビール酵母の名で知られている。ビールよりパンが好きならパン酵母と呼んでもいい。ビール酵母もパン酵母も、活発に増殖する同じ酵母種をさすが、酵母を使って発酵させるタイプのパンよりも、ビールのほうが歴史が古いというのが考古学者の共通見解だ。(1)

サッカロミセス・セレビシエは自然界では、果実や樹皮、花の蜜にフィルム状の目立たないコロニーを作っていたり、樹液の中を流れていたりする。さらにほかの多くの酵母と同様に、昆虫の胃や腸にも存在している。酵母は液体の世界で生活し、仕事をし、漂うのによく適応している。菌糸を作る酵母もあるが、ほとんどの酵母が薄い色をした球形か楕円形の単細胞で、液体中で出芽によって増える。出芽というのは、「母細胞」が自分の一部をぽこんと外に押し出し、クローンの「娘細胞」を産むことをいう。分裂した母細胞と娘細胞はどちらも若返り、少し膨らむと、二〇分から三〇分周期で分裂を繰り返す。たちまち母細胞のまわりは、かつては自分自身だった子孫でいっぱいになる。孫、ひ孫、玄孫、さらにその子どもといったたくさんの子孫が、ねばねばする居心地良い家族のコロニーで一緒に暮らしている。三、四日すると、エサが尽きたり、住んでいるスイミングプールが干上がったりして、大半の酵母が死ぬ。しかし昆虫に食べられた出芽細胞はその腸内で生きのびていく。かつては、こうした植物から植物へ、昆虫の腸から腸へと渡り歩くリゾート暮らしが、たいした野心を持たない酵母にとって考えうる最高の世界だった。やがて、どんな甲虫やハチよりもはるかに長い距離を跳躍する、体毛のうすい新参のサルが現れた。酵母から見れば、ヒトは素晴らしい媒介生物だった。そこで酵母はヒトの体に乗り込んで、見たこともないほど大きな砂糖水の桶に飛び込むことを夢見ながら、移動の速度を速めていった。

古代社会の遺跡調査の多くでは、発掘された陶器の中から、酵母で発酵させた飲料に特有の糖の化学的痕跡が検出されている。初期の発酵はおそらく偶然起こったと考えられるが、遊牧生活をしていた好奇心の強い私たちの祖先は、その飲料がもたらす、舌をくすぐる心地よい味と酵母特有の香りが気に入って、その飲料を安定して手に入れられるように一カ所に定住するようになったのだろう。中世のヨーロッパでは、ビールは労働者に賃金の一部として支払われることが多かった。ビールは労働者の健康に重要だった。衛生状態に微生物が関わっていることが理解されていなかった時代には、人間の排泄物で汚染された水路から引いてきた水よりも、ビールを飲むほうが安全だったのだ。またビールはビタミンB源としても頼りになった。この時代のビール醸造では、穀類、特に大麦を煮てどろどろにすることで、デンプンを糖に変えてから、この液体をしばらく置いた。一方、ブドウはデンプンが少ないが、天然の糖を十分に含んでいるので、ワインの醸造にはブドウを圧搾するだけでよかった。どちらの場合でも、自然界の酵母がビールやワインに入り込んで定着し、魔法の力を発揮してくれるのを期待するというやり方をしていた。

現代のワイン醸造業者やビール醸造業者では、失敗を避けるために、気に入っている酵母の種菌（スターター）を加えているところがほとんどだ。培養したスターターを用いるというのは、バイオテクノロジーである。それはある意味、管理下での生物学的侵入のようなものだ。このスターターには必要な微生物がたっぷり含まれている（数種類の微生物をブレンドしている場合もある）。このたっぷりの微生物が材料などについている微生物を抑え、カビが菌糸を広げるのを防ぐ。

近ごろでは、大衆消費者向けの酒造業はビッグビジネスになっている。街の何区画にもまたがるような醸造施設は、できるだけ多くの酵母を増殖させて、できるだけ多くのアルコールをできるだけ短時間で醸造できるように最適化されている。工場では、きしみながら動く歯車や、金色の泡立つ液体、シュッと音を立てて抜けていくガスが、不協和音のように折り重なる。発酵タンクにはもろみ（マッシュ）や麦汁が何百ガロンも満たされている。そのタンクには、複雑な迷路のようなパイプやスイッチ、計器、バルブ、センサーなどがついていて、温度や酸素の量、酸性度、成分が酵母の増殖に最適な条件になるよう調節している。空気には酔っぱらいそうな香りが満ちている。焙煎した大麦麦芽の香りや、ホップの苦味のある芳香、酵母の刺激のある匂い。スポーツアリーナほどの広さの瓶詰室では、何千本ものガラス瓶がベルトコンベアーの上を押し合うように運ばれていき、その瓶にロボットがビールを詰め、ラベルを貼り、栓をしてから、プラスチックケースの中に詰める。びん詰め段階でボトルの口から吹き出した泡は、床の格子の間から流れ落ちていく。

こういった酵母がしている出芽やビール醸造といったことに比べれば、私たち人間の繁殖努力なんて慎ましいものに思えてくる。私は数字をいじるのは好きではないが（生物学者は数学が苦手だ）、私たちと同じ文明で共存している酵母の数がどのくらいになるのかを、大まかに把握しておいたほうがいいだろう。一個の酵母細胞を新しいすみかに置くと、倍増し始める。二個、四個、八個、一六個……とどんどん増えていって、指数関数的増加の不思議さが見えてくる。ビール一瓶を作るには約五〇億個の酵母が必要だ。人間は毎年五〇〇億ガロン（約一九〇〇億リットル）以上のビールを製造している。そこから計算してみると、毎年約三〇垓(がい)個（一垓は一万京、または一〇の二〇乗）の酵母が、ビール醸造のためだけに使われていることになる。もちろん酵母はビールの発酵以外のこともしているが、それはここでは考えない。それぞれの酵母細胞の寿命は四日なので、常時三三〇〇京個の酵母細胞が活動している計算になる。世界中のビール醸造所の発酵タンクにいる酵母細胞の数は、銀河系の星の数の八〇〇〇万倍、地球人口の四〇億倍に相当する。[2] 酵母のような微生物が試験管内で増殖する様子を観察していると、その個数は指数関数的な増殖によって急増し、その後横ばいになり、やがてエサである糖が尽きると急激に減る。細胞が死ぬと、茶色い残りかすが試験管の底に沈む。そういうわけで、酵母はほぼ毎日新しいすみかを見つける必要がある。彼らは閉鎖環境の中で増殖の限界に常に立ち向かっている。グルコースをエタノールと二酸化炭素に分解するという酵母の作用は、酸素がない状態（嫌気的条件と呼ばれる）での発酵の典型的な例だ。

飲料やパンのスターターとして酵母を添加するようになったのは、何千年にもわたる酵母の家畜化プロセスのなかで重要な一歩だった。サッカロミセス・セレビシエを含めて、サッカロミセス属菌の大半は、自然界では中国に生息しており、そこでは生物種の地理的起源にあたる場所で通常見られるとおり、遺伝的な多様性が高くなっている。日本の清酒やヨーロッパのワイン、そしてその他の国々で作られるいくつかの独自のアルコール飲料では、その製造のために特有の酵母菌株が家畜化されてきたことが、最新のゲノム解析で確かめられている。現代のビール醸造で使われる酵母のほとんどは、サッカロミセス・セレビシエと他のサッカロミセス菌種の交雑によって生まれた雑種で、交雑相手の菌種もすべてではないが多くがアジア原産だ[3]。最も広く使われているビール酵母は、日本の清酒酵母とヨーロッパのワイン酵母が交雑した雑種である。

雑種は植物（トウモロコシ）や動物（ラバ）、微生物（酵母）など多くの生物で簡単に生じるが、普通は雑種の子世代は生殖能力を持たない。家畜化された酵母の場合は、無性的な出芽とクローンによって盛んに増殖できるので、他の生物に比べると雑種が問題になることは少ない。アルコール飲料に使われる雑種酵母の細胞には、完全ゲノムが二セットあることが多く、最大で六セット持っていることもある。こうした性質を倍数性という。(4) 倍数性があると、有性生殖に必要な細胞機構が混乱してしまう。染色体が多すぎて、区別できなくなってしまうのだ。家畜化されてからの時間が長いほど、酵母は発酵環境によく適応していて、起源とする野生株とのつながりを失っている。家畜化されているビール酵母株は、もはや近縁である野生酵母株と交配したり、混ざり合ったりすることができなくなっていて、自らの遺伝子というトンネルに閉じ込められているようだ。共犯者である人間による人為選択のおかげで、家畜化されたクローンは生きのびて、ほぼ同じ状態を維持しているのである。そのお礼として酵母がアルコール飲料を与えてくれることで、この関係は対等な共生に似たものになっている。

味や匂いに含まれる複数の成分を区別するのはなかなか難しい。特有の香りを持つ二つの成分が混ぜ合わされたら、私たちの鼻はだまされて、それを第三の香りだと解釈してしまう。発酵させて作ったアルコール飲料では、発酵プロセスと二次代謝産物の変化によって、揮発性や可溶性のあるさまざまな化合物が生じて、それぞれのアルコール飲料に特徴的な香りや風味を与えている。青リンゴの匂いがわかるだろうか。あれはおそらくアセトアルデヒドだろう。アセトアルデヒドは、グルコースからアルコールへの分解プロセスで生じる中間生成物の一つだ（アセトアルデヒドは二日酔いの主な原因でもあるので要注意）。酒に果物のような香りを感じたことはあるだろうか。それはアルコールと酸の反応で生成されるエステルの可能性がある。薬くさかったり、スモーキーな香りがするときは、たぶんフェノール類で、蒸留酒の熟成に使った木製のたるから出たものか、そうでなければ原料の植物に含まれていた色素などの化合物の分解生成物だろう。腐った卵の匂いがすれば、それは硫化水素だ。タンパク質には一定量の硫黄が含まれており、分解されるとその硫黄が放出されるのだ。いかにも食欲をそそる話ではないか。こうした化合物などをバランスよく含むようにすることは、発酵の科学を支えている熟練の技だ。自然界では、アルコールなどの揮発性物質はもともと、植物が花粉媒介生物などに糖分を分けあたえようと誘いかける役目を果たしていたのだろう。発酵してアルコールを含む果実に引き寄せられる生物の多くが、アルコールデヒドロゲナーゼ（アルコール脱水素酵素）という、酔っ払わずに果実から出てくるのに必要な酵素を持っている。発酵したものを日常的なエサとしていない動物はそうした酵素を持っていないので、発酵した果実を食べると酩酊（めいてい）とみなされるような反応を示す。

残念ながら、発酵飲料には不快な匂いもつきものだ。私たちの鼻や舌は、好きではないものを驚くほど敏感に検出できる。低濃度であれば魅力的だったはずの代謝産物が多すぎたり、よくない微生物が予期せぬ物質を作ったりすると、製品の味がおかしくなる。当然ながら、なかにはそういうのが好きな人もいる。特にベルギービールでは、ブレタノミセス属菌（*Brettanomyces*）などの別種の酵母や、乳酸を生成する微生物（細菌であるラクトバシラス属菌）をスターター菌に意図的に混ぜることで、風味の幅を広げている。

一方で、ワイン好きには有名な話だが、ワインボトルの密封に使われる天然コルクに生えたカビが原因で、ワインにブショネという匂いがすることがある。犯人はトリクロロアニソール（ＴＣＡ）という塩素を含む代謝産物で、この物質のせいでボトル詰めワインの最大一〇パーセントがだめになる。ＴＣＡは微量でも簡単にわかり、カビくさい匂いでワインのアロマを覆いかくしてしまう。[5] この物質の作用は時間がたっても変わらないので、ボトルごと返品するしかない。最近のワインボトルではスクリューキャップが主流になっている一番の理由が、このブショネ臭でだめになるのを減らすためだ。

どんなビール醸造所でも主な製品はビールだが、発酵タンクで生じる沈殿物には別の使い道がある。死んだ酵母細胞はビタミンBとグルタミン酸を豊富に含んでいて、塊状に圧縮して家畜の飼料にしたり、人間用の食品になったりしている。サンドイッチなどに塗る「マーマイト」(オーストラリアでは「ベジマイト」、ヨーロッパのアルプス地方では「セノビス」と呼ばれる)は、好き嫌いが分かれることで有名だが、ビール醸造に使った酵母が材料になっていて、それを加熱してから冷却し、塩分を加え、煮詰めてペースト状にしている。一方で、ビール酵母を使って単細胞タンパク質(SCP)を製造する場合には、エタノールの生成ではなく、タンパク質の生成と細胞質量の増大を優先するように発酵プロセスを変更している。「トルラ酵母」や「栄養酵母」と呼ばれる製品は、どちらもビール酵母とは別の酵母であるシバリンドネラ・ジャディニ(*Cyberlindnera jadinii*, カンジダ・ユチリス[*Candida utilis*]と呼ばれることも多い)を材料とした同様の製品だ。酵母を最も活性の高いタイミングで収穫し、乾燥させて粉末状にし、人間や動物の栄養補助食品にするのである。この酵母粉末をシリアルやヨーグルトに振りかけて食べる人もいるが、その酵母特有の苦味を好まない人もいる。

発酵飲料そのものが菌類に汚染されて、二次発酵する場合もある。たとえば、ワインやサイダー(リンゴ酒)に含まれるアルコールを酢酸に変える酵母や細菌は、一〇種から二〇種いる。ワインが汚染されると、酸っぱくなったり、かび臭くなったりすることが多い。一方で、ワインに酢のスターター酵母を入れれば、もっと良い結果になる。そうやって作られるワインビネガーは、腐敗を防ぐ作用があるし、調味料としても価値がある。同じように、コンブチャ〔日本でいう紅茶キノコ〕は、紅茶を入れて、そこに一般に「キノコ」またはＳＣＯＢＹ（細菌と酵母の共生コロニー）と呼ばれる、酵母（ビール酵母のことが多い）と乳酸菌からなるスターターを加えて発酵させるものだ。そうするとアルコール度の低い（〇・五パーセント以下）フルーティーな飲み物になる。私は、コンブチャの自家製スターターの中に原生生物がうごめいているのを顕微鏡で見てからというもの、あまり飲みたいと思わない。しかし市販のコンブチャは品質管理がされているので、そうした心配は低いはずだ。

## 生命の一切れ——イースト発酵のパン

ビール酵母には液体を発酵させる見事な才能があるが、生地を発酵させる能力も同じくらい素晴らしい。わかっているなかで最も古いイースト（酵母）発酵のパンが登場したのは、わずか四〇〇〇年ほど前のことで、ビールが広まるよりもずっと後の時代だ。一方で、もっと平たくて気泡の少ない、イーストなしの無発酵パンは、発酵パンより一〇〇〇年ほど古くからあった。このことから考えると、おそらく、注意散漫なパン職人がビール桶のそばにパン生地を置き忘れていたときに、ビール桶からビールの泡がパン生地にこぼれたのだろう。このパン生地を焼いてみたら、軽くてふ

わふわの食感で、ハチミツのような香りのパンができたので、パン職人は驚きつつも喜んだはずだ。(6)

パン作りは、ビール醸造の中と外を反対にしたようなものだ。ビールやワインの発酵タンクは注入口と排出口がついた閉鎖システムで、ある意味では人間の胃を模擬したものだと言える。一方、パンを作る場合には、ビールのようにあらかじめ加熱した材料をタンクに封じ込めるのではなく、原材料を調理台の上に広げたり、ボウルに入れたりしてから、そこへ水で溶いたイーストを少量の砂糖とともに加え、全体を混ぜ合わせる。活性化したイーストは、それが自爆作戦とも知らずに、ゆるい生地の中で二酸化炭素の気泡を作るとともに、すごい勢いで出芽を繰り返す。次に生地をこね上げてひとかたまりにする。グルテン（製粉した穀物に含まれる、弾力と粘り気のあるタンパク質）は、生地が膨らむときに二酸化炭素の気泡をぎゅっと閉じ込める。それをオーブンで焼くと、この気泡が膨らんで、パンにスポンジのような食感が生まれるのだ。

世界各地のベーカリーで使われているイースト（酵母）は、わずか数種類しかない。そうしたイーストは、ビール酵母と同じ種類の異なる菌株か、それらのハイブリッドだ。工場や町のベーカリーで作られるパンの味がほとんど変わらないのはそのせいだ。それと同じクローンのイーストが、あなたの行きつけのスーパーでも、圧縮したペースト状の生イーストか、乾燥させてつやのある粒子状にしたドライイーストとして売られている。多くのベーカリーでは、生地を入れるボウルと生地をこねるフックがついた、殺菌済みの生地こね機を使う。他の材料を追加しなければ、生地の中で活動する微生物は、スターターに含まれているサッカロミセス菌しかいない。発酵時間はほんの数時間なので、空気中や調理台の上の微生物がパン生地に飛び込んで、その性質を変化させるひま

はない。(7)

手ごねのパンはもっと微生物の多様性が高い。実際に、職人が作るパンは味の違いが大きい。サワードウスターター〔小麦粉やライ麦粉と水だけで作る伝統的なパン種の一種〕の中の微生物コミュニティは、普通のパンで使われている単一的な微生物よりもはるかに複雑だ。サワードウスターターは、最初は微生物がいない状態のゆるい生地かもしれないが、徐々に野生酵母や家畜化された酵母、パン職人の手や空中にいた細菌が混ぜ込まれていく。生地に酸味(サワー)を与えるのは乳酸菌だ。時間がたつにつれて、スターターの微生物の生態系は落ち着いてくる。同時にパン職人の手や、作業台の割れ目やくぼみには、スターターと同じ微生物集団が楽しく暮らすようになる。個人が持っているスターターは大切にされていて、ジェーン・ドウとか、ライ・ブレッドベリーといった愛称がつけられていることも多い。パンを焼く人は、自分のサワードウスターターを冷蔵庫の中や窓台の上に保管する。そして数日おきに、新しく作った小麦粉と水の混合物に以前からのスターターを少量混ぜて、元気な状態を保つようにしている。ただしときどき、奇妙な酵母や細菌がはびこってしまって、スターターの元気がなくなり、嫌な臭いのするペースト状になることがある。そんな緊急時のために、信頼できる家族にスターターを分けるといった備えをしておけば、貴重なサワードウスターターを守ることができる。ベルギーのある熱心なパン職人は、スターターライブラリーというべきものを作って、研究のため、そして子孫のために、さまざまな種類のサワードウスターターを保存している。(8)

## はいチーズ！――カビ発酵の乳製品

パンとアルコール飲料の発酵は、サッカロミセス属の酵母という一つの主旋律をもとにした変奏曲だと言える。一方で他の多くの発酵食品では酵母ではなくカビがかかわっている。チーズの場合、カビはカード（凝乳）の内部か、チーズの外皮で増殖する。風味や味、食感は、材料として使う乳の種類（牛、羊、山羊、その他のもっと風変わりな乳）や、カードを混ぜて固める方法、添加したり、定着させたりする菌類や細菌の種類、そして熟成期間によって変わる。乳牛の品種や、エサを生産した農場もチーズの出来に影響する。

洞窟の壁画からは、私たちの祖先が約六〇〇〇年前にチーズ作りの方法を偶然発見したことがうかがえる。洞窟は壁画の他にも、チーズにまつわる言い伝えで重要な役割を演じている。たとえばフランスとイタリアで作られている、カビを多く含むブルーチーズには、起源について同じような話が伝わっている。経験不足の若い羊飼いか見習いが、菌類でいうならば「和合性のある交配型」を持つ魅力的な相手に出会って、すっかり気を取られてしまう。二人がいちゃついている間、彼らの昼食は洞窟の中に置きっぱなしにされていた。やがて帰ってきた二人が見つけたのは、すっかりカビだらけになったサンドイッチだった。数日間、食事も何もかも忘れて過ごしていた二人は、表面に細かな毛が生えたチーズを食べてみて、おいしいと言い合った（フランスのロックフォールチーズ）。あるいは、誰も変な色や風味に気付かないだろうと思って、カビの生えたチーズを平気で新しいチーズのスターターに使った（イタリアのゴルゴンゾーラ）。現代の大規模なチーズ製造者の倉庫は、洞窟の涼しくて湿気のある環境を再現しており、天井まで届く棚に熟成中の円盤形チーズが並べられている。しかし伝統製法を守っているチーズ職人は今でも、自分のチーズを天然の洞窟や、使わなくなったワイン貯蔵庫で熟成することが多い。

現代の工業的なチーズ工場は、大規模なビール醸造所とよく似ている。カードを凝固させる丸いタンクが、製品の圧縮や成形、包装をおこなう製造ラインの間に鎮座している。カードは、雲のような筋状のタンパク質と脂質からなるもので、乳やクリームに、レンネットと呼ばれる酵素を入れてかき混ぜると出てくる。レンネットは食肉処理した牛の胃から取ったものがほとんどだ。そのため、ベジタリアンは植物由来の酵素か、接合菌類であるリゾムコール・ミーハイ（*Rhizomucor miehei*）から抽出した菌類由来のレンネットを使ったチーズを好む。カードを圧縮してボール状にするか、板状にスライスした後、次の段階で発酵と微生物相の変化が進む。ほとんどのチーズの内側は、未殺菌乳に自然に含まれている乳酸菌によって発酵する。ただしチーズの熟成中には、リステリア菌（*Listeria*）という致死性のある細菌が増殖するリスクがあるので、一部の国では、チーズ用乳の低温殺菌（摂氏五五度から六三度で加熱する）が義務づけられている。この低温殺菌をおこなうと、乳に本来いた微生物集団は死滅してしまうので、その場合にはスターター菌の添加が必要になるのである。

分厚いワックスやプラスチックで覆われたハードチーズでは、存在する微生物のほとんどが細菌であり、カビが生えれば汚染扱いになる。しかし、天然の外皮があるタイプのチーズでは、何種類かのカビの菌糸体が織り合わさって、複雑な薄い皮を作っている。こうしたチーズは今でも地下貯蔵室で熟成されていて、天然のカビの胞子がほこりっぽい床から舞い上がったり、天井のクモの巣から落ちてきたりして、チーズの塊に定着する。DNAバーコーディングをおこなうと、こうしたタイプのチーズのカードや外皮には、数百種の菌類や細菌がいることがわかる。そうした菌類や細菌のそれぞれが、チーズの個々の味わいや匂い、食感を作り出す役目を果たしているが（複数の菌類が同時に作用することもあれば、入れ替わりながら作用することもある）、菌類や細菌の細かい組合わせは、貯蔵室や農場ごとに違っている。外皮につく白い菌糸体のほとんどがジオトリカム・カンディダム（*Geotrichum candidum*）というカビの菌糸だとわかったのはつい最近のことだ。その菌糸は外側にゆっくり広がる。一方で酵母型にもなって、チーズの内側に入りこみ、脂質とタンパク質の一部を分解して、味や匂いのよい小さな分子に変える。伝統的な方法で熟成させるチーズの場合、貯蔵室ごとに独自のジオトリカム・カンディダム菌株が棲みついていて、チーズに個性的な風味を与えている。そこに別の菌株が侵入してくると、期待した風味が失われてしまう。[9]

一部のチーズの外皮につくと嫌がられる菌が、ケカビの一種であるムコール・ムセド（*Mucor mucedo*）だ。このカビは、「ネコの毛」（フランス語では「ポワル・ド・シャ」）と呼ばれる、グレーと緑の間のような色のうぶ毛を生やす。そのカビ臭さは、一部の種類のチーズでは何とか我慢できるが、もっと繊細な香りのあるチーズの場合は、塊ごと処分しなければならない。そしてこのカビの汚染があまりに頻繁に起こるようなら、その貯蔵庫の使用をやめるしかない。一方、「カビの花」と呼ばれるトリコセシウム・ロゼウム（*Trichothecium roseum*）は、チーズをピンク色にすることがあるが、それ以外の役割や、チーズの中でマイコトキシンを産生するかどうか（培地上では産生する）はよくわかっていない。

キッチンを賑わせるチーズは、世界中に一八〇〇種類以上ある。西欧諸国のほとんどの家庭では、ブルーチーズとカマンベールチーズ（またはブリーチーズ）という二種類のカビタイプチーズが冷蔵庫に入っている。この両方のチーズの主役になっているのが、脂質とタンパク質の分解酵素を多く産生するペニシリウム属菌だ。この二種類ではブルーチーズのほうがはるかに歴史が古い。ブルーチーズにもいろいろと種類があるが、どれもペニシリウム・ロックフォルティ（*Penicillium roqueforti*）という菌を使っている。チーズ職人は、熟成段階のチーズをピンやくぎなどで突き刺して、穴をたくさん開けることで、内部に空気が通るようにする。その穴は無数のペニシリウム・ロックフォルティの胞子で満たされて、見事な紺青色か緑色の縞模様ができる。ゴルゴンゾーラチーズはブルーチーズでも最も古い種類で、イタリアのミラノ周辺の街で一〇〇〇年以上にわたり作られている。イギリスでは一八二〇年代から、スティルトンという街で同じようなチーズが作られている。

ブルーチーズの味は好き嫌いが分かれるところだ。風味は塩気が強く、刺激的で、匂いは有機酸に由来する。他のカビタイプチーズではダニがつくことが多いが、ブルーチーズでは少ないのは、たぶんそうした風味や匂いの元になる揮発性成分をダニが嫌がるからだろう。人間でも、その匂いを嫌う人がいるのは確かだ。あなたがブルーチーズを食べたことがないなら、傷んだバター（酪酸）に、古いバナナ（ケトン）とヤギの匂いの成分（カプリン酸）を混ぜ合わせたものを考えれば、匂いが想像できるだろう。私自身はブルーチーズが大好きだ。特にクルミと梨を添えて、ポートワインを飲みながら食べるのが気に入っている。同じように考える人は大勢いて、世界全体の輸出額は年間五億ドルを上回っている[10]。

ブリーチーズとカマンベールチーズはそれぞれ、フランスのブリー地方とカマンベール地方という洞窟の多い地域で生産されている。カマンベール地方の言い伝えによると、フランス革命中にマリー・アレル（一七六一〜一八四四年）という女性が、怒った群集から逃れてきた司祭をかくまった。司祭が身を隠している間、二人はこっそりとチーズ作りをして楽しい時を過ごしたという。彼らのチーズの製法が革新的だったのは、伝統的なブリーチーズのレシピを使いつつ、そこからクリームを除いた点だ。さらに、できあがったチーズには「カマンベール」という名前をつけた。そしてマーケティング戦略として、小さな薄手の木箱を作り、そこに小さな丸いチーズを入れて輸送し、販売したのである。白い外皮と内側の白い部分の両方を発酵させているのは、白い胞子を持つほぼ純粋なペニシリウム・カメンベルティ（*Penicillium camemberti*）だと長らく思われてきた。現在では、白い胞子を持つペニシリウム・カゼイフルバム（*Penicillium caseifulvum*）とジオトリカム・カンディダムもしばしば発酵に関わっていることが明らかになっている。カビと乳酸菌が混ざり合い、その発酵能力が組み合わさることで、カマンベールチーズのナッツにも少し似たかすかな香りが生まれている。ただし、同時に感じられるアンモニア臭が苦手な人もいる。

白い胞子を作るこれら二種類のペニシリウム属菌は家畜化された菌種らしく、チーズを作っている場所以外で見つかることは、あったとしてもかなり珍しい。おそらくこの二種類の菌の祖先は、緑色の胞子を作り、チーズやヨーグルトを腐敗させるペニシリウム・コムーネ（*Penicillium commune*）だろう。しかしブルーチーズを作る菌であるペニシリウム・ロックフォルティのほうは、特定の菌株がスターター菌として家畜化されてはいるが、自然界でも多様性の高い集団を維持している。野生のペニシリウム・ロックフォルティはかなりやんちゃな性格で、そのコロニーはサッカーボールほどのサイズになる。ときには穀物サイロ内で増殖して、その飼料を食べてしまった牛に中毒を起こす。不気味なのは、チーズを作る主な菌のうち二種類が、ときどきマイコトキシンを産生することだ。ペニシリウム・ロックフォルティは飼料の中で増殖すると、ＰＲトキシンとミコフェノール酸、そして数種の毒性の疑われる化合物を産生する。そしてペニシリウム・カメンベルティはシクロピアゾン酸を作り出す。どのマイコトキシンも、その飼料を誤って食べた牛に中毒を起こしかねない。牛が中毒を起こすのに、人間が食べても大丈夫なのはなぜだろうか。こうしたカビが乳製品で増殖するときには、マイコトキシンが産生されないか、チーズから生じるアンモニアがマイコトキシンを分解するからだ。[11]

私の母は、そういう高級なフランス産チーズは不要だと考えていた。家の冷蔵庫に入っていたのはチェダーチーズくらいだ。母の献立は肉とジャガイモが中心で、それを冷凍か缶詰めの野菜で補うのがお決まりだった。私が家で食べたことのある唯一の外国料理は、街に何軒かあったアメリカ式広東料理レストランからときどきテイクアウトする中国料理だった。蒸した米についてくる、小袋入りの醤油はいつも、冷蔵庫の隅っこに押しこまれているか、調味料棚の奥でほこりだらけになっている醤油のボトルの隣に挟まっているかのどちらかだった。私は大学生になってようやく、醤油が菌類のはたらきによる発酵食品であり、アジアに広がる菌類を生かした食文化の入口であることを発見した。

## 東洋の宴――醬油に始まるコウジカビの冒険

醬油は二〇〇〇年前の中国で、高価な岩塩に代わる安い調味料として発明された。シルクロードを旅する仏教の僧侶が醬油のレシピを中国全土に広め、各地の料理人たちが自分たちの好みに合うように手を加えていった。その結果アジア各地で、たまり醬油やケチャップ・マニス〔インドネシアの調味料〕、濃口醬油や薄口醬油といった地域ごとの醬油が生まれた。規律ある修道生活のような、伝統製法による醬油造りもまだ残っているが、年間二五億ガロン（約九五億リットル）にのぼる生産量のほとんどは工場で工業的に生産されている。

大半の酒類やパン、チーズとは異なり、醬油の発酵プロセスは二段階からなる。[12] アジアの発酵食品の多くでは、製造の第一段階でアスペルギルス・オリゼー（*Aspergillus oryzae*, ニホンコウジカビ）というカビによってさまざまな穀物を好気性発酵させることで、麴（こうじ）と呼ばれる中間生成物を作り出す〔日本以外では他のアスペルギルス属菌や、クモノスカビ属菌、ケカビ属菌も使われる〕。このプロセスでは、加熱した大豆や穀物にコウジカビを植え付け、摂氏三〇度から三八度で数日おくと、菌糸体が全体に広がり、大豆や穀物に入り込む。コウジカビの酵素はデンプンを単糖に、タンパク質をアミノ酸、特にグルタミン酸に変える。醬油やマーマイト、そして食材としてのキノコなど、菌類が関わる食品のほとんどでは、天然のグルタミン酸が豊かな風味を出すのに一役買っている。グルタミン酸は、不当に悪者扱いされているうまみ調味料で、多くのアジア料理のレストランでは、テーブルの上で塩やコショウの隣に並んでいる。

コウジカビ以上に優れた家畜化の例はそうそう見つからない。その祖先にあたる野生カビは、有毒なアフラトキシンを産生するアスペルギルス・フラバスだと考えられており、両者のゲノムは九九・五パーセント同じであることが研究によって確かめられているのだ。コウジカビとアスペルギルス・フラバスを見分けるのは、最高精度の顕微鏡を使っても難しいが、人間にとっては一方は有益であり、もう一方は中毒の原因になる。[13] 家畜化はさまざまな地域で何度も繰り返し起こってきた。ただ、微生物の家畜化というのは、もっとなじみ深い動物の家畜化の例と比べれば行き当たりばったりの面が大きいように思える。そもそも、チーズ作りのプロセスや麹に生物が関わっていることに誰も気づいていなかったし、自分たちの選択が特定の遺伝子を変えたり、取り除いたりしたことも理解していなかった。しかしコウジカビの家畜化によって、デンプンの分解に関与する約一五〇個の遺伝子が定着した。新しい食品を発明した人々が求めていた作用に対応する遺伝子組換えが起こっていたのである。遺伝子の変化で一番驚くのが、多くのコウジカビ株ではアフラトキシンを作り出す遺伝子が完全に消滅していることだ。残っている株もあるが、その遺伝子は活性化しないので毒素は決して作られない。[14] ほとんどのコウジカビ株では、野生型のアスペルギルス・フラバスよりも胞子の量がずっと少ない。たぶん、それほどカビくさくない麹ができあがるので、そうした株が選ばれてきたのだろう。あるいは、人間が代わりに胞子を運んでくれるので、コウジカビはそれほど多くの胞子を必要としないからかもしれない。

地理的にみると、麴には地域ごとの特徴がある。各地の麴には、アスペルギルス属菌のほか、無害なカビや細菌の固有株が使われており、それらが最終的な食品に微妙な違いをもたらしている。たとえば伝統的な日本式の醬油は、最初に蒸した大豆と炒った小麦を混ぜ合わせ、そこに空中に漂っている麴菌の胞子を自然に定着させたり、スターター（種麴）を添加したりする。一方でたまり醬油は、伝統的に小麦を使わない製法で作られてきた醬油だ。[15]

発酵の第二段階では、第一段階での麴菌の発酵で作られたどろどろの液体（もろみ）を、塩分濃度が最大二〇パーセントの塩水と混ぜ合わせる。このべとべとしたもろみの中で、ほぼ嫌気的な二段階目の発酵プロセスが進む。醬油工場では、巨大なステンレスタンク内でもろみを四カ月熟成させる。一方、伝統的な醬油蔵では木製の桶を使い、二年から四年熟成させる。これほど塩分が高いと、大半の微生物は細胞から水がほとんど流れ出て死んでしまう。増殖できるのは、水分の少ない環境でも生きのびられる好乾性微生物だけだ。そうした微生物の一つが、テトラジェノコッカス・ハロフィルス（*Tetragenococcus halophilus*）といういかにも覚えやすい名前の細菌だ。この細菌は糖の一部を乳酸に変えて、pHを五程度まで下げる。これはコーヒーとほぼ同じ酸性度だ。つぎに、ジゴサッカロミセス・ロキシ（*Zygosaccharomyces rouxii*, 耐塩性酵母と呼ばれる）が増え始める。この酵母は二パーセント未満という低濃度のアルコールと、何種類かの代謝産物（グルタミン酸と、他のアミノ酸の分解生成物が中心）を産生する。これらの代謝産物が、麦芽やメープルシロップ、カラメル、ゆでたジャガイモ、カレー、さまざまな果物の香りといった複雑な芳香を醬油に与える。

発酵と熟成が終わった醤油は、圧搾してから不純物を沈殿させた後、加熱殺菌と瓶詰をおこなう。フェルト状になった微生物の細胞と植物繊維の塊は、乾燥させて牛のエサにする。

コウジカビをスターターとして使ってデンプンを分解する発酵の第一段階では、米や小麦、大豆、さらにサツマイモなどさまざまな材料が使われる。その後の段階でさらに発酵させることで、醤油だけでなく、みりんや味噌、麹漬け、日本酒などの酒や多くの伝統的なアジアの食品が作られる。コウジカビは西洋世界にも驚くような形で広がっている。ニューヨークのシェフたちの間では最近、高級な牛肉を人工的にドライエイジング（乾燥熟成）するときにコウジカビを使う方法が広まっている。この方法では、通常の方法で四五日間かかる熟成度に、わずか二日から三日で到達する。このコウジカビを使ったドライエイジングの方法を家で試したければ、インターネットに解説動画がある。ただし心臓の弱い人が見るのはお勧めしない。

## デザートにはチョコレートドリンクか紅茶、コーヒーを一緒に

著者としては、読者のみなさんには発酵食品に良いイメージを持ってもらいたい。そこで、みなさんは今まで知らなかったかもしれないが、実はワインやチーズと並ぶような、菌類が関わっている偉大な発酵食品をもうひとつ取り上げたい。チョコレートだ。チョコレート（ココア）作りは、紀元前四五〇〇年ごろに始まった、歴史あるバイオテクノロジーだ。アステカ文明の人々は、カカオを知恵の神ケツァルコアトルからの贈り物だと考えていた。ケツァルコアトルは、神の世界の楽し

みであるカカオを卑しい人間に与えたために、楽園から追放されたとされている。当時のチョコレートは香辛料や苦味のある材料と混ぜ合わせて、飲み物として供されていた。一八四七年になってようやく、菓子職人のジョセフ・ストーズ・フライ二世（一八二六〜一九一三年）がイギリスのブリストルで固形のチョコレートバーを発明した。私たちがトリュフチョコレートの恵みを受けるようになってから、まだ一〇〇年もたっていない。ちなみにトリュフチョコレートは、菌類であるトリュフに形が似ていることからその名がある。

チョコレートの原料は、カカオの木の枝からぶら下がる、オレンジ色や茶色のしぼんだ風船のような実（カカオポッド）だ。この実をマチェテという大型のナタで切り、中にある「豆」と白いねばねばするもの（カカオパルプ）をすくい取って大きな容器に入れ、バナナの葉をかぶせて自然に発酵させる。ビール酵母は、このねばねばする豆に最初のコロニーを作る微生物の一つで、カカオパルプ内のやや嫌気的な環境下で少量のエタノールを生成し、次に植物細胞を結合させているペクチンの分解酵素を放出する。発酵が進むにつれて、温度は華氏一〇〇度（摂氏三七・七度）を超えるところまで上昇する。やがて微生物の遷移が起こって、カカオパルプ内では他の酵母（種類は国によって異なるが、普通はカンジダ属菌［*Candida*］やクロエケラ属菌［*Kloeckera*］、クルイベロミセス属菌［*Kluyveromyces*］の酵母）や乳酸菌、酢酸菌（エタノールを酢酸に分解する細菌）などが増殖する。こうした酵母や細菌の遷移にともなって起こる化学反応によって、苦味のあった生のカカオ豆が変化し、最大で四〇〇種もの風味化合物が放出される。こうした香り豊かな揮発性エステルとアルコール代謝産物が、チョコレートに独特な風味と香りを与えるのである。この一〇年で、発酵プロセスを制御しやすくするスターター微生物が開発されており、安定生産を目指す小規模生産者によって使用されている。

一週間おいたら、発酵後のカカオ豆を洗って乾燥させ、華氏二五〇度（摂氏一二〇度）で焙煎する。そうすることで、残存微生物を死滅させるとともに、残っている糖分をカラメル化して風味を濃縮させる。豆の殻を取りのぞき、内側の軟らかい部分をすりつぶしてペースト状にし、プレス機で圧搾してから他の材料と混合する。さらに食感や風味を微調整したうえで、型に入れて成形する。これでようやく、チョコレートといって思い浮かべるものがあなたのもとに届く。それはあなたの指の上で溶け、コーヒーやお茶と一緒に喉を滑り落ちていく。[16]

お茶と言えば、一般的な紅茶や緑茶では微生物による発酵はおこなわれないが、伝統的な中国茶であるプーアール茶は、アスペルギルス・ニガー（*Aspergillus niger*, 黒麴菌とも）や、酵母様菌類であるブラストボトリス・アデニニボランス（*Blastobotrys adeninivorans*）によって自然に好気性発酵したものだ。そんなプーアール茶を飲めば、菌類がもたらす詩情を感じられるだろう。ただし高価なお茶なので、手が届けばだが。[17] プーアール茶の香りは、花のようだったり、スモーキーだったり、甘さや酸味が感じられたりするので、お気に入りのチョコレートと一緒に楽しんでみるとよいだろう。もちろんプーアール茶の代わりに、やはり菌類で発酵している人気の飲み物、コーヒーを飲んでもいい。

コーヒーの発酵はカカオと共通する点がたくさんある。コーヒーの木の枝には、コーヒーチェリーと呼ばれる赤い実が集まってついていて、一個のコーヒーチェリーの中にコーヒー豆が二個入っている。コーヒー農場ではコーヒー豆を焙煎する前に、豆をこすり合わせて皮を落とし、数日そのまま置いておく。このときに起こる嫌気性発酵は、主にピキア・ナカセイ（*Pichia nakasei*）と数種の乳酸菌によるもので、後からカンジダ・パラプシローシス（*Candida parapsilosis*）が現れることもある。酵母の代謝産物として主に乳酸とアセトアルデヒドが増えていくが、乾燥させた豆では揮発性の有機酸やアルコール、エステルも多く含まれている。こうした代謝産物は、焙煎によってカラメル化した糖とあいまって、コーヒーを淹れたときのうっとりする風味と香りになる。さらに代謝産物はコーヒーの酸味を強め、腐敗しにくくしている。(18)

ところで、コーヒーは飲めるうちに飲んでおいたほうがいい。コーヒー豆生産は深刻な危機に直面しているからだ。その原因としては、気候変動や、遺伝的多様性の低さに加えて、侵入病原菌であるコーヒーノキ葉さび病菌（*Hemileia vastatrix*）の問題がある。コーヒーに魅せられたヨーロッパの諸帝国が、あちこちの国にコーヒーの木を植えたせいで、さび病菌も一緒に世界中に広がってしまったのだ。さび病が初めて見つかった一九世紀半ばのスリランカでは、コーヒー豆が壊滅的な不作になった。イギリスがコーヒー豆の供給ルートを失ったため、午後の飲み物として紅茶を取り入れたのはこのときである。そして今、貴重な中南米でのコーヒー豆生産にもついにさび病の害がおよんでしまい、収穫高が九〇パーセントから一〇〇パーセントの損失を受けている。コーヒーの育種家は、さび病抵抗性品種を作り出すことで私たち消費者の期待に応えようとしている。(19)

## 食うべきか、食わざるべきか――腐った食べ物か、食べられる堆肥か

菌類から見れば、人間の食べ物とゴミの間には何の違いもない。冷蔵庫や食料品置き場に保存してあるものも、堆肥にしてしまう食べ残しも、菌類は区別しない。有機物を見つけたら、それがなんであれ、そこから栄養素を好き勝手に取り込むだけだ[20]。乾燥したハードチーズの塊や古いパンを覆う緑色のカビのコロニーは警告信号だ。目に見えるカビを取り除いて、そのまま食べ続けるわけにはいかない。綿のように広がる胞子の有無だけでは、影響のなさそうな部分に菌糸が入り込んでいるかどうかはわからないからだ。菌類が放出した酵素で脂質やタンパク質が分解されている、軟らかくて色あせた部分には、マイコトキシンが存在している可能性がある。そこで目安は、「食べ物にカビが生えたら食べない」ということだ。同じように、カビが生えた食べ物をイヌに与えるのもいけない。牧場を経営しているなら、牛のエサにするのもだめだ。毎年、人間の食べ物を腐敗させるのと同じ、ペニシリウム属菌のマイコトキシンで汚染されたエサを食べた動物が死ぬ事例が発生している。

国連食糧農業機関（ＦＡＯ）によれば、食品の三分の一が食べられずに捨てられており、その量は六億人分の食料に相当するという[21]。こうした食品ロスのほとんどは、菌類による生分解か、マイコトキシン汚染が原因だ。そうした食品ロスは、農場での農作物生産や、畜産品の加工や貯蔵の段階でも起こるが、ほとんどは家庭で発生している。この状況は私たちの世代が生まれてからこのか

た、少しも変わっていない。

食品がカビで食べられなくなるのを防ぐには、農場の収穫後の作物や、森林の木々を守る場合と同じ物理学や化学のロジックを用いる。生物が成長するには、許容レベルの温度と酸性度、そして十分な酸素や栄養分、水が必要になる。食品を摂氏一〇度以下で冷蔵保存すれば腐敗を遅くできるが、一部のカビは低温でも増殖し続ける。冷蔵庫内の生鮮食品は、低温に耐えられる腹ぺこのカビを引き寄せる。そうしたカビの胞子は、あなたが冷蔵庫のドアを開け閉めするたびに空気の流れに乗って冷蔵庫内に引き込まれたものだ。胞子はやがて発芽して、冷蔵庫の隙間に隠れている食べ物屑の上で増殖したり、他の包装されていない食品に広がったりする。ヨーグルト容器の蓋に小さな穴が一個開いていれば、脂質とタンパク質が大好物のペニシリウム・コムーネの胞子一個が容器内に入り込むには十分だ。そうなると、あなたがアルミホイル製のヨーグルトの蓋をめくったときには、中には粉っぽい緑色のカビのコロニーが浮かんでいることになる。オレンジを覆う、見るとクシャミをしたくなるようなカンキツ緑カビ病菌（*Penicillium digitatum*）や、傷がついたリンゴに広がり、マイコトキシンを産生するリンゴ青カビ病菌（*Penicillium expansum*）が冷蔵庫の野菜室の底に落ちることも多い。こうした食品の腐敗は予測可能であり、ほとんどの食品に賞味期限があるのはそのためだ。

食品を冷凍すればすべてのカビの増殖が止まるが、食品によっては冷凍保存が最良の選択とはかぎらない。缶詰加工や真空パック加工をすれば酸素を取り除くことができる。サラダやポテトチップス、生パスタのプラスチックパッケージに窒素ガスを封入しても同じ効果がある。それでも、一部の菌類はわずかな酸素さえあれば何とか生きのびる。一方、食品を乾燥させれば菌類の増殖に必要な水分が取り除かれる。さらに、菌類が塩分や糖分の高い液体に浸されると、その細胞からは外部との濃度のバランスを取る作用のせいで水分が排出され、菌は死滅する。しかし好乾性菌と呼ばれる種類のカビは、細胞内にグリセロールを作り出して、細胞膜の小孔から水分が漏れにくくするので、塩漬けや砂糖漬けの食品の「仮想的乾燥」状態にも耐えられることが多い。好乾性菌は、保存食品や保管中の穀物を汚染する菌として特によく見られる。どんな食品置き場でも、好乾性菌であるアスペルギルス・グラウカス（*Aspergillus glaucus*）やその近縁の菌種が、ジャムや焼き菓子、フルーツジュースにはびこっている（密封容器に入ったジュースでも、パッケージに小さな穴があったり、材料の果物の洗浄や殺菌が不十分だったりすると、菌が増えることがある）。アスペルギルス・グラウカスを顕微鏡で見ると、黄色い網目模様の球体の中に、UFO形の胞子がたくさん入っているように見える[22]〔このカビは日本ではカツオブシカビとも呼ばれ、鰹節の加工に利用されている〕。

食品を菌類にとっては有毒だが人間には無毒なものにしたい場合には、食品保存料が使われる。菌の繁殖を防ぐには、塩漬けや、酢のような酸を使ったピクルスなどの伝統的な食品保存法は必ずしも効果的とはかぎらないのだ。塩漬けの食品は好乾性菌にとって魅力的だし、大半の菌類は酸性環境も好む。実際、菌類は競争相手の細菌の活動を抑えるために、自ら有機酸を日常的に放出しているくらいだ。食品保存料は、天然由来のものと人工的なものを合わせると、数百種類が使われている。農場で殺虫剤として用いられる複雑な構造の合成分子に比べれば、そうした保存料は一般的に摂取してもはるかに安全だ。安息香酸やソルビン酸などの保存料は、菌類がグルコースを代謝するのを妨げる。たとえ胞子が食品の上に落ちて、そこで発芽しても、新たに伸びた菌糸はグルコースを使えずに飢え死にしてしまうのだ。安息香酸とソルビン酸はどちらも、風味のない「天然の」代謝産物であり、一六世紀に錬金術師のノストラダムスが（まだ預言者ではなかった頃に）、クラウドベリーとセイヨウナナカマドの実がなかなか腐らないことに気づいたのがきっかけで発見された[23]。そして、「red bred mould（アカパンカビ）」という英名があるニューロスポラ・クラッサ（*Neurospora crassa*）というカビは、市販のパン類にプロピオン酸カルシウムという保存料が使われるようになって、最近ではほとんど見られなくなった。この菌類がパン屋であまり見られなくなった今では、この英名はほとんど使われていない〔この英名自体が誤りとの指摘もある。「アカパンカビ」という和名は現在も使われている〕。しかし、ニューロスポラ・クラッサは自然界では今ものんびり暮らしていて、森林火災の後には炭化した木の幹に、オレンジ色の粉のように出現する。

一番よいのは、何種類かの食品保存法を併用することだ。個々の方法では、限られた種類の菌類が食品に侵入するのを遅らせることしかできない。二つ以上の方法を一度に用いれば、食品を汚染する可能性があるいくつもの菌類を、段階的にさらにしっかりと防ぐことができる。それでも何とかしてすり抜けてしまうカビは必ずいる。たとえば、ブルーチーズを熟成させるペニシリウム・ロックフォルティは低温に強く、酸性環境を好み、ソルビン酸をエサにし、適度に好乾性があり、酸素の有無を気にしないという多才なカビであり、増殖を抑えるのがかなり難しい。そんな菌がいるブルーチーズは、きちんと包んでから冷蔵庫に入れるのをお勧めする。

変な話だが、自然のなりゆきにまかせておいて、その真価を見きわめるというのも、食品保存の一つの解法ではある。この世界を一つの大きな堆肥の山と考えるのはいい気分ではないかもしれない。ただ何百年も前から知られているとおり、同じ生分解プロセスの最終結果のなかには、たとえば発酵食品のようにかなりおいしいものもある。当然ながら、それ以外は食べるとひどい味がするし、体に悪い場合もある。

食品が堆肥になる場合には必ず、有機物が変質して分解されていく過程で、さまざまなカビが次々と登場する。[24]食品を冷蔵庫から出して室温に放置すると、畑にあったときからついていた胞子や、舞い上がったハウスダストの中にあった胞子が発芽して増殖を始める。果物やトマトなら、一〜二日のうちにクモノスカビの一種であるリゾープス・ストロニファー（*Rhizopus stolonifer*）によって活発に消化されて、形が崩れていく。リゾープス・ストロニファーは、ほどよい濃度の糖と豊富な水分を含むものなら何でも好きだ。増殖のスピードがとても速いので、コンポスト容器の端からあふれ出ることも多い。その見た目は湿らせたふわふわの脱脂綿にコショウを散らしたようだ。顕微鏡で観察すると、イチゴのランナー（ほふく枝）が土の上を株から株へと伸びていくように、菌糸が跳び回っているのが見える。その菌糸から突き出ているのは、特大の押しピンみたいなものの集まりだ。ピンの先にあるヘルメットのようなヘッドギアから黒い点が剝がれ落ちていき、その後しわの寄った灰色の胞子の雲が放たれて、空中にふわりと漂っていく。こうして堆肥になりつつあるものが乾燥し始めると、今度はペニシリウム属菌とアスペルギルス属菌のコロニーが全体を緑や黄、黒の粉で覆い尽くす。バナナの皮や、カリフラワーやジャガイモのかけらは、菌類の好物であるセルロースとデンプン、糖、油分が豊富だ。どのカビがあなたの家の堆肥に現れるかは、堆肥の材料として用意した食品の種類や、住んでいる地域、季節によって異なるだろう。

家庭で堆肥を作る際に危険な病原菌が増殖する可能性は低いが、無数の胞子が空中に漂うことになるので、アレルギーや喘息がある人にはつらいだろう。堆肥によっては、表面の微生物は好気的に呼吸していても、中心部に埋もれている微生物は多少嫌気的な性質を持つことがある。そういう場合は、堆肥をかき混ぜてやれば好気的な微生物が増えて悪臭が減る。大規模施設での堆肥製造プロセスや、パルプ工場や製紙工場の外に積まれているウッドチップの山、農場にある肥料や麦わらの山では、微生物の代謝で放出されるエネルギーによって、内部温度が人間の体温と同じか、それを上回るほどになる。そうなると菌の遷移が起こって、好熱菌という熱を好むカビが現れる。そうした好熱菌の胞子は、吸い込むと肺の中で増殖するおそれがある。そのため特に夏場は、一日の家事が終わったらコンポスト容器を屋外に出しておこう。

堆肥を使ってまた食品を生産するつもりなら、林床で作られる腐植土にかなり近い、ほろほろと崩れて、繊維と栄養分を豊富に含む状態が望ましい。一つのやりかたは、菌類がランダムかつ自然に増殖するのに任せることだ。そうでなければ、消化されない植物質の分解を助けるスターター菌を追加するやりかたもある。熟成した堆肥でもセルロースが多く含まれるのはよくあることだが、そうした堆肥を使ってセルロースを分解する食用キノコを育てれば、さらに廃棄物を減らせる。

堆肥は、おなじみの食用キノコであるツクリタケ（マッシュルーム）の栽培に使われる。ツクリタケの大規模栽培では、馬の糞を使った伝統的な堆肥の代わりに、麦わら（ほとんどがセルロース）と石こう、窒素が豊富な農業廃棄物（鶏糞など）を混ぜ合わせたものを材料とした堆肥を使う。

堆肥の材料を屋外に山積みにし、湯気が立つまで一、二週間発酵させる。その後、ショベルカーを使ってプレハブ小屋内に運び込み、キノコ栽培棚に入れる。温度が下がった堆肥に、加熱穀物の培地で増殖させた純粋なツクリタケ菌糸を種菌として混ぜ込む。

ヒラタケ属のキノコでは最も広く栽培されているヒラタケ（*Pleurotus ostreatus*）も、やはり廃棄物を使って栽培されている。おがくずや、麦わらなどの農業廃棄物、さらに新聞紙やコーヒーかすなどをビニール袋に詰めたものを基質として、そこに種菌を接種し、温度を一定に保った物置の棚に積み重ねておく。そうした基質全体に白い菌糸体が広がってヌガーのような塊になったところで、ビニール袋に穴を開けておくと、数日後にはその穴からヒラタケが束になって飛び出してくる。家庭用のヒラタケ栽培キットはかなりの人気になっている。[25]

あまり心惹かれる話ではないかもしれないが、腐らせた食品そのものを食べる場合もある。熱帯アジアでは、豆腐を作るためにゆでた大豆を放っておくと、すぐにリゾープス・オリゴスポラス（*Rhizopus oligosporus*）で一杯になる。これも堆肥に生える黒いリゾープス・ストロニファーと同じクモノスカビの一種で、好熱菌である。この菌を含むテンペは、発酵した大豆から作られる、タンパク質が豊富なブロック状の食品だ。もともとはインドネシアの農産物市場で売られていたもので、西洋社会では数十年前までほとんど知られていなかった。[26]テンペが生まれたきっかけはおそらく、小腹の空いたインドネシアの農民が、捨てられていた穀物飼料に菌糸体が広がっているのを見つけて、ふわふわのカビがついた端の部分を少しかじってみたというような、偶然の発見だろう。テンペの製造では、ゆでた大豆をかためたブロックの上に、自然な菌遷移としてクモノスカビの胞子が空中から落ちてきて定着する。このブロックをハイビスカスの葉で包んでおく。すると菌糸が大豆のブロック全体に広がり、タンパク質を消化しやすいかたちに変化させる。最近では、北米やヨーロッパでもテンペが製造されているが、その場合にはゆでた大豆をプラスチックの型に入れ、そこにクモノスカビの胞子を直接添加している。そうやって胞子を添加すれば、自然な菌の定着と遷移にまかせた行き当たりばったりのプロセスを簡略化でき、食用に適した製品を数日間で製造できる。

大学での菌類学の入門クラスでは、テンペをゼロから作る実験があった。その実験の指導係は、いたずら好きそうな目をした大学院生だった。丁寧に整えた口ひげのせいで、シェフのような堂々とした雰囲気があった。実験ではグループごとに、大豆を入れたビーカーを青い炎を上げるブンゼンバーナーにかけ、大豆が煮える様子を観察した。大豆が十分に軟らかくなったら、ペトリ皿の中で圧縮して厚さ一センチ強のブロックにした。十分に冷えたら、テンペ菌の胞子を米粉と混ぜ合わせた自家製種菌を振りかけ、熱帯地方の温度に設定したインキュベーターにそのペトリ皿を積み重ねて、発酵させた。数日後、指導係の大学院生が私たちをもう一度実験室に呼び入れた。彼はカビだらけになった大豆のブロック、つまりテンペを、殺菌済みのアルミホイル包装から取り出したばかりのメスを使って細長く切った。そしていつもは寒天培地を溶かすのに使っている実験用ホットプレートにフライパンを乗せ、切り分けたテンペをソテーした。私たちはみな、できあがったものを試食するために集まった。つまようじは実験用品として常備されているので、私はそれで小さな一かけを刺した。テンペは濃厚でほろほろとしており、ベースにある香りは土のようで、肉にかなり似ていた。当たり障りのない味ではあったが、わざわざ食べるほどでもない気もした。それでも、科学実験室で料理をしたり、食事をしたりするのは禁止されている（そして実験でできた物を食べるという考え自体がひんしゅくものである）ときに、この道に外れた宴はとても楽しかった。子ども時代の、あの退屈なメニューが並ぶ食事とは大違いだった。

ゴミだって食べ物になるし、堆肥化は食べ物の発酵と同じだということが、この実験で得た教訓だった。あるものが堆肥と食べ物のどちらになるのかは、単に視点の問題だ。私はそう考えるようになった。菌類にとっての食べ物が、私たちにとっても食べ物だという場合がある。同じように、ある生物にとっての食べ物が、別の生物にとってはゴミであることもあるだろう。しかし炭素は循環し続けるものであり、そのことは地球の持続可能性にとって不可欠だ。堆肥は一つの微生物生態系として繁栄している。ゴミを新たなおいしい食品や、生産力の高い肥えた土壌に変えるようなうれしい偶然が他にもないか、私たちはつねに目を光らせるべきだ。

あなたがおいしい発酵食品を楽しみながらこの本を読んでいるかどうかはともかく、家かオフィスで心地よい椅子に座っているのは間違いないだろう。そういう屋内スペースは私たちを守ってくれるし、食料のしっかりとした保管場所にもなっている。菌類もそんな暖かくて、風などから守られた環境が好きだ。私たちが窓を開けっぱなしにしたり、ペットを出入りさせたり、ハイキングから帰宅して泥だらけの靴を脱いだり、庭や農作物市場から野菜などを運び入れるたびに、カビや酵母、土壌菌が一緒に屋内に入ってくる。人間の生活する建物は、ある種の菌類培養装置だ。

# 第6章 秘密のすみか……菌類と屋内環境

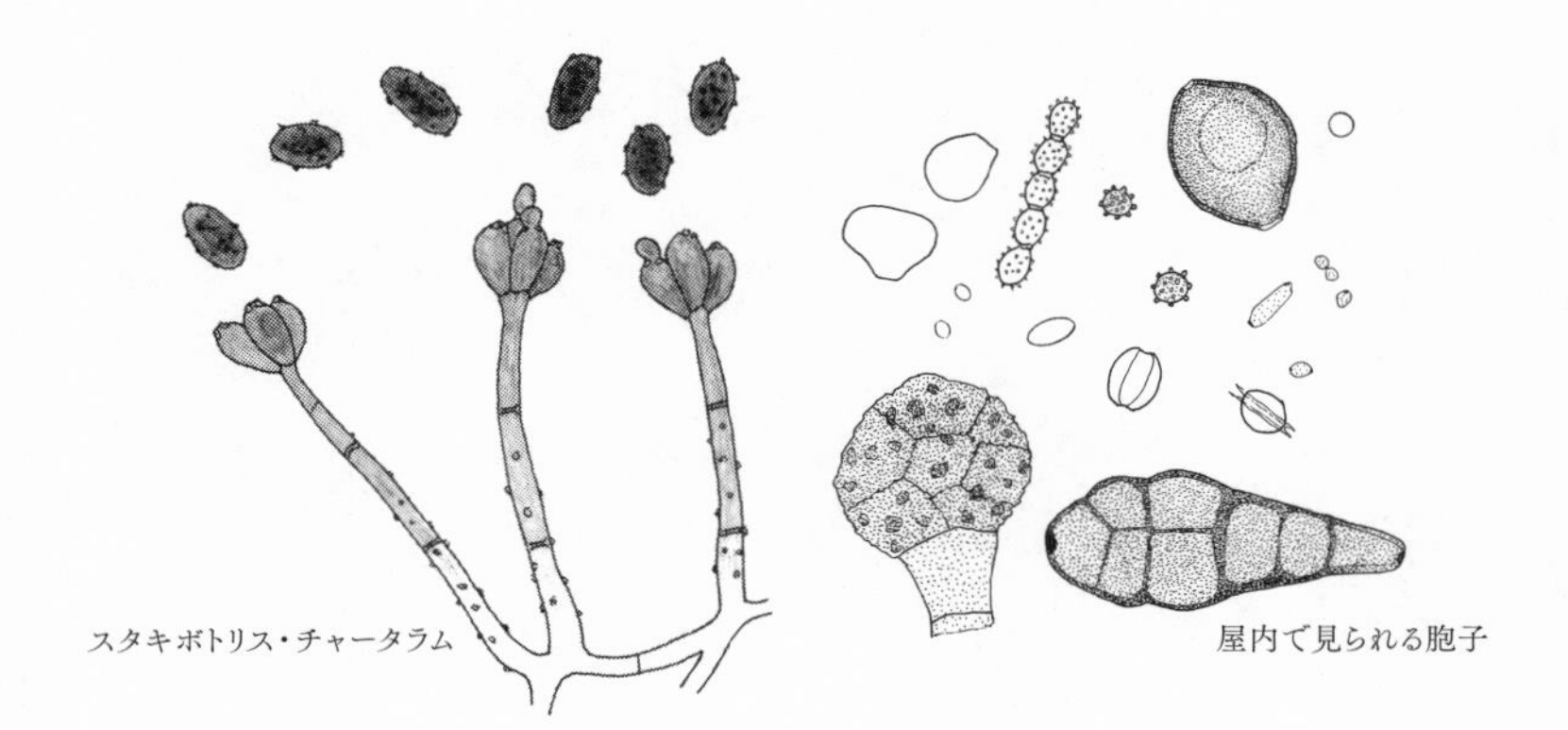

スタキボトリス・チャータラム

屋内で見られる胞子

私は初めての家に足を踏み入れるといつも、おもしろい菌類を見つけようと家の中をくまなく探す[1]。それは他の人が話の上手なおもしろい人を探すみたいなものだ。この奇妙な癖は屋外でやるほうが他人に受け入れられやすい。家の中でそれをやると不安な顔をされる。人々はすぐ目につくところにカビがあるとは知りたくないからだ。差し込む日差しの中にフワフワと上下している粒子や、調理台や床の上にたまっているほこりは、たぶんカビの胞子だろう。天井のタイルについたかすかな雨漏りの染み。バスルームの排水口まわりのピンク色の汚れ。冷蔵庫のドアパッキンについた黒い大きめの染み。しおれた観葉植物を覆う茶色の小さな点。こういったものはどれも、カビが増殖しているしるしだ。そして、地下室から漏れ出てくるあのカビくささ。あれは、微生物由来揮発性有機化合物（MVOC）という種類の物質だ。MVOCは、2－オクテン－1－オール（脂肪くささのある草のような匂いとされる）やゲオスミン（土やカビの匂い）のような、匂いの強い微生物代謝産物の混合物である。このうちゲオスミンを生成する微生物は、放線菌という菌類に似た細菌が中心だが、何種類かの一般的なカビもゲオスミンを生成している[2]。

人間は人工的なすみかを建てることで、周囲の環境から隔てられ、極端な高温や低温、強風、嵐などから守られるようになった。現代の建築物は、人間の体を膨らませたものだと言える。その木材の骨組みや、空気や熱、水を循環させるシステムは表からは見えないところにある。一方、壁は私たちと財産を守る皮膚だ。一九七〇年代にエネルギー危機が起こり、燃料価格が急騰したときに、私たちは温帯の建物に対する考え方を変えた。暖房コスト節約のために家の断熱材を増やし、通気を減らしたのだ。結果として建物内の湿度と温度が高くなったことで、建物は菌類にとってより過ごしやすい場所になった。

現代の建物は人工生態系という点では畑と同じだが、自然界で見られる通常のパターンからはさらにかけ離れている。これほどいろいろな動物や微生物が同じ建物に住み、しかもたいていの人はそのことに気づかないというのは、想定されていなかった状況だ。暖かくて乾燥した寝室や居間、オフィスでよく育つカビや昆虫、げっ歯類には、もともと砂漠をすみかとするものが多い。熱帯気候や湿気を好む生物は、浴室やキッチン、洗濯室に集まる。そこでは蛇口から滴る水や立ち上る湯気が雨林のような環境を作り出している。建物内にいる菌類のなかには、窓から吹き込んできたり、食べ物と一緒に運ばれてきたりするものもいる。そうした菌類のほとんどは、特に気にしなくてもよい。室内に小さなコロニーができるのは普通のことだ。むしろそうしたコロニーは、住居に存在する不純物への耐性がつくよう、私たちの免疫システムを訓練するのに役立つ。注意が必要になるのは、菌類が大繁殖するときだ。屋内にカビが増殖して、空気中の胞子の数が大幅に増える。中程度の増加は我慢できるが、空中のカビ胞子やMVOC分子の濃度が高くなりすぎるのは好ましくない。

室内環境に生息する菌類を生物学的作用の面から意味のある形で分類するなら、腐朽を引き起こすカビ、湿った場所で増えるカビ、そしてアレルギーの原因になるカビということになる。家の各エリアには固有の菌類のギルド〔生態系内で同じ資源を利用する個体群〕があって、私たちにさまざまな影響を与えている。

## 床下や壁の間に――木材の腐朽や青変

たいていの家では、屋根や床を支えたり、部屋と部屋を分けたりする木の骨組みは見えないところにある。ただ、地下室やガレージに行けば、壁を支える間柱という細い柱や、床を支える床梁という横木が見える。私が買った最初の家には未完成の地下室があって、そこの梁の状態が気になった。注意すべきサルノコシカケ類やカサのあるキノコは見あたらなかったが、床梁の基礎に近い部分を爪でこすると、軟らかくなった繊維が厚さ数ミリほど取れてきた。そうした木材表面の穏やかな腐敗は軟腐朽と言われるもので、子嚢菌のケトミウム・グロボスム（*Chaetomium globosum*）が関わっていることが多い。いがのような形をした黒い生殖器官はカギ形の毛で覆われていて、昆虫の脚やげっ歯類の毛に引っかかるようになっている。軟腐朽の進んだ木材は軟らかくなるか、あるいはぼろぼろになるが、材木が目で見てわかるほど腐る前から強度がかなり落ちる場合がある。私が堅い木材にポケットナイフを突き刺してみると、表面から細長い破片が剝がれ落ちた。それは良い兆候だった。軟腐朽部分の下のセルロースはまだ無傷なのだ。もしそのセルロース繊維が菌類のセルラーゼによって切断されていたら、繊維は細長い破片にはならずに短く割れるはずだ。そうなると、木材の強度がすでに落ちていることになる。最終的に建築検査官に見てもらったところ、その家の木材には、二倍の大きさの家でも支えられるほどの強度が残っていることが確認できた。ガレージの間柱はむき出しの状態で、いくつも染みがあり、まるで鉛筆で影をつけたか、墨をさっと塗ったかのように見えた。この汚れは、腐生菌であるオフィオストマ属菌（*Ophiostoma*）の灰色や薄茶色の菌糸か、他の黒っぽいカビが木の繊維に入り込んだためだ。辺材の乾燥が不十分だと、菌糸は小孔を通り抜け、辺材にある水を運ぶ導管細胞を伝わって広がり、場合によってはセルロースを軟化させる。しかし乾燥した木材では、こうした辺材の変色（青変）は表面部に限られるので、カンナで簡単に削り落とすことができる。青変があっても木材の強度にはほとんど影響しないが、見た目が悪いと考える人が多い。木材に青変を起こす一般的な菌種に病原性はない[3]。しかし深刻な樹木の病気が、さらに深部にもっと濃い青変を生じさせることもある。北米大陸太平洋岸北西部のアメリカマツノキクイムシの大発生によって針葉樹林に破壊的な被害が出た後、木材会社は青変がある数万枚のマツの板材の使い道を探さなければならなくなった。この派手な模様が入った木材は、「ブルーデニムパイン（blue denim pine）」という新たな商品名で売られるようになった〔日本では「ブルーステイン材」と呼ばれる〕。ブリティッシュコロンビア州やカナダの他の地域では、多くの公共施設のむき出しの梁やパネルに、この青変のある板材がデザインのアクセントとして使われている。

建築用木材は、乾燥庫で乾燥させることで含水率を二九パーセント未満まで下げている。これが家具用木材になると一〇パーセントを大きく下回る。木材が組み立てられて家になる段階では、自然界由来の木材腐朽菌は死滅しているはずだ。軟腐朽や青変を起こした木材では、中心部は傷んでいないが、どちらの症状も材木がかつて水分を含んでいたこと、または今でも含んでいるので腐朽が進むおそれがあることのサインだ。木材の腐朽は建物にとって最大の敵で、たいていは乾燥させた木材が再度水分を含むことで発生する。水道管が漏れたり、冷水を通す管から水滴がしたたったりして、床の横木が大量の水を含むことがある。また壁などに防水シートを貼ると、内側に湿気が閉じ込められ、木材の乾燥がさまたげられる。そうなると木材の繊維が膨張し、建築中についた胞子が発芽したり、菌糸体が屋外の土から基礎の割れ目を通ってじわじわと侵入したりする。そして木材を腐朽させるサルノコシカケ類などの目に見えない菌糸が仕事にかかって、腐朽が始まる。原因となる水漏れは小さく、発見が難しいことがほとんどだ。建築検査官は水分計を使って、壁板の裏にある水漏れを調べている。

乾いた状態の木材を腐朽させる「乾腐菌」のなかで多く見られるのが、ナミダタケ（*Serpula lacrymans*）という担子菌類の木材腐朽菌だ。この菌は、自然界ではアジアの高山地帯でしか見つかっていないが、新大陸には数百年前、移民を運んだ木造船にヒッチハイクしてやってきた。水は胞子が発芽するだけの量があれば十分であり、セルロースの分解によって得た水を、菌糸束を通してコロニーの乾燥した部分に運んでいる。扇状に広がる茶色の菌糸体から水滴がしみ出し、根状菌糸束に似た菌糸束が曲がりくねる様子から、ざっくりと訳すれば「涙を流すヘビ」となる学名がつけられた。ナミダタケが発生した地下室の床では、さび茶色をした波打つ硬い殻皮が一日約八センチメートルのペースで、たいていは住人の知らないうちに広がっていき、やがて胞子を雲のように放出し始める。この胞子が暖房ダクトを通って室内に吹き込み、床の上にさび色の粉がたまる。この粉がナミダタケ発生の唯一の手がかりであり、住人がこれを見落とせば、やがて床が抜けたり、ときには家全体が崩壊したりしてしまう[4]。

環境にやさしく、人間の健康に影響を与えない木材防腐法を見つけるのはかなり難しい。現在では、ほとんどの種類の建築物で使われる木材に、化学物質を用いた防湿処理や防腐処理が施されている。ヒ素や水銀を原料とする毒性の強い物質は使用禁止になっているが、古い木材の表面を再加工するときには、過去にそうした物質が使用されていたことを念頭においたほうがよい。建物の骨組みの内側に使われる木材は、シロアリの心配がないかぎり化学処理されないことがほとんどだ。それに対して、湿気を帯びる可能性がある窓枠のような部分の木材には、毒性の低いナフテン酸銅やナフテン酸亜鉛の塗布か注入をおこなう。地面に接する部分や庭のテラスに使われる木材には、銅・第四級アンモニウム化合物（ＡＣＱ）水溶液をしみ込ませる[5]。こうした処理方法をおこなわない場合には、木材を乾いた状態に保つのが一番の方法だ。

もちろん、家の中で菌類が食べたがる物質は木材だけではない。カビにしてみれば、建物内の環境はビュッフェ形式のレストランみたいなものだ。木材の繊維のほかに、人間の食べ物や生ゴミ、カーペットや家具から出るコットンやリネンの繊維くず、壁紙や石こうボードに含まれるセルロース、人間の体から落ちる皮膚細胞や髪の毛、そして小さな虫やネズミのフンなどがある。

## 湿った狭い場所――キッチン、洗面所、パイプの水漏れ

建物内の湿った狭い場所はカビの格好のすみかだ。塗料やシリコン系コーキング材、ゴムのパッキン、そして紙や段ボールを使ったあらゆるものにカビが生える。シンクややかん、食器洗い機から立ち上る水蒸気が、冷蔵庫や冷凍庫の冷却コイルで凝結し、滴りおちる。食器洗い機や洗濯機から出る温かい水が、機器の扉部分や家具との隙間を埋めるシール材にしみ込む。ゴムパッキンによくついている黒っぽい染みはなんだろうか？　あれは、正式な分類名ではないが「黒色酵母様菌」と呼ばれるグループに含まれる、エクソフィアラ属菌（*Exophiala*）のコロニーのことが多い。この菌を顕微鏡で観察すると、出芽の方式は通常の酵母に似ているが、コロニーは酵母のようなクリーム状ではなく、黒っぽいタールや油のような状態になっている。エクソフィアラ属菌が「本当の」酵母とみなされないのは、この黒っぽい色素があることと、大半が菌糸も作ることが理由だ。自然界では、エクソフィアラ属菌の一部は生きている木の青変や、魚の病気の原因になる。一方で家の中では、洗濯機の洗剤投入ケースに汚い灰色のフィルムを形成する。ほとんどのカビは洗剤に含まれるアルカリ成分によって死滅するが、エクソフィアラ属菌は耐えられるのだ。洗剤の機能を高める炭化水素系の添加剤を食べる菌種さえいる。菌糸での増殖と酵母様の増殖の間で切り替えられるおかげで、洗濯機のような高温と低温、多湿と乾燥の間を行き来する環境に適応できている。エクソフィアラ属菌のなかには、人間の体温くらいの温度で増殖するものも数種いるが、食器洗い機内

に生息する菌種が病気の原因になることはないようだ。それでもパッキンをときどき石けん水やアルコールで拭くとか、フィルターの食べ物のくずを取り除くといった手入れをしたほうがよい[6]。

シンクやトイレ、バスタブ、窓に使われているコーキング材は、やはり黒色酵母様菌であるアウレオバシジウム・プルランス（*Aureobasidium pullulans*）が増殖して、ピンクや黒になることが多い。アウレオバシジウム・プルランスのようなぬるぬるした菌類は、物の表面に付着する傾向があり、胞子が空中に漂っていきにくい。この菌は乾燥から身を守るために、プルランという水溶性の多糖類を放出する性質があり、培養装置内で増殖すると、プルランを成分とするゼラチン状粘液を大量に作り出す。プルランはヘアスプレーやスキンクリームに含まれているほか、半透明フィルムに加工したものが口臭予防フィルムとしても用いられている。野生のアウレオバシジウム・プルランスは石や木、葉の上で増殖しており、人間の集団と同じように、地域固有のDNAフィンガープリント〔DNAの塩基配列のパターンに見られる指紋のような差異〕を持っている。しかし室内環境にいるものでは、遺伝子マーカーがすべて混ざり合っていて、同じクローンがあらゆる土地の浴室に生息しているようだ。一説によれば、半家畜化状態にあったアウレオバシジウム・プルランス菌株の胞子が歯磨き粉やハンドソープにつき、それを旅行客が無意識で運んだことで、この菌株が家庭からホテルの部屋へ、さらに家庭へと国を越えて広がったという。アウレオバシジウム・プルランスは乾腐菌と同じように、都会暮らしに適応しているようだ[7]。

近代的な建物では高効率の換気システムを導入することで、湿度が高くなりすぎるのを防いでいる。しかし古い建物では、湿気が冷却コイルで結露して取り除かれ、その水分がタンクにぽたぽたと落ちるような仕組みで動く、古いタイプの除湿機とエアコンのどちらか（あるいは両方）を使っていることが多い。タンク内ではたまった有機物の上でカビが増殖しやすく、そのカビの胞子が送風ファンによって換気システム全体に循環する。結果として、そのカビ胞子は他のカビの胞子と一緒に建物の中を漂うことになる。

## 砂漠の空気——好乾性菌類、ダニ、カビ胞子

屋内のカビのたまり場として一番わかりやすいのがハウスダストだ。建物の内部空間の大部分が砂漠並みに暖かく、乾燥しているので、カビがどこで増殖しているのかは必ずしもはっきりしない。床や家具の上、ベッドの下に土や砂、綿ぼこりが少したまっているというのは、たいていの人には当たり前のことだろうが、そういうハウスダストには驚くほどたくさんの微生物がいる。掃除機の集じん部からは分析用のサンプルを効率よく採取できる。屋内のある場所にたまったハウスダストはチリダニや数種類の菌類が生息する、活気に満ちた一つの生態系ではあるが、掃除機の集じん部には、建物内のあちこちに生息するたくさんの種類の菌の胞子が集まってくるからだ。

科学者たちはかつて、西洋諸国の家をすみかとする菌種は全部で一〇〇種ほどで、一つの建物にいるのは四〇種か五〇種と考えていた。それは、実験室の寒天培地にハウスダストを振りかけた場合に増殖する菌類がそのくらいの数だったからだ。今では、家にいる菌類の種類はもっと多いことがわかっている。二〇〇八年に新しい次世代ＤＮＡバーコーディング手法が使えるようになったと

き、私は自宅のセントラルバキュームシステム〔アメリカやカナダの住宅にある集中掃除システム。各部屋に掃除機ホースの差込口がある〕にいる菌類の種類をDNAバーコーディングで調べてみることにした。集じん部にたまったゴミのほとんどは、クッションのようにふわふわした犬の毛だった。ただし集じん部の底には、空気がほんのちょっと動いただけで小さな竜巻が起きるほど細かい、濃灰色の粉末が三センチほどたまっていた。私はその粉末をスプーン数杯分すくってプラスチックの密封袋に入れ、研究室に持っていった。次世代DNAバーコーディングの分析データが戻ってくると、自分が六〇〇種もの菌類と同居していることがわかった。それはなかなかの驚きだった。そのなかには、庭から風で吹き込んで来た植物病原菌や、食品をすぐに腐らせる酵母やカビ、靴についてきた土壌菌類、そして予想していた「一般的な」ハウスダストの菌類がいた。針葉樹の内生菌のシグナルがくっきりと見えたのは不思議だったが、偶然パソコンのスクリーンセーバーに出てきたクリスマスツリーの写真を見て納得した。そういえば、床に落ちたクリスマスツリーの針葉を掃除機で吸ったのだった。これまで日本でしか観察されていない有毒のテングダケ属菌も、塩基配列三個分しかないかすかなシグナルではあったが見つかった。この菌はどうやってたどり着いたのだろう？　そして犬の毛があんなにあったのに、犬の病原菌は検出されなかった。その後、さらに精密な調査手法を用いておこなわれた、数カ国の多くの家庭を対象とした研究を見たところ、わが家のカビの数は比較的普通のレベルのようだった。[8]

次世代DNA解析手法は感度が高いので、結果の意味するところは往々にしてわかりにくい。検出の基準線をぎりぎり上回った程度しかない、かなり数の少ない微生物というのは本当に重要なのだろうか。それとも、フェロモン分子がたった一個でも半径数キロメートル以内の昆虫を興奮させられるように、そういう微生物は数こそ少ないが大きな影響をおよぼしているのだろうか。DNAは長期にわたって変化しないので、そのDNAを持っていた微生物が生きていたのか、死んでいたのか、それとも単なる通りすがりなのかといったことまではわからない。どこかの観光地の大聖堂の中にいるときに、日常的に礼拝に来ている地元の人と観光客を見分けることはできないし、そこに死んだ人が紛れていてもわからないようなものだ。しかし建物内の菌類を考えるときに重要なのはそこに生息している菌類であって、短期滞在中の菌類ではない。ハウスダストのサンプルでそれを区別しようとするのは、堆肥になった後の食べ物を見て、レシピに書いてあった材料を特定しようとするようなものだ。マイクロバイオーム解析の際に、流れ者の細菌や菌類によるバックグラウンドノイズを除去して、本当にその内部に住んでいる微生物を同定するという作業には、ちょっとした工夫が必要になる。

家の菌類汚染を除去したかったら、カビが実際にどこに隠れているのかを突き止める必要がある。カビが生えやすい場所の一つが観葉植物だ。腐生菌や着生菌、根圏菌のなかには、特に観葉植物によって家の中に持ち込まれがちなものがある。鉢植え用の土は菌類の胞子を死滅させるため、加熱殺菌してあることが多い。もちろん、そうした土にもカビは生える。一般的に「ピートカビ」と呼ばれるクロメロスポリウム・フルブム（*Chromelosporium fulvum*）は熱処理しても死なないことがある。いつもいるライバルの菌類が死滅して、けん制してこなくなったせいで、クロメロスポリウム・フルブムは土の表面全体をシナモン色の粉っぽい胞子のカーペットで覆い尽くす。このカビがビニールハウスで発生すると大問題になりかねない。何トン分もの土壌が突然、胞子で覆われてしまうのだ。顕微鏡で観察すると、このカビはほっそりとした手のように見える。その長い指のあちこちから小さな丸い胞子が何百個もぽこぽこと飛び出ている。そしてこのカビが元気になりすぎると、鉢植えの柔らかい土に含まれる栄養分を大量に吸収してしまい、セントポーリアのような繊細な植物に被害が出てくる。セントポーリアは肉厚な葉を持ち、たくさんの花をつける植物だが、弱ってくると何種類かのカビのごちそうになってしまう。そうしたカビの一つが、貴腐菌の一種であるボトリティス・シネレア（*Botrytis cinerea*）だ。ボトリティス・シネレアは堆肥を作るコンポスト容器から風で運ばれてきて、セントポーリアの柔らかく水分豊富な葉に灰色の綿毛のようなコロニーを作ると、周囲にある糖を吸い取って、乾いた茶色の斑点を残す。そして小さなブドウの房のような、枝分かれした胞子形成構造を増やす。このカビはブドウ園でも深刻な病害を引き起こすが、一部の菌株には、ブドウにカビのような匂いを発生させるのではなく、その糖分を濃縮させる作用がある。このカビがついたブドウでワインを作ると、ソーテルヌやトカイといった極甘口で高級な貴腐ワインになる。

植物の枯れた葉は、屋内でも屋外でも黒カビを引き寄せる誘因になる。屋外で枯れた草や葉の上で喜んで胞子を作る黒カビは、屋内でも、水の与えすぎや水不足で枯れて茶色くなった植物の茎や葉の上で増殖する。そうした黒カビを顕微鏡で観察すると、こん棒のような形をしたアルテルナリア・アルテルナータ（*Alternaria alternata*）の胞子や、枝分かれしたビーズチェーンのようなクラドスポリウム・クラドスポリオイデス（*Cladosporium cladosporioides*）が見えることが多い。この二つのカビはアレルギーの原因物質とされることが多いが、あまりにもどこにでもいるので、屋内や屋外の空気中にこのカビがいる場合の影響を見極めるのは難しい。これらのカビは、屋外では春や秋に草が腐る量と胞子数が同期しているが、屋内では一年中増殖する。ちょっとした水漏れや結露による湿気さえあれば、活動を始められるからだ。私が以前住んでいた家では、換気があまり良くない地下室に浴室があったのだが、そこのタイル張りの床はいつも結露していて、タイル全体にクラドスポリウム・クラドスポリオイデスがうっすらと広がっていた。そのうえ地下室の天井の石こうボードには、上階にあるシャワーの排水管から水が漏れて伝わってきていたせいで、アルテルナリア・アルテルナータのコロニーが何重も輪のように広がっていた。私はそうしたカビをときどき除去していたが、必ずまた生えてきた。

家庭で特によく見られる菌類には、ハウスダストや保存食の中で一生を過ごす、特徴的な好乾性カビのグループがある。このアスペルギルス属菌の胞子は屋外から吹き込むこともあれば、コンポスト容器からふわふわと広がることもあるが、いずれにしても乾燥したダストの上で発芽する。その菌糸はダストの間をくねりながら進んで、消化できるゴミの塊や、数分子の水を探し求める。私がこれまでに住んだほぼすべての家で、アスペルギルス属菌の黄色の小さな有性生殖器官や緑色の無性胞子が、壁掛けの裏側や、クローゼットの服、湿った地下室にしまってあった革の野球グローブに隠れていた。アスペルギルス属菌は、マイコトキシンをそれほど産生しないが、暖かくて湿度の高い建物では（または本革シートの車の中では）急に増えることが多く、アレルギーの原因になりやすい。

やはりハウスダストに生息する好乾性菌であるワレミア・セビ（*Wallemia sebi*）は、カビのように増殖する数少ない担子菌類の一つである。この菌は菌類世界のイエイヌだ。茶色でふわふわしていて、人間と一緒に暮らすのが好きらしい。人間との同居を始めたのはつい最近のことのようで、おそらく干潟で生産された食塩か、ハチミツやメープルシロップのような極めて甘い液体に隠れて屋内に持ち込まれたのだろう。ワレミア・セビは、ハウスダストサンプルの次世代ＤＮＡシーケンシングではグラフ上でくっきりとしたピークを示すことが多いが、以前はその存在がほとんど認識されていなかったのは、通常の寒天培地では増殖がひどく遅いからだ。やや好乾性の菌類が十分に増殖できるようにするには、培地の糖分を通常の五倍にして、水の五分の一をグリセロールに変える必要がある。しかしそうした条件で培養すると、ワレミア・セビはほぼ家中にいることがわかる。この菌は人目を盗んでいろいろないたずらをするのだが、その一つがチョコレートをちびちびとかじることだ。焦げ茶色の胞子を持つカビにとって、チョコレートは絶好の隠れ場所である。この菌は、小さな胞子がアレルギーを引き起こす可能性はあるが、それ以外では不愉快な存在という程度だ[9]。

何種かの好乾性カビは、チリダニと呼ばれるクモの親戚のような小さな生物と関わりを持っている。チリダニは、自然界では鳥やげっ歯類の巣の中に隠れている。おそらくネズミの背中に乗って人間の住居に入りこんで、そこに砂漠のような快適な環境を発見したのだろう。現在では、たいていの住居では床にたまったハウスダストの中に、ヨーロッパチリダニとも呼ばれるヤケヒョウヒダニ（*Dermatophagoides pteronyssinus*）と、アメリカチリダニの名があるコナヒョウヒダニ

(*Dermatophagoides farinae*) の二種類のチリダニがはいまわっている。ヨーロッパやアメリカという地名がついているが、どちらも広い地域に分布している。こうしたチリダニは肉眼ではほとんど見えないが、走査型電子顕微鏡で観察するとSF映画に出てくる機械仕掛けのモンスターのように見える。戦車のようなずんぐりした体から曲がった脚が突き出し、外殻からは針のような長い毛が生えている。寿命は三カ月もあり、その間毎日数個の卵を産む。チリダニも好乾性の生物だ。西洋諸国の家庭に見られる床一面のカーペットでは、胞子をたくさん含んだ土がパイルの奥深くに入り込む。その土がさらにクッションや他の布地にも運ばれていく。私たちの息や汗がもたらす水分があれば、チリダニがエサを食べ、交尾をし、排便をするのに十分だ。人間は起きていても寝ていても、死んだ皮膚のかけらを大量に落としているが、チリダニはそれを好んで食べるので、寝具はチリダニのホットスポットになる。二年使った枕では、その重さの一〇パーセントを無数のダニのフンや脱皮した外殻が占めている可能性がある。ダニは人間の死んだ皮膚を食べるだけでなく、菌類の菌糸や胞子や、カビが生えて柔らかくなった布地の繊維も口にする。ダニの口から入った胞子の一部は、腸を通って体の反対側から出てくる。それが発芽すると、ダニのフンの上でカビが育つことになる。このチリダニと菌類の関係を一時的な共生と考える科学者もいるくらいだ。チリダニとカビは一緒の時間を楽しく過ごすようではあるが、別々に暮らしていることも多い。

## 私たちが吸う空気（その一）――カビ粒子、マイコトキシン、アレルギー、喘息

一九八〇年代初頭以降、建物の空気中のカビが健康に与える影響を心配する人が多くなった。生徒が多すぎる学校では駐車場に「移動式」教室を建てたが、そこで授業を受けていた生徒の親たちは、子どもたちがカビくさくなって帰ってくると報告するようになった。ただし建物内でのカビの増殖が、居住者の病気の直接的な原因だと判断するには、慎重さが求められることがある。

私たちは無意識に、環境要因によるアレルギーや喘息を、屋外から入り込む花粉と結びつけがちだが、カビ胞子やダニ、そして乾燥したペットの唾液やフケもすべて症状の引き金になりうる。人間はカビに覆われた世界で進化してきて、通常レベルのカビであれば問題なくやっている人がほとんどだ。春や秋には屋外に漂うカビ胞子が増えるため、一部のカビアレルギーは季節性である。しかしカビが家の中で増える場合には、アレルギーの症状は一年中出る可能性があり、季節性のものよりひどくなる場合がある。とはいえ、カビに対する反応は人それぞれだ。個々のカビや代謝産物によって特定の病気が引き起こされる場合もあるほか、どんな屋内環境でも、その衛生状態は全般的な菌類胞子やMOVCの濃度と相関関係がある。建物内には非常に多くの種類のカビがいるので、ある一個人のアレルギーの原因を正確に突きとめることは難しい。アレルギー検査として一般的なプリックテストは、屋外に多いカビを対象にする傾向があり、屋内で増えることが多いワレミア属菌やアスペルギルス属菌に由来するアレルゲンを調べることはあまりない。

死んだ菌糸がすり切れたり、胞子がダニに食べられたりして粒子状になったものも、空気中に漂うダストの重要な成分になる。そうした菌類の菌糸は菌自体の生死によらず、細胞壁の六〇パーセントがグルカンという多糖類でできている。[10] 人間がこのグルカンを吸い込むと炎症と発熱が生じる。

そして多くの呼吸器感染症で典型的に見られる、サイトカインストームという発熱を伴う症状につながる。カビに極めて敏感な喘息患者の二〇パーセントで、グルカンが症状の重要な引き金になっている。喘息への影響が大きいにもかかわらず、グルカンに対する感受性はまだ一般的な検査項目になっていない。一部の人はダニのフンに対してひどいアレルギーがあり、北米の喘息症例の三〇パーセントから四〇パーセントはチリダニと関連がある。低アレルギー性の寝具を購入したり、枕を一、二年おきに交換したりすれば、家の中で一番くつろげる場所でダニと接触しにくくなる。[11]

黒カビのなかで一番悪名高いのがスタキボトリス・チャータラム（*Stachybotrys chartarum*）で、属名からスターチー（stachy）とか、有毒黒カビと呼ばれることも多い。オハイオ州クリーブランドでは一九九〇年代なかばに、メンテナンスが不十分な古い木造家屋に住む乳児数十人が肺出血を起こして死亡したが、これはスタキボトリス・チャータラムが原因だったことが明らかになっている。[12]スタキボトリス・チャータラムは、自然界では麦わらなどのセルロースの多い枯れた植物で増殖する。一方で家の中では、壁紙や天井タイル、断熱材、石こうボードなどに生えて、黒い染みをつくる。石こうボードは濡れると水を吸収して膨らみ、紙を貼った外側の層がカビだらけになる。スタキボトリス・チャータラムが生きている場合、胞子は粘り気があって、簡単には空中に出ていかない。そのため空気サンプルではめったにこの菌は見つからない。ただし死んだ胞子や菌糸体の乾燥した断片は空中を漂う。スタキボトリス・チャータラムは気がつかないうちに、家の壁の内側や床下に何平方メートルも広がることがある。この菌が生成するサトラトキシンというマイコトキシンや、細胞壁に含まれるグルカンは、私たちの免疫システムの一部であるマクロファージ（アメーバ状の白血球の一種）の作用を抑えて、重度の炎症や出血を引き起こす。ただし、黒カビのコロニーがすべてスタキボトリス・チャータラムとはかぎらない。たいていは、比較的害の少ないアルテルナリア・アルテルナータやクラドスポリウム・クラドスポリオイデスのコロニーだ。そうしたカビも取り除くべきではあるが、影響といってもクシャミが数回出るくらいで、それ以上の健康被害をもたらす可能性は低い。

私はよく、家でカビのリスクを減らすにはどうすればいいかと聞かれる。たいていの場合、窓を開け、寝具を交換し、生ゴミをきちんと捨てるだけで、そこの住人である菌類が大量に増えるのを防げるし、同じく住人である人間も喉がぜいぜいしたり、ひどいクシャミが出たりといった症状を避けられる。ハウスダストに敏感な人は、カーペットを外してタイルか木の床にするといい。定期的に掃除機をかけ、暖房用ボイラーのファンにＨＥＰＡフィルターを取り付ければ、アレルゲンが空気から除去されるので、家中に循環しなくなる。[13] 軽症のカビアレルギーなら市販の抗ヒスタミン剤で対処できる。しかし喘息があったり、環境由来のアレルゲンに敏感だったり、免疫不全状態にあったりする人は、医師の診察を受けて、もっとしっかりとした衛生対策や投薬などが必要かどうかを相談しよう。一方で、自然災害で家が浸水した場合には、カビ被害が軽くすむ可能性は低い。そうした自然災害のあった地域では、専門家によるカビ対策支援制度がすぐに利用できるようになっているはずだ。

日常生活のなかで、壁や天井タイルに小さなカビコロニーを見つけたら、アメリカ産業衛生協会などの専門機関の承認を受けたカビ取り専用液剤で除去しよう。漂白剤は使ってはいけない。漂白剤が乾燥して結晶になると肺を刺激するので、除去したかったカビそのものより厄介な存在になりかねない。スタキボトリス・チャータラムなどのカビのコロニーが見つかった場合や、他の問題がある場合には、資格を持った環境汚染修復専門業者に対応を依頼しよう。そのときには、業者にカビ対策の経験があるかどうかを確認すべきだ。カビではなく、アスベストなどの他の屋内環境汚染を主に扱っている業者も多いからだ。資格のある業者なら、カビ用の適切な保護用装備を身につけるはずだし、カビ汚染のある建材を交換する作業でもその地域の建築基準に従うだろう。それから業者には、水漏れや結露のある場所も見つけて修理してもらおう。そうしないとまた同じことが起こってしまう。[14] 湿気の発生源はわかりにくいこともある。私の仕事仲間のひとりは以前、学校の音楽室のある特定の場所に発生する、ちょっとしたカビの原因を調べたことがあった。わかったのは、実はその場所で、学校のオーケストラのトランペット奏者やトロンボーン奏者がつば抜きの水分をカーペットに捨てていたことだった。

家に住み、屋内で過ごす限り、私たちは毎日微生物の世界と交流することになる。一緒に暮らす菌類の検出感度はますます向上しており、菌類とうまく付き合っていくことも可能だ。彼らの中には、隠れた問題のサインとなる菌もいれば、私たちと平和に共存する菌もいる。はっきりしないのは、建物内で役に立っている菌種があるかどうかだ。私は研究者になりたてのころ、木材の青変や腐朽の生物的防御法を研究テーマにしていた。成果がかんばしくなかったのは、一つには当時の木材業界が化学的抗カビ剤の使用をどうしてもやめようとしなかったからだが、私たちが生物的防除をうまくおこなえるほど、木材中の菌類の生態がきちんと理解されていなかったという単純な話でもあった。一部の建築技師は、有害なカビや木材腐朽菌の増殖を防ぐ目的で、害のない、あるいは有益な「プロバイオティクス」菌類を建築中の建物に与えるとか、そうした菌類の増殖を後押しするような構造を設計するといったことが可能かどうか検討している。こういった着想は、他の型にはまらないアイデアのつねとして、懐疑的な目で見られやすい。

現実を見ると、私たちの建物は木や作物、人間と同じように必ず死を迎える。時間がたつにつれて、腐生菌は私たちの建造環境内のあらゆるものを堆肥に変えてしまう。そして誰も行き着きたくはない種類の建物がある。病院だ。私たちは共生菌や病原菌との関係を断とうと努力するが、そんなことをしているといつか痛い目に遭う。ここまでの章で、さまざまな環境を菌類の側から見てきた。同じ視点から見れば私の体もやはり生態系だと言える。人間は、それこそ最初から最後まで自然と結びついているのだ。

# 第7章 ホロビオント……マイコバイオームとヒトの体

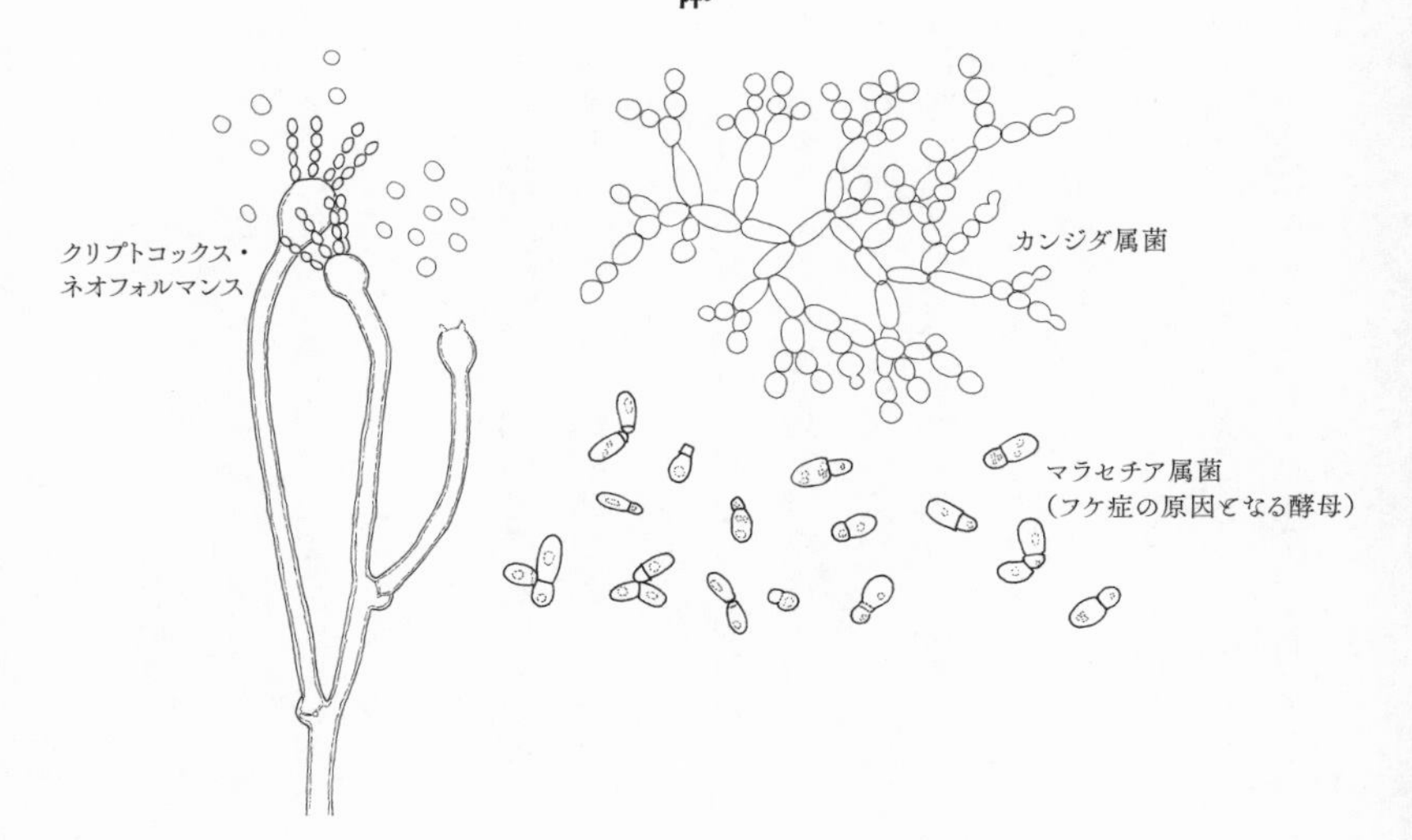

この二〇年で、私たちはDNAシーケンシングによって、人間の体の内側に対してかつては絶対にありえなかった見方をするようになった。ヒトゲノム計画によって、人間のゲノムに存在する三二億塩基対（文字列）すべてのドラフト配列が手に入った。[1] そうした文字で綴られている単語の意味が完全にわかったわけではないが、意味が明らかになっている部分には、人間の健康と病気の根底をなす分子メカニズムの一部が示されている。そこから判明したのは、一人の人間のゲノム配列は他の人のゲノム配列と九九・九パーセント同じだということだ。そして、一つの遺伝子の中の塩基が一個違っているだけで、病気の原因になる可能性がある。さらに驚くのは、私たちのDNAの約二五パーセントが遺伝子をコードしていないこと、そして八パーセントは、現在は染色体内に永久に組み込まれているウイルスに由来することだ。

さらに最近では、私たちの体の表面と内部にいる微生物について調べる、ヒトマイクロバイオーム計画が実施された。科学者たちはPCRによるDNA増幅と次世代シーケンシングという拡大鏡を使うことで、私たちの体から、これまで考えられていた数の数千倍の共生細菌と、数百倍の共生菌類を検出している。こうした微生物の集まりをヒトマイクロバイオームと呼ぶが、その組成は個人によって、また体の部位によって異なる。さらに時間がたつと変化するし、幼児期から高齢期の間にも変化する。私たちはこれ以前の章でも、こうした多くの生物による複雑な共生関係を見てきた。木とその外生菌根菌や内生菌、さらに根圏菌による共生関係だ。最近では、人間のマイクロバイオームもそれに似ていることがわかってきた。野生動物や家畜、爬虫類、魚、そして私たちの友人や親戚の全員など、目に見えるほどの大きさがある生物はすべて、共生生物の集まりだ。動物のなかで、細菌からなる巨大なマイクロバイオームを持たないのは一部のコウモリと昆虫（特にアリ）だけである。第3章で述べたように、多くのパートナーからなる、こうした種類の巨大な共生関係は「ホロビオント」と呼ばれる。菌類でさえ、そのほとんどに共生細菌がいて、細胞内に棲みついたり、外側にくっついたりしている。それはロシアのマトリョーシカによく似ていて、まさか微生物学からヒントを得たのではと思えてくるほどだ。そして人間は歩く生態系だと言える。[2]

私たちヒトのような哺乳類のホロビオントでは、共生微生物は細菌が圧倒的に多いようだ。ヒトの細胞は三七・二兆個あり、染色体上に二万個から二万五〇〇〇個程度の遺伝子がある。体内の細菌細胞の数はそれよりも少し多い（以前はヒト細胞の一〇倍と見積もられていたが、現在はそれよりは少ないとされている）。細菌細胞はヒトの体に、消化機能などの体内機能を順調に動かしたり、変化に適応させたりするための遺伝子五万個を付け加えている。[3] 一方で、菌類の遺伝子の役目は過小評価されがちだ。ヒトの糞便サンプルに含まれる遺伝子のうち、菌類のものは〇・〇一パーセントから〇・一パーセントの間にすぎない。菌類の割合がこんなに少ない理由の一つは、医学界が細菌のことばかり考えていて、菌類を見落としてしまいやすい検出方法を使っているせいかもしれない。あるいはそうではなくて、哺乳類では菌類の共生が植物ほど頻繁に起こらないという現実を反映しているだけかもしれない。細菌は液体を好むが、菌類は固体を好むからだ。さらに細菌は、約三八度という人間の体温ではたいていの菌類よりもよく増殖するし、酸素濃度が低い消化システム内の環境にもしっかりと適応している。

人間の体内の温度は、地球上のあらゆる屋外生態系の平均温度よりも高い。そしていわゆる「菌類感染・哺乳類選択（FIMS）仮説」では、地球上で哺乳類が優勢になったのは、恐竜が真菌（菌類）感染によって死滅したからだとしている。小惑星が地球に衝突し、惑星全体の気温が下がり始めると、恐竜は病原性のカビと戦える高さまで体温を上げられなくなった。一方で哺乳類は体温調節システムをすでに進化させていた。「発熱（体温の上昇）」と呼ばれる現象には、体を病気から守るはたらきがある。現在でも、恐竜の近縁である鳥類は哺乳類よりも真菌感染症にかかりやすい。こうしたことから、菌類は細菌と比べるとヒトの病気の原因となることが少なく、ヒトのマイクロバイオームの菌類部分、つまりマイコバイオームについては、細菌のそれに比べて理解が進んでいない。それでもＤＮＡ解析によって、ヒトのマイコバイオームには約四〇〇種の菌類が同定されており、その数は増え続けている。[4]

微生物は食事や周囲の環境を介して私たちの体に入り込み、定着する。ヒトゲノム計画が実施される以前は、微生物は攻撃的で、外部から飛びかかってきて攻撃する感染性病原体という位置づけだった。その考え方の根底にあったのは、現代医学の一部である病原菌説だ。病原菌説のもとでは、抗生物質や他の治療法で微生物を一掃しようとする。しかし環境中に存在する何百万種もの細菌や菌類の中で有害なものはごく一部にすぎないことや、健康的なマイクロバイオームでは、個々の微生物の利害が競合しても自然とバランスが取れることがわかってきている。微生物が私たちの体に定着し、互いにけん制し合いながら、「協力し合ってみんなが得をする」ようになっていることが、少しずつ見えてきたのだ。

私たちの体の表面や内部にいる微生物は、免疫システムを刺激したり、逆に抑制したりする。ヒトの免疫システムには、歓迎されないウイルスや微生物を飲み込んで殺すアメーバ状の細胞が何種類かあり、白血球と総称されている。体が侵入者を検知すると、白血球は攻撃を受けた場所に移動して、静脈や動脈の壁を通り抜け、影響を受けた組織に入り込む。そしてナイトクラブの用心棒よろしく、その場にふさわしくない客（有害な微生物）は排除するが、見た目のいい客（無害な微生物）には何もしない。少なくとも、すべてが順調に回っているときにはそうなっている。

体の表面や内部に増殖している少数の菌類は、真の共生パートナーのようだ。そうした菌類の一部の存在は、特に皮膚にいる菌類を中心にしばらく前から知られていたが、それらが私たちの健康にどう関わっているのか（良きにしろ悪しきにしろ）は謎だ。そういった菌類チームにはどんなメンバーがいるのか。そしてそのなかで恐れるべきものはどれで、重要なパートナーや中立のパートナーとして歓迎すべきものはどれなのだろうか。

## 皮膚――フケや、菌が原因の不快症状

私たちの皮膚は、外の世界と相互作用をする境界面だ。誰かの肌をきれいと言うことがあるが、実際には、共生細菌や共生菌と表皮の間の相互作用がどれほど美しいかを褒めていることになる。

私たちは、頭皮とか、股や脇、足指の間などのじめじめしたくぼみで微生物が盛んに増殖して、それに伴って悪臭がするのは恥ずかしく、あってはならないことだと考えがちだ。ところが実際には、皮膚にはきわめて多種多様な菌類がいることが、次世代DNAシーケンシング解析からわかっている。そうした菌の種類をハウスダストに生息するカビの種類と比べてみると、共通部分がかなり多いことから、皮膚の菌類の大半が家のあちこちに落とされたり、逆にそこから拾われたりしていることがわかる。そうした菌類で特によく見られるのがフケ症に関連する酵母だ。この酵母は皮膚全体をほぼ切れ目なくコーティングしている。その存在自体は一〇〇年以上前から知られていたものの、マイクロバイオーム研究が始まるまできちんと調べた人はいなかった。今では、フケ症に関連する酵母がマラセチア属菌（*Malassezia*）という担子菌類であり、わずか数種のマラセチア属菌が約八〇億人もの人間に定着していることが明らかになっている。体の部位によってマラセチア属菌の種が異なる。またその一部はヒト以外の哺乳類で多く見られる種で、人間がペットや家畜を扱うときにその間を行き来している。

　平均的な人の頭皮には最大一〇〇〇万個の酵母細胞があり、それぞれの寿命は約一カ月だ。酵母はそこで何をしているのだろうか。酵母はペースト状の層になって、皮膚を乾燥から守るとともに、微生物の感染を防いでいると考えられている。マラセチア属菌には脂質を作る遺伝子がないので、宿主から脂質を吸収する。そのためこの菌を培養するには、寒天培地にオリーブオイルか乳脂肪を加える必要がある。大半の人がフケと呼んでいるフレーク状のものは、皮膚が酵母細胞に覆い尽くされないよう、表皮細胞が放出されて生じるものだ。健康な成人では、一日に約三万個から四万個の皮膚細胞が死んで剝がれ落ちる。これは一年間では最大四キログラムにもなる。[5] 普通はこれでフケのマイコバイオームや関連する皮膚の細菌を十分にコントロールできる。しかしヒト－マラセチア属菌の共生関係はやや不安定らしく、ある転換点を越えると、マラセチア属菌が有害な菌となって、皮膚細胞がわずか数日で剝がれ落ちるようになる。マラセチア属菌の増殖を抑えるはたらきがある二硫化セレンを少量配合した、粘性の高いシャンプーを使うと、この菌は落ち着きを取り戻す。

医者がマラセチア属菌の存在を唯一心配するのは、皮膚をひどく刺激する場合だ。たとえばかゆみが出て、乾燥してかさかさした湿疹ができる。マラセチア属菌による症状が悪化して、体の温かくて皮脂の多い部位にかゆみや炎症が起こる脂漏性皮膚炎などになった場合には、薬による治療が必要になることがある。熱帯性気候では、マラセチア属菌の一種が原因で、旅行者に癜風（でんぷう）という淡い色の斑（まだら）ができる場合がある。さらにマラセチア属菌が間違った組織に入り込むと激しい免疫反応が起こる。これはカテーテル経由で脂質の投与を受けている低出生体重児や、点滴で栄養剤を投与されている免疫不全状態の成人にとっては危険だ。[6] マラセチア属菌はおそらく、通常は片利共生かやや相利共生の状態にあって、チャンスがあれば寄生状態に移行するのだろう。

皮膚の菌類は健康にとってどのくらい重要なのだろうか。表皮を顕微鏡で観察してみると、菌糸はめったに見えず、通常そこにあるのは酵母細胞と、散在する少数の胞子だ。サッカロミセス属菌はたくさん顔を見せる。アスペルギルス属菌やペニシリウム属菌といった、胞子をたくさん作るカビもいる。そして家や屋外環境にいる菌類があなたの体に痕跡を残すだけでなく、あなたの側も、マラセチア属菌が定着した死んだ表皮細胞を落とすことで、周囲の環境に菌類の痕跡を残している。

フケに伝染性はないが、水虫（足白癬）、そしてjock itch（「運動選手の疥癬」）やcrotch rot（「股の腐敗」）という嫌な名前がついている股部白癬（いんきんたむし）などの皮膚感染症は伝染力がある。[7] 家庭医はこうした一般的な皮膚症状に精通している。世界人口の約七〇パーセントが一生のうちに足の皮膚への真菌感染症を経験しており、私自身もその一人だ。私はおよそどんな基準に照らしてもアスリート（athlete）とは言えないが、数年おきに足の小指と薬指の間に不快な水虫（athlete's foot）ができる。小指と薬指の間というのは水虫のできやすい部位だ。そこが水虫になると、指の間の水かき部分に誰かが温感鎮痛ローションを塗って、手術用メスでひっかいたような感覚がある。炎症を起こした部分の皮膚は赤くなる。そして皮膚の表面は軟らかくなって、灰色っぽい緑色をしたふやけたゴムのようになり、ひっかくと欠片が剝がれる。水虫になった皮膚では、真菌によって免疫反応が抑制された状態が長く続いて、表皮の外側まで菌糸が定着するほどになる。問題は、やがてこの菌糸が爪の下にある爪床まで入り込むことだ。そうなると、足の爪はとても分厚くて浸透性がないため、抗菌薬が菌糸まで到達できない。

水虫を治癒させるのは不可能に思われる。何年も前から、私は薬局で抗真菌クリームを何種類か買って、それを数週間、足指の間に一日二回塗り込んでいる。私の水虫にはクロトリマゾールという真菌薬が効くようだが、病院に行けば別の種類の薬を処方されたり、治療薬の治験を勧められたりすることもあるだろう。そうでなければインターネットで見つかる、奇妙なレーザー治療や水虫の妙薬を試してみてもいい。こうしたいろいろな医療的介入は、どれも成功率はほとんど変わらない。つまり、水虫はしばらく休眠状態になった後で再発することが多いのだ。私の症状は数年おきにぶりかえす。再発するのはたいてい、足を暖かな厚い靴下でくるんで、さらに重くて湿ったブーツを履く冬だ。菌をペットにしていることを、菌類研究者として誇らしく思うべきかもしれない。ペットは言い過ぎでも、ときどき寄生菌になる片利共生菌がいるのは十分自慢できる。この菌はおそらく私に一生ついてくるだろうし、年老いて免疫システムが衰えてきたらもっと攻撃的になるだろう。

私の足に棲みついている菌は外来種である可能性が高い。水虫（足白癬）やいんきんたむしは、ほとんどがトリコフィトン・ルブルム（*Trichophyton rubrum*）という一種類の菌が原因だ。この菌はアフリカ原産だが、おそらく、人々が密閉された靴を履くようになった一九世紀に、人間の体にヒッチハイクして他の大陸に渡ったのだろう。トリコフィトン・ルブルムは有性生殖ではなく無性生殖をするようだ。そしてわずかな菌糸が皮膚の外層にいったん取りつくと、小さな胞子はタオルや靴下などの衣服にくっつきやすいので、多くの人が利用する更衣室などで未感染の露出した皮膚に飛び移ることができる。トリコフィトン・ルブルムをはじめとしたさまざまな皮膚感染症の原因菌は、土壌に生息するカビの近縁にあたる。そうしたカビ類は、土の上で死んだ動物の毛皮やひづめ、角を好む。考えられるのは、エサになる動物の毛や爪、皮膚が豊富にあったため、その成分であるケラチンとコラーゲンの分解酵素のプロテアーゼを産生できる菌は、ほかの菌類との競争で有利だったということだ。実際に、植物とその成分のセルロースを食料源にすることを完全にやめた菌はたくさんいる。

皮膚にいるマラセチア属菌や他の菌類は、皮膚細胞が剥がれ落ちたり、新しくなったりするおかげであちこちに移動できる。握手やハグ、キスなど、私たちの社会慣習のなかには、実はマイコバイオームのメンバーである菌が、別のすみかへの引っ越しや、新しい交配相手探しのために私たちを巧みに操っているものもあるかもしれない。しかしヒトホロビオントの内側に広がる社会的ネットワークに参加しようと思ったら、菌は入口を見つけなければならない。

## 消化管──謎の多い共生菌、カンジダ属菌

ヒトマイクロバイオームは体内のほうが多様性が高い。皮膚には決まったところに穴や隙間がいくつか開いているが、微生物が体内に入る方法としては口経由が最も簡単だ。食道、胃、小腸、大腸、その他の臓器からなるヒトの消化器系は、バイオテクノロジー研究で使われる培養槽と類似点が多い。あるいは、培養槽が私たちの腸に似ていると言ってもいい。腸の内部では温度と酸性度が完全にコントロールされている。摂取した栄養物や液体が腸内のある区画から次の区画へと次々と送り込まれることで、大きな分子が小さな分子へと分解され、より使いやすい物質に変換される。消化器系は、くぼみや枝分かれ、ねじれやカーブの部分もすべて含めて、複雑な食物の消化に最適化された、共生機能を備える精巧なパイプラインだと言える。共生細菌のほとんどは腸に生息している。消化プロセスや排泄物管理プロセスの一部分は、完全に細菌が掌握している。私たち自身の遺伝子や酵素はそうしたステップにまったく関与しなくてよいのだ。

昆虫の腸は一般的に野生酵母のたまり場になっている。同じように私たちの体内にも数種の野生

酵母が入り込んでいる。私たちの消化器系でよく見られる菌類の一つが、おなじみのビール酵母だ。ほぼ半数の成人の腸内にビール酵母が漂っているが、それはおそらくはパン生地を扱っているときか、殺菌処理をしていないビールを飲んだときに取り込まれたのだろう。あるいは、木にキスをしたときとか。そうしたビール酵母が真の共生者かどうかははっきりしない。ビール酵母の細胞は体内を数日で通り過ぎてしまうからだ。ビール酵母は通常は無害とされる。ただし炎症性腸疾患や自己免疫疾患の一部は、ビール酵母に対する抗体の濃度上昇と関連があることがわかっている。アジアの住民にはコレラ治療薬としてライチやマンゴスチンの果皮を噛む習慣があることから、フランスの微生物学者アンリ・ブラールによって発見されたビール酵母の株がある。サッカロミセス・ブラウディ（*Saccharomyces boulardii*）とも呼ばれるこのビール酵母株は、胃潰瘍などの胃腸の病気をやわらげるプロバイオティクス〔健康によい生きた微生物を含む食品やサプリメント〕として販売されている。特にＡＩＤＳ患者の下痢の治療や、嫌気性細菌クロストリジオイデス・ディフィシル（*Clostridioides difficile*）感染による腹部不快感の改善に用いられている。[8]

しかし、人間の消化器系やその入口や出口の付近で最も頻繁に見られて、最も謎めいている共生菌は、酵母であるカンジダ属菌だ。カンジダ属菌はほぼ半数の人に棲みついていて、特に口や胃、腸、膣にいることが多い。よく見られるのがカンジダ・アルビカンス（*Candida albicans*）とカンジダ・トロピカリス（*Candida tropicalis*）という近縁の二種だが、他に希少な種もいくつかある。カンジダ属菌は二形性真菌と呼ばれることが多い。これは、ある条件では酵母型、別の条件では菌糸型（または仮性菌糸と呼ばれる膨張した細胞の鎖）という、二つの形態で増殖するという意味だ。酵母は流線形の船のように、水分の多い組織を航行していく。一方で、ぐにゃりとした菌糸は絡まりやすく、水分の多い組織を進むのには向いていない。カンジダ属菌は、温度や酸素濃度の違いによって増殖形態を変えるのである。

体表や体内にカンジダ属菌がいることのメリットははっきりしない。こうした菌の正確な役割はいまだに推測の域を出ないが、健康な人にも普通に見られる以上は、何かプラスのはたらきがあるはずだ。いくつかのマイクロバイオーム研究では、腸内の細菌と菌類が有毒な代謝産物を使ってなわばりを区切ることで、互いに抑制し合っていることがわかっている。それは体内に二つの警察部隊がいて、互いに相手を監視しているようなものだ。またカンジダ属菌は、他の菌類による感染に対する免疫システムの反応性をあらかじめ高めていることが、少なくともマウスでは明らかになっている。さらにカンジダ属菌は、尿道や肛門などの感染に弱い部位の周りに、微生物を抑えるバリアを作っているようだ。こうしたバリアによって、他の腸内の共生微生物が望ましくない部位にまで下りてこないようになっているのだろう[9]。しかしカンジダ属菌は、有益な性質よりも病原性のほうがよく知られている。

ヒトが生まれるとき、カンジダ属菌は母親の産道から赤ちゃんに移り、口から吸い込まれることで赤ちゃんの消化管内に定着する。数カ月以内に、カンジダ属菌は赤ちゃんの腸の大部分に棲みつく。生後一年までの期間は、カンジダ属菌はおむつ皮膚炎の大きな原因になるが、やがて免疫システムはカンジダ属菌を抑制できるようになる。ただし大人になってからも、カンジダ属菌の制御が効かなくなり、カンジダ症と呼ばれる感染症になることがある。これは細菌のマイクロバイオームの変化が原因のようだ。カンジダ症になると、口や膣などの粘膜に白い膿疱(のうほう)ができる。カンジダ症が一般にスラシュ(thrush)とも呼ばれるのは、患部を離れたところから見るとツグミ(thrush)の胸の斑点模様のように見えるためだ。カンジダ属菌は医療機器を汚染することも多く、除去するのはかなり難しい。免疫不全状態の患者に対して汚染されたカテーテルを使うと、深部組織や血液の感染につながる。そうした種類のカンジダ症(カンジダ血症)は最も危険な真菌感染症の一つであり、致死率は四〇パーセントを超える。

## 私たちが吸う空気(その二)――肺で増殖する菌類

私たちが息を吸うたびに、胞子やほこりの粒子、花粉、汚染物質などが空気の流れに乗って勢いよく吸い込まれる。それらは鼻孔の固い毛と湿った粘膜を通り過ぎ、気管を通って、枝分かれしてどんどん細くなる呼吸器系の奥へと入っていく。柔らかな短い毛が侵入物を外に打ち返そうとしてぴしゃりと叩くが、一部の侵入物はそうした障害物をかいくぐり、肺胞へと突進し、そこでふわりと受け止められる。肺胞は肺にある小さな丸い袋で、ちょうど菌の胞子くらいの大きさだ。肺胞では空気と血液の間で酸素と二酸化炭素の交換がおこなわれる。健康な肺の免疫システムは、侵入してきた胞子を白血球まみれにする。白血球の攻撃の後に残った粘液を、私たちは咳やクシャミ、鼻息などで体外に吐き出している。しかし特に狭い隙間に隠れられる胞子や、免疫システムを出し抜く技を持った胞子にとっては、肺はもってこいのすみかだ。酸素があるし、血液からしみ出してくる食物が安定して手に入る。湿度も高い。ヒトの体温でも何とか生きられる胞子であれば、そこで発芽して広がっていくことができる。

致命的な真菌感染症の多くは、肺から始まる。初期症状はたいてい、咳や胸痛、発熱、肺炎といった、ウイルス感染症や細菌感染症でも見られる症状なので、風邪やインフルエンザに誤診されることが多い。X線写真では、境界が不明瞭なぼんやりした影が見えるので、肺結核や肺がんと間違われることもある。処方された治療薬がそうした間違った病気をねらったものだと、菌は増殖し続けてしまう。長い間治療をせずにいると、菌は肺から脱出する方法を見つけて、体全体に広がる。

典型的な呼吸器真菌感染症は三つあり、それぞれが近縁である別種の子嚢菌を原因菌としている。ヒストプラズマ症（ケイヴァー［洞窟探検家］病とも。原因菌はヒストプラズマ・カプスラーツム［*Histoplasma capsulatum*］）、ブラストミセス症（ギルクリスト病とも。原因菌はブラストミセス・デルマティティジス［*Blastomyces dermatitidis*］）、コクシジオイデス症（渓谷熱とも。原因菌はコクシジオイデス・イミチス［*Coccidioides immitis*］）だ。[10] この三つはすべて、北米の一部地域で風土病になっているが、ヒストプラズマ症はいくつかの大陸でも他の大陸からの原因菌侵入により発生しており、コウモリの渡りによって広がると考えられている。さいわい、これらの感染症はヒトからヒトへは感染せず、土壌や、鳥やコウモリの糞から飛んできた胞子を吸い込んだ場合に感染する。ヒストプラズマ・カプスラーツムとブラストミセス・デルマティティジスの胞子は、ヒトの体内では菌糸を増やさず、温かい液体中の環境に反応して、出芽して小さな丸い酵母細胞になる。ヒストプラズマ・カプスラーツムの酵母細胞は白血球細胞に取り囲まれるが、死滅はしない。一方、ブラストミセス・デルマティティジスの酵母細胞は大きすぎて、白血球に食べられることはない。そうした酵母細胞は血液中を流れていくが、肺にも蓄積する。一方、コクシジオイデス・イミチスの胞子は、体内で酵母細胞ではなく、膨らんで球状体という袋状の細胞になる。球状体は破裂すると数百個の新しい胞子を放出する。各胞子が球状体になって胞子を放出するサイクルを繰り返すので、やがて肺が胞子で詰まってしまう。こうした真菌感染症も正しく診断されれば、抗真菌薬のおかげで命に関わることはめったにない。しかしＡＩＤＳ患者や、別の理由で免疫システムが抑制状態にある人は、コクシジオイデス症やヒストプラズマ症にかかると重症化することが多い。

ヒトの肺のＤＮＡ解析をすると必ずと言っていいほど見つかるのがアスペルギルス・フミガッス（*Aspergillus fumigatus*）だが、誰もこの菌を共生菌と呼んだりしない。この菌の胞子はほぼどこにでもあるので、吸い込むのは不思議でもなんでもないのだ。この菌は、自然界には植物の残骸を分解する腐生菌として存在する。自己発熱している堆肥の山のような温かい条件では急激に増殖するので、大量の胞子が霞のように漂うことがある。[11] 胞子は、建物の基礎工事のための掘削や、改築工事で舞い上がるようで、それがやがて建物内に入り込む。複数の病院での調査では、吊り天井や換気システムなどの、屋内でカビが隠れがちな引っ込んだ場所から、低濃度のアスペルギルス・フミガッス胞子が見つかっている。さらにアスペルギルス・フミガッスは鉢植えの観葉植物を好むし、一部の大麻栽培工場を汚染してもいる。さいわい、この菌を寒天培地上で培養すれば、乾燥した胞子には長い柄があるので簡単に見分けられる。灰色がかった青色の胞子がコロニーから突き出る様子は、タバコの吸いがらの山のように見える。アスペルギルス・フミガッスの胞子一個は、肺胞に引つかかるのにちょうどよい大きさをしている。しかしほとんどの人では、胞子を数個吸い込んだときに出る反応は通常の花粉症に似たもので、免疫システムがしっかりしていれば通常の抗ヒスタミン剤を服用するだけで十分だろう。吸い込んだ胞子は白血球によって取り除かれ、この菌がそれ以上問題を起こすことはない。

しかし、大量のアスペルギルス・フミガツス胞子にさらされると、過敏症を起こしかねない。これは、蜂に二度目に刺されると激しいアレルギー症状が出る場合があるのと同じだ。アスペルギルス・フミガツス胞子への過剰反応が起きると、気道狭窄や咳、喘鳴（ぜいめい）、呼吸困難といった、重症の喘息に特徴的な症状が出る。重篤な反応が重なればアナフィラキシーショックを引き起こす可能性がある。またアスペルギルス・フミガツス胞子に長い期間さらされることは、アレルギー性気管支肺アスペルギルス症（ＡＢＰＡ）という病気の原因になる。この病気になると、この菌が気管支気道の内壁で増殖して、炎症を起こし、場合によっては永久的な肺損傷が生じる。[12]

このあたりからアレルギーと感染症の境目があいまいになってくる。アスペルギルス・フミガツスは好熱菌であり、ヒトの体温で元気よく増殖する。そして胞子が肺胞に十分長い間留まっていると、やがて発芽し、菌糸を伸ばし始めて、グリオトキシンというマイコトキシンを放出し、免疫システムを抑制するようになる。また菌糸体が丸くなって小さな綿の塊のようになることで、アスペルギローマと呼ばれる真菌球ができる。慢性肺アスペルギルス症の一種であるこの病気は、大規模な院内感染を起こし、毎年数千人が亡くなっている。手術創のある患者や、臓器移植後で免疫システムが抑制されている患者は特にリスクが高い。アスペルギルス・フミガツスが血液や中枢神経系に広がると約九五パーセントが死亡する。また重いインフルエンザや新型コロナウイルス感染症にかかって助かった人のごく一部は、その後肺アスペルギルス症になっている。そう聞くと、きちんとワクチンを打っておきたくなるはずだ。

## ＡＩＤＳと真菌感染症の増加

最近まで人間は、真菌（菌類）感染で死ぬことをそれほど恐れていなかった。それを変えたのがヒト免疫不全ウイルス（ＨＩＶ）だ。ＨＩＶは後天性免疫不全症候群（ＡＩＤＳ）を引き起こす。ＡＩＤＳになると、体の免疫システムがあまりに弱くなって、ＨＩＶの非感染者なら簡単にはねかえせる感染症を防げなくなる。一九八〇年代にＡＩＤＳ流行が始まると、医師たちは悪性真菌感染症の急増に驚かされた。以前は珍しかった病気が増えてきたり、良性だった病気で亡くなる人が増えたりしたが、それは弱った免疫システムでは菌類を撃退できないからだ。入院患者が感染する可能性のある菌類のリストは約一〇〇種類から五〇〇種類以上に増えた。一九九〇年代中頃から後半にかけて、ＨＩＶ感染者に対する抗レトロウイルス薬を用いる治療法が導入されると、その後、世界全体でのＡＩＤＳ死亡者数はピーク時の年間約二〇〇万人から現在の一〇〇万人未満まで減少した。ただし発展途上国ではなかなか減少していない。サハラ以南のアフリカだけで、今も一五〇〇万人から二五〇〇万人がＨＩＶ（ＡＩＤＳ）を抱えている。ＡＩＤＳ患者の死因の四五パーセントから五〇パーセントは、免疫機能低下によって重症化した真菌感染症が占めている[13]。

以前は稀な病気だったが、AIDSの特に深刻な合併症として増加し、AIDSの最初の臨床症状となったのがニューモシスチス肺炎（PCP）だ。原因菌であるニューモシスチス属菌（*Pneumocystis*）はレモン形の単細胞の菌類で、肺組織に定着する。哺乳類はすべて肺にニューモシスチス属菌がいる。この菌は、はるか昔に哺乳類の肺と進化の運命を共にするようになった共生菌らしく、哺乳類の肺以外の場所では見られない。ヒトと関連があるのはニューモシスチス・イロベチイ（*Pneumocystis jirovecii*）という種だ。この菌種は、以前はニューモシスチス・カリニ（*Pneumocystis carinii*）と呼ばれることが多かったが、現在ではこの種名は犬の病原菌に対して使われている。[14] 子どもはニューモシスチス菌の陽性反応をしばしば示すが、成人ではわずか二〇パーセントだ。感染しても普通は無症状で、最終的に免疫システムによって排除される。そして免疫システムが正常に働いていない場合にのみ、日和見的に病原性を持つようになる。しかし、ニューモシスチス・イロベチイはヒトからヒトへ空気感染する可能性があり、AIDS患者への主な感染源は自覚症状のない感染者だと考えられている。診断法や治療法は進歩していて、かつては四〇パーセントもあった致死率が現在では一〇～二〇パーセントまで低下している。それでもアメリカでは現在も年間約一万人の患者が発生している。連続的な共生関係のグラデーションのなかでニューモシスチス属菌がどこに位置するのかというと、一般的には、病原菌というよりも片利共生菌に近く、免疫システムによって抑制されない場合には寄生状態になっているようだ。

今日、AIDS患者に発症する最も深刻な真菌感染症はクリプトコックス症だ。世界中で毎年約二二万人がクリプトコックス属菌（*Cryptococcus*）と呼ばれる担子菌酵母に感染している。[15] 年間約一八万人が死亡し、そのうち約一六万五〇〇〇人がサハラ以南のアフリカに住んでいて、大半がＨＩＶ感染者だ。この数は細菌感染症である結核で亡くなるＨＩＶ感染者数とほぼ同じである。クリプトコックス属菌は、自然界では土壌や鳥の糞、樹皮の上で酵母として増殖し、交配したくなったときだけ菌糸を作る。交配の結果である有性胞子を吸い込むことが感染のきっかけになる。一方で、酵母型になると繊維質の多糖でできたメッシュ構造を形成し、これが膨らんでハロー状の莢膜(きょうまく)になる。この莢膜は、自然界では菌が食菌性アメーバに飲み込まれたときに消化されるのを防いでいる。そして肺の中では白血球による同様の攻撃から菌を守っている。

　クリプトコックス症にかかると、咳や倦怠感(けんたいかん)、頭痛、発熱といった初期症状から、体重減少、嘔吐、関節のこわばりなどの症状へと進行する。肺から始まる他の真菌感染症のほとんどと同じように、ヒトからヒトへうつることはない。ヒトが感染する菌種には二種類あって、ヒト宿主の内部に入り込むとそれぞれ異なった振る舞いをする。クリプトコックス・ネオフォルマンス（*Cryptococcus neoformans*）は中枢神経系を経由して脳に入り込み、シスト〔微生物が厚壁を作って休眠状態になったもの〕や病変を形成する。これは髄膜炎を伴い、その致死率は未治療なら一〇〇パーセント、抗菌薬による治療後でも三〇パーセントだ。一方、近縁種であるクリプトコックス・ガッティ（*Cryptococcus gattii*）は、最近までユーカリの木に増殖する熱帯原産の珍しい菌と考えられていたが、一九九〇年代になって北米でネズミイルカと犬への感染が見つかった。その後、この菌はＡＩＤＳ患者のクリプトコックス症の原因菌の一つであり、これまでは見落とされていたことがわかった。クリプトコックス・ガッティの感染は肺にとどまる傾向があり、そこで肺炎を引き起こす。ニューモシスチス肺炎と同じように、免疫システムに問題がない人はクリプトコックス属菌にさらされても発病しないことがほとんどだ。

真菌感染症は、ＡＩＤＳ患者ではＨＩＶ感染による免疫機能の低下が原因で増加したが、同時に他の原因で免疫システムが抑制されている患者でも広く見られるようになっていった。ニューモシスチス肺炎がＡＩＤＳ患者に発症するという認識が広がったことで、医師らは、臓器移植やがんの化学療法を受けた患者も同じ病気にかかりやすいことに気づくようになったのである。現在では、ニューモシスチス肺炎の診断を受ける人の六〇パーセントがＡＩＤＳ患者以外の人々だ。

## マイコバイームと抗真菌薬

現在、世界では少なくとも一〇億人が何らかの病原性真菌に感染している。年間死亡者数は一二〇万人から二〇〇万人で、これはマラリアの死亡者数の二倍以上であり、結核による死亡者数の一四〇万人とほぼ同じだ。[16] こうした真菌感染症の有効な治療薬の開発や発見の話になったときに、ヒトが菌類にかなり近縁であるのは困ったことだ。菌類に有毒なものは、私たちにとっても有毒であることが多いのである。抗真菌薬はヒトに激しく作用することがあるため、命に関わる感染症ではない場合には、病気そのものより治療のほうがつらいことも珍しくない。

世界初の有効な抗真菌物質は、一九五〇年代から一九七〇年代にかけての生物資源探査（バイオプロスペクティング）ブームのなかで発見された。ストレプトミセス属に分類される二種類の放線菌という細菌から分離された、アムホテリシンBとナイスタチンという物質だ。[17] どちらの抗真菌物質にもポリエンという物質が含まれている。ポリエンは脂質のような長い鎖状の物質で、菌の細胞膜の成分であるエルゴステロールと結合する性質がある。そうした結合が起こると、細胞から細胞質成分が漏出するようになって、菌は死んでしまう。エルゴステロールは動物の細胞膜にあるコレステロールと化学的性質が似ているので、ポリエンはヒトにとってもいくらか毒性があり、腸疾患や発熱、血圧の上昇や低下、さらに長期的には腎障害を引き起こすおそれがある。今日では真菌感染症のほとんどが、トリアゾールという化学的に合成された成分を含む、フルコナゾールやイトラコナゾール、クロトリマゾール、ケトコナゾールといった軽快な響きの名前がついた抗真菌物質で治療されている。こうした抗真菌物質もエルゴステロールと相互作用するが、結合するのではなく、その生合成に関与している酵素を阻害することで、菌が細胞膜を形成できないようにしている。この抗真菌物質でも一部の患者では副作用がある。トリアゾール系抗真菌薬を使用した患者の約一パーセントに、胃腸障害や、筋肉や関節の痛み、頭痛、耳鳴りが起こっている。

抗真菌物質を含めた抗生物質使用が体の不調につながる理由の一つは、その影響でマイクロバイオームが不安定になるためだ。ヒトはもともと不安定なホロビオントであり、体に生息する細菌や菌類の構成はつねに揺らいでいる。どんな生態系でもそうだが、私たちの体でも老化に伴って微生物の遷移が起こる。たとえばカンジダ菌などは人間の年齢によって異なる振る舞いをするし、体のある部分では危険な病原菌になるが、別の部分では片利共生菌になるという場合もある。こうしたマイクロバイオームの変動は感染症の治療を難しくしている。ある病原菌を抗生物質で攻撃すれば、マイクロバイオーム全体を攻撃することになるのだ。そしてそうした条件の変化に乗じて、元々は友人だった日和見菌が危険な寄生者に変身したりする。たとえば、クローン病（炎症性腸疾患の一種）の場合には、抗生剤を使った治療によって腸の共生細菌が乱された後に、腸の内側にデバリオミセス・ハンセニイ（*Debaryomyces hansenii*）という酵母が定着しているようだ。この酵母は酸に強く、発酵させたチーズや肉でよく見つかる。この酵母細胞に対する免疫反応が炎症を引き起こし、それによって腸の傷が正常に治癒しなくなる。管理や治癒が難しい慢性疾患の多くも、マイクロバイオームの変化と関連があると考えられている。肥満や心臓疾患、自己免疫疾患（1型糖尿病、全身性エリテマトーデス、関節リウマチなど）、その他の遺伝で十分に説明できない多くの病気は、私たちの体に共生する微生物のバランスが狂う、ディスバイオシスという現象が起こった後に発症する可能性がある。[18]

医療も進化しつつあって、病気が生態学的な問題である可能性を受け入れるようになっている。微生物はどれも病原体だと考えて、すべて根絶してしまうのではなく、日和見的な共生菌の揺れ動く忠誠心を何とかしてなだめ、望ましい均衡状態に戻すにはどうすればいいのか。その方法を考える方向に私たちは戦略を変えていくことになるだろう。同じことは、自然界や家の中の菌類との間で生じる問題への向き合い方にも言える。この世界の賢い管理人になりたいのなら、生物の複雑さを受け入れる必要がある。私たちの体に住む微生物の健康は、私たち自身の体と心の健康だ。微生物の遺伝子は私たちの遺伝子なのだ。私たちの体の微生物は、親やパートナー、子ども、家、食べ物、訪れたすべての場所から受け取ったものの一部である。菌類と共存共栄したいのなら、彼らの生物多様性を認め、生分解や共生、生化学反応といった彼らの能力を歓迎すべきだ。なにしろ菌類はそうした能力を備えることで、自然界できわめて重要な役割を担っているのだ。そうすることではじめて、私たちは自分たちの幸福と健康の実現のために菌類を効果的に利用できるようになり、同時に菌類も私たちに協力してくれるようになる。

# 第III部

# 菌糸革命

# 第8章 マイコテクノロジー……菌類のある暮らし

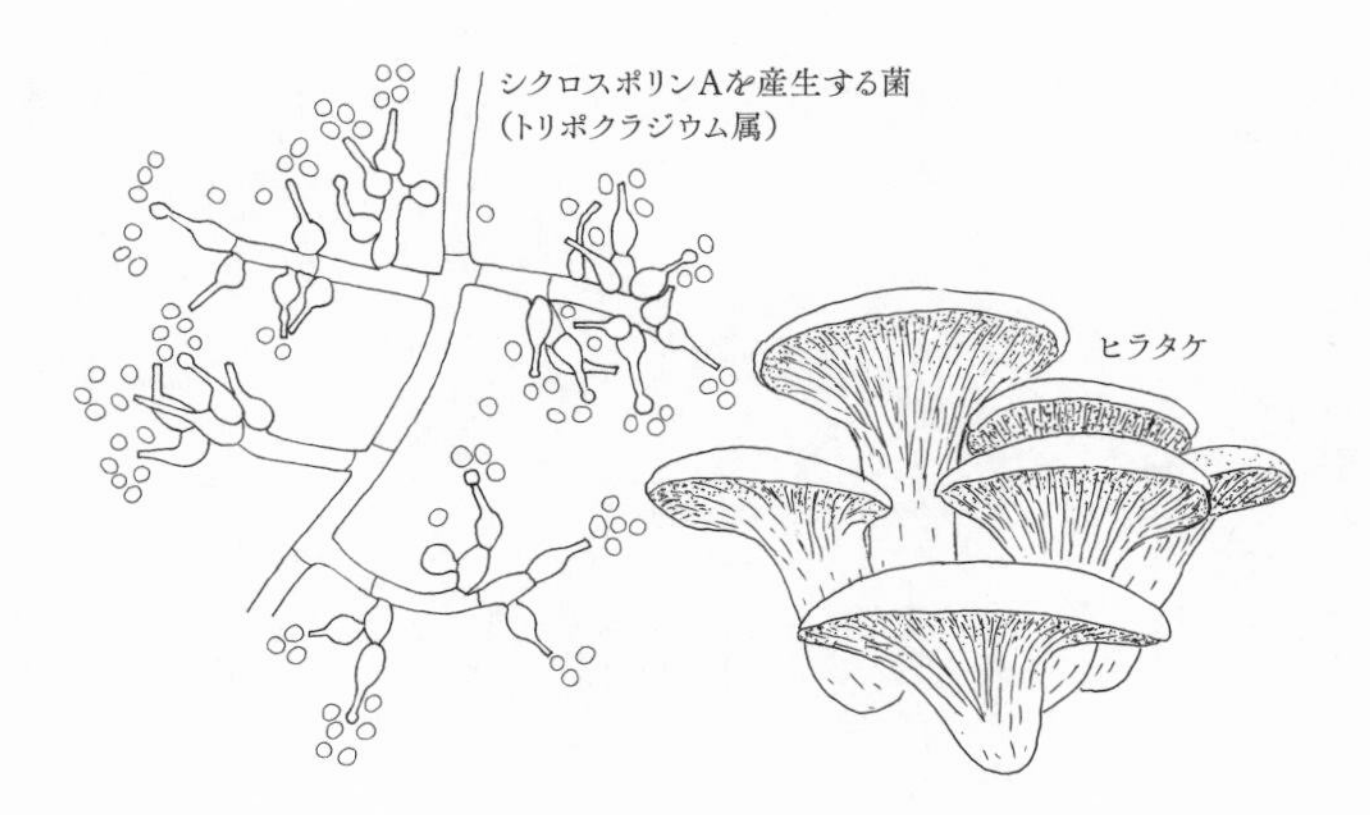

人間文明を興したのが農業をするサルの集団だったとしても、あるいはビールをもっとたくさん醸造したいと考えたサルの集団だったとしても、文明が登場したのはバイオテクノロジー、つまり生物システムや生命体を自分たちの目的に合わせて適合させる試みのおかげだった。「バイオテクノロジー」というのは現代の用語だが、植林をおこない、作物を育て、動物を飼育し、酒やパンなどの発酵食品を作るといったことは、何千年も前からおこなわれてきた。そうした大事業の成否には、共生菌や腐生菌、病原菌といったさまざまな菌類が関わっていた。しかしこれまでに私たちが活用してきた菌種はわずかだ。菌類には非常に多様な能力があるうえに、他にも利用を検討できそうな菌種は何千もある。そうしたことから、イノベーションを志す人々は、さらに多くの菌類を新たな目的に活用することを目指して実験を重ねている。菌類には、私たちのとりわけ魅力的な協力者として、マイコテクノロジー（菌工学）という新しい分野につながる可能性のある、四つの特徴がある。[1]

まず一つ目の特徴は、菌類ではチューブ状の菌糸や大きく広がる菌糸体が構成単位になっているが、それが植物や動物、細菌が持つ袋や積み木のような細胞と異なっていることだ。菌糸や菌糸体は繊維のような性質を持つので、丈夫な糸や柔軟な布地、スポンジ状の塊などに形を変えることができる。菌糸体は繊維のようでありながら液体のように広がり、他の物質を包み込むと、接着剤のようにつなぎ合わせて三次元の複合材料にする。そうして生成された材料は、きちんとした方法で安定化させれば、引っ張りや引き裂き、折り曲げ、粉砕などに強くなる。建築材料や繊維製品の可能性を広げようとする技術者やデザイナーにとって、菌糸体を使った加工品は新しい役に立つ仕事道具になる。菌糸体をどのように使えば、強くて加工しやすい構造物を作れるだろうか。そうした構造物を使って、以前は不可能だった新しい製品を設計できるとしたら、どんなものになるだろうか。

二つ目の特徴は、菌類が他の生物細胞に作用する代謝産物を大量に作ることだ。この代謝産物には、有益なものも有害なものもある。ここまでの章では菌類の代謝産物について、マイコトキシンや抗生物質（抗生剤）、アルコール、味や匂いを生み出す化合物、フェロモンなどのシグナル分子を中心に話を進めてきた。それとは別に、菌類が生み出す有機酸は、工業プロセスや食品工業では普通に使われている。一方で医学研究者は、ヒトゲノム計画で得られた知識や、新たに明らかになった免疫システムやマイクロバイオームの性質を活用しようとしている。そういったなかで、菌類の代謝産物からは新しい種類の薬が生まれるかもしれない。あるいは、これまで使われていない他の代謝産物を、石油化学製品の代わりに用いることは可能だろうか。

三つ目だが、菌類には優れた分解能力がある。私たちはこれまで、腐敗や分解を防ぐために大変な努力をしてきた。しかしリサイクルや廃棄物の削減、傷ついた生態系の修復を重視するようになって、菌類による生分解は以前よりも肯定的にとらえられている。菌類が産生するセルラーゼやリグニナーゼ、アミラーゼなどの酵素は、複合多糖類を分解して、バイオ燃料の原料である糖に変える。また菌類の酵素には、洗濯用漂白剤などの腐食性のある化学薬品の代わりになるものもある。さらに菌類を使ってプラスチックを分解することでゴミ埋め立て地を削減したり、石油流出事故による海洋汚染に対処したりすることができるのではないだろうか。

菌類が持つ最後の特徴は、他の生物と独創的な方法で協力し合ってきた素晴らしい歴史があることだ。森林や畑は、共生菌根菌や内生菌がなければ抜け殻のようになってしまう。酵母やカビ、キノコは私たちに食料とビタミンを与えてくれる。さらに、林業や農業で内生菌や菌根菌をもっと有効に利用することで、植物病害を減らし、外来種の侵入を防ぎ、殺虫剤や化学肥料の使用量を減らすことを目指せるのではないか。

とはいえ生物を扱うのは一筋縄ではいかない。注意して取り組まねばならないのは、協力してくれる元気いっぱいの菌類が、毒素を作り出したり、望まない場所にまで広まったりしてしまう事態を避けたいからだ。菌類の生物学的・生化学的性質や、自然界での他の生物とのかかわりに関する理解がさらに進めば、菌類を私たちの目的のためにうまく利用できる可能性が高まる。それだけでなく、菌類は予想外の形で私たちに力を貸してくれるかもしれない。

## 工業的マイコテクノロジー——有機酸、プラスチック、酵素

応用微生物学の分野で菌類の利用が始まったのは一九一九年で、これは「バイオテクノロジー」という用語が生まれたのとほぼ同時期だ。最初の応用例は、菌類が持つ化学物質や酵素の生成能力

を利用したものだった。アスペルギルス・ニガーは、菌糸を作る菌類では初めて工業プロセスで使われた菌種であり、人間世界にとてもよくなじんだ協力者である。土壌や堆肥、家、ヒトの皮膚に存在するカビの量を調べると、多くの調査結果でアスペルギルス・ニガーが上位にくる。この菌のすすで汚れたような黒い頭からは、とげとげした無性胞子が何千個も放出される。その胞子はどんな場所でも、降り立つとすぐに発芽する。その菌糸は、動きが遅い別のカビの上で一気に広がるので、実験室では汚染源として厄介者扱いされている。しかしアスペルギルス・ニガーはさまざまな種類の代謝産物や酵素を勢いよく作りだす、有能な細胞サイズの工場だ。そしてビール醸造用のような発酵槽の液体中でもよく増殖する。

アメリカの製薬会社ファイザーは第一次世界大戦後に、アスペルギルス・ニガーを使ったクエン酸の製造を始めた。クエン酸はかんきつ類の酸っぱさを生み出す化合物だ。それ以前のクエン酸製造にはレモンが使われていたが、アスペルギルス・ニガーを使うことで生産量が大幅に増加した。そのうえ、発酵プロセスはレモンの木を育てるよりもずっと短時間ですんだ。毎年二〇億ドルから二五億ドル規模で生産されるクエン酸がなかったら、コーラを飲んだときの歯がきしむような口当たりを感じることもない。クエン酸には金属イオンと結合し、溶解しやすくする性質があり、産業用途のほか、コーヒーメーカーに付着したカルシウムの除去などにも使われる[2]。

菌類(マイコ)関連分野で起業する、いわゆるマイコアントレプレナーは、カビの新しい応用例を次々と考え出している。たとえばイタコン酸や同様の有機酸は、アスペルギルス・テレウス（*Aspergillus terreus*）の発酵によって工業規模で生産されており、重合させるとアクリルプラスチックやラテックス塗料などさまざまな製品になる。工業的に重要な菌類由来酵素は、アスペルギルス・ニガーや近縁の菌類（コウジカビなど）のほかに、ビール酵母やトリコデルマ属菌が主な供給源になっている。そうした酵素は自然界でも培養槽の中でも、成長中の菌糸から排出され、細胞の外で役割を果たす。そうした酵素を精製して使用すれば、生きた菌なしで工業プロセスを進められるようになる。多くの工業プロセスは華氏一〇〇度（摂氏三七・七度）以上で起こるので、そこで使われる酵素はそうした高温でも作用できなければならない。堆肥やウッドチップの山などの高温の環境に生息する好熱菌が熱に安定的な酵素を作るのは当然といえば当然だ。洗濯洗剤の広告ではよく、脂肪分解酵素のリパーゼやタンパク質分解酵素のプロテイナーゼの力で汚れを落とすと熱心に宣伝しているが、そうした酵素の多くがサーモミセス・ラヌギノサス（*Thermomyces lanuginosus*）のような好熱性カビに由来することは、広告ではまったく触れられていない。また「ストーンウォッシュ」ブルージーンズの生地を柔らかくするのには、トリコデルマ・リーゼイ（*Trichoderma reesei*）というカビが作り出すセルラーゼが一般的に使われている。これを「菌類腐敗ジーンズ」と呼ぶのはたぶんマーケティング的にまずいだろう。

菌類についての理解が深まるにつれて、利用には注意が必要だという認識も強まっている。アスペルギルス・ニガーは工業で使用されるようになってから一〇〇年ほどたつが、驚くことに、最近になって一部の菌株がオクラトキシンAという物質を産生することが発見された。オクラトキシンAは腎臓障害をもたらすマイコトキシンで、通常は貯蔵中の穀物やコーヒー、ワイン、ビールなどで増殖する別種のアスペルギルス属菌やペニシリウム属菌によって産生されるものだ。工業で使われているアスペルギルス・ニガーはオクラトキシンAを産生しない菌株だが、この驚きの新発見は、カビが大量に増殖している場合や、新しいプロセスに利用する場合には、有害な副産物がないかどうかの確認が必要だということを再確認させる、意味のある出来事だった。

二〇世紀が進むにつれて、菌のバイオテクノロジーは前進し、多様になっていった。最初は新たな有機酸や酵素を探すのが目的だったが、菌類の作り出す代謝産物の独自性が明らかになっていくと、菌類の応用範囲は広がっていった。そして新しい薬に対する医療現場の需要に応える形で、より多様な菌類の探索がおこなわれるようになった。

## バイオプロスペクティング――新薬の探索

一九二八年九月、世界初の抗生物質であるペニシリンが発見された。それは象徴的な出来事だと言える。アレクサンダー・フレミング（一八八一～一九五五年）は二〇世紀で最も有名な科学者の一人となり、彼の画期的発見は、科学の世界で「アクシデント」、あるいはセレンディピティと呼ばれるものがいかに重要かがよくわかる例としてよく話題になる。フレミングがもともと研究していたのは、ヒトの涙に含まれていて、目の細菌感染に対する自然の保護機能をもたらしているリゾチームという酵素だった。彼の実験室は、ロンドンのパディントン駅近くにあるセント・メアリー病院の中二階の一室で、実のところそこは、縦長のはめ殺し窓が三つついた物置部屋だった。培養中の細菌や毒液のボトルが置かれた棚がいくつもあり、その間の実験台に顕微鏡が押し込まれていた。あるとき、家族と休日を過ごして実験室に戻ってきたフレミングは、積み重ねたペトリ皿の中から、かなり長い間培養していた皮膚の日和見病原菌である黄色ブドウ球菌を取り出した。そのペトリ皿は側面から侵入したある種のカビで汚染されていて、ホコリっぽい緑色のコロニーが広がっていた。この広がっているカビ(現在では、屋内の好乾性菌として一般的なペニシリウム・ルーベンス[*Penicillium rubens*]として知られている[3])の周囲の寒天培地には、透明なスペースができていた。クリーム色の黄色ブドウ球菌があるはずの場所には、溶けてしまった菌体のかすかな痕跡があるばかりだった。何かが黄色ブドウ球菌を殺していたのだ。

フレミングは、誰でもきっとやるはずのことをした。そのカビが生えたペトリ皿を午前の休憩の場に持って行って、コーヒーとタバコを楽しんでいる同僚たちに見せたのである。新聞記事が伝えたところでは、同僚の一人はそのカビを一かけらかじってみて、イギリス産青カビチーズであるスティルトンのような味だと言ったという。一年後、フレミングは観察と実験の結果を短い論文にまとめたが、それは内容が曖昧で、説明が不十分というのが一般的な評価だ[4]。フレミングはその細菌を殺した物質を「ペニシリン」と命名した。

この研究はあまり注目されず、やがてフレミングは別の研究テーマに移ってしまった。そして一〇年後に戦争が始まると、四角い顔の短気なオーストラリア人ハワード・フローリー(一八九八~一九六八年)と共同研究者のエルンスト・チェーン(一九〇六~一九七九年)を中心とするオックスフォード大学の化学者チームがペニシリンの研究を始めた。フローリーらはペニシリンの分子構造を調べ、薬としての有効性を試験できるだけの量を精製した。最終的には、感染症にかかったマウスに注射するのに十分な量が確保できた。そのペニシリンを注射したマウスは感染症から回復した。次に研究チームは、バラの棘が原因で慢性的な感染症にかかっていたオックスフォードの警官にペニシリンを注射した。投与したペニシリンは、警官の尿から回収して再精製し、再利用する必要があった。そうやって回収するたびに、ペニシリンの量は少しずつ少なくなっていった。警官は回復に向かったが、やがてペニシリンの供給が尽き、その後警官は亡くなった。

ドイツ軍によるロンドン空襲が激しくなって、研究チームが心配したのは、オックスフォードの研究施設が爆撃に遭うことだった。そこで彼らは毎晩、実験室から帰宅するときに、スーツの襟の下にペニシリン産生菌の胞子を塗っておくようにした。仮に実験室が破壊されても、その胞子からペニシリウム菌を再単離できるからだ。やがて、実験室の何でも屋を務めていた、創意工夫で知られる研究者ノーマン・ヒートリー（一九一一〜二〇〇四年）が、ペニシリン研究の場を大西洋を渡ったイリノイ州ピオリアへ移した。奇跡の薬となる可能性のある菌をナチスの手から遠ざけるためだ。しかし薬として使うにはもっと大量のペニシリンが必要だった。そこでヒートリーの実験室の助手メアリー・ハント（一九一〇〜一九九一年）が、地元の青物市からカビの生えた果物を仕入れてくるのが日課になった。彼女には「カビのメアリー」というニックネームがついたほどだ。そうした果物のうち、腐ったメロンからハントが単離した新しい菌株が、それまでの数百倍の量のペニシリンを産生した。第二次世界大戦中の北米でのペニシリン供給量は、鉛筆の重さとほぼ同じ半オンス（一四グラム）足らずだった。その一〇年後には、ペニシリンは大量生産されるようになり、一回の投与量の値段はグラス一杯の牛乳と同じくらいまで下がった。今でもペニシリンの製造には、このときの菌株を変異させて産生量をさらに増やした菌株が使われている。

フレミングとフローリー、チェーンは一九四五年にノーベル生理学・医学賞を受賞した。フレミングが得た名声は、ヒートリーが共同受賞しなかったことを不満に思う人々を中心に、いまだに論争の的になっている。フレミングはぎこちない微笑みを浮かべた内気な人物だったが、それでも注目を楽しんでいた。インタビューの場では何十年にもわたって繰り返し、熱心な聞き手に同じカビの話をしていた。そして乾燥させたカビに自分のサインをして、友人や研究仲間、さらには王族にもプレゼントとして贈っていた。最近のオークションでは、そうしたカビの一つが一万一八六三ポンド（約二六〇万円）で落札されている。ハウスダストに含まれているような干からびたカビの値段としてはたいしたものだ。一方でフレミングの発見のよいところは、菌類学や微生物学を学ぶ学生なら誰でも、培養実験でシャーレが菌類に汚染されることがあれば、まったく同じ抗細菌作用を見られることだ。この現象の持つ重要性は今でこそ明白だが、フレミングが詳しく調べるまでは認識されずにいたのである。(5)

ペニシリンによって始まった抗生物質時代とともに、創薬の黄金時代も到来した。一九五〇年代、製薬会社はよく、社員に休暇先で土を集めてくるよう呼びかけていた。後にバイオプロスペクティングと呼ばれることになる取り組みだ。社員たちは世界各地の旅先で、ティースプーンを使って土のサンプルをすくい取ると、35ミリフィルムのケースやビニール袋に入れて持ち帰った。実験室では技術者が、採集されてきたダストを希釈して寒天培地に塗った。うまくいくと新しいカビが増殖して、これまでにない代謝産物が作り出される。その代謝産物はカビの細胞と分離され、精製された。そうやって精製された化学物質に興味深い生物学的作用があるかどうかを確かめるため、バイオアッセイと呼ばれる評価実験方法が設計された。この方法を使って、海や陸地、熱帯地方、南極や北極、その他の極限環境など、考え得るあらゆる場所で採取された、非常に多くの種類の微生物や動物、植物が作り出す代謝産物が分析された。特に多くの代謝産物を作り出したのが菌類と、菌類に似た細菌の放線菌で、その研究から数々のドラマチックな成果があがった。放線菌の一種であるストレプトミセス・グリセウス（*Streptomyces griseus*）から単離されたストレプトマイシンという抗生物質は、結核や淋病、梅毒の治療に有効で、神秘的な奇跡の薬という抗生物質のイメージをさらに強めることになった[6]。

とはいえ、発見した代謝産物を薬として実用化するのは、多額の費用を要するハイリスクな投資だ。研究者やライバルの製薬会社の間では競争が激化した。薬の軍拡競争というべき状況下で、ほとんどの発見が特許で保護されるか、企業秘密扱いになった。

そうしたなかで起こったのが、ヒトの臓器移植を支える薬の開発競争だ。一九六七年に南アフリカの外科医クリスチャン・バーナード（一九二二〜二〇〇一年）が、世界初のヒトの心臓移植をおこなった。移植を受けた患者は手術後一八日間生存したが、肺炎で亡くなった。移植の成功は長い間夢のままで、前進はみられなかった。リスクは手術による身体的外傷だけではなかった。免疫システムの中の白血球が、他の体から移植された臓器を異質な組織と見なして、攻撃してしまうのだ。スイスの製薬会社サンド（第4章で登場したアルバート・ホフマンがＬＳＤの合成をおこなった会社だ）の科学者チームは、この拒絶反応の問題を解決したいと考えた。彼らは、ある甲虫の寄生菌の無性時代にあたる、トリポクラジウム・インフラツム（*Tolypocladium inflatum*）という増殖速度の遅い白カビの株を、ノルウェーとアメリカの土から採取した。この株は複雑な環状分子を作り出すことが明らかになり、サンドの科学者チームはそれをシクロスポリンAと命名した。自然界では、この化学物質を含む浸出液には競争相手のカビを混乱させるはたらきがある。殺すことまではしないが、相手の菌糸を繰り返し枝分かれさせる。そうすると、相手の菌糸は長く伸びるのではなく、コロニーが固い結び目のようになって、広がれなくなってしまうのだ。一方ヒトの血液中では、移植された臓器がT細胞（白血球の一種）に攻撃される前に、シクロスポリンAがT細胞の作用を阻害する。[7]

シクロスポリンは実用化されると、その後の三〇年間で約五〇万人の臓器移植患者の命を救い、発見者たちには年間約一〇億ドルのロイヤルティ（特許使用料）をもたらした。この薬は関節リウマチや乾癬といった他の免疫疾患にも使われる。現在では毎年約五〇〇〇人が心臓移植を受けており、さまざまな臓器の移植が日常的におこなわれるようになった。しかし残念ながら、シクロスポリンには腎障害を中心とする副作用があるので、使用する場合には注意深い経過観察が必要だ。さらに回復期の患者では真菌感染症の発症例がきわめて多い。シクロスポリンによる免疫抑制作用は、HIV感染と同じような結果をもたらす。感染に対して体が通常持っている防御機能が損なわれてしまうのだ。新薬探しの時代において最も有名な菌類生産物の一つであるシクロスポリンが、同時にアスペルギルス・フミガツスなどの危険な病原菌への感染率を高めてしまっているというのは皮肉な話だと言える。

私たちのほとんどは、感染症の恐怖が薄れつつある時代に育った。そのため抗生物質（抗生剤）がどれほど革命的なのか、そしてその発見がどれほど最近の出来事だったかを忘れがちだ。世界で初めてペニシリンで命を救われた人は一九九九年まで存命していた。そして第二次世界大戦後に平均寿命は一五年ほど長くなったが、それは一つにはこうした新しい薬のおかげなのだ。

問題は、抗生剤を過剰に使用すると、病原性の細菌や菌類のあいだに薬剤耐性が広がる可能性があることだ。こうした耐性が生じるのは、一回の抗生剤投与で多くの病原菌細胞が殺されるが、すべての細胞が死滅するわけではないためである。一部の細胞は最初の攻撃を耐える。生き抜いたすえに、抗生剤を分解したり、効力を失わせたりできるようになった病原菌細胞は、その能力を子孫に受け渡す。抗生剤の過剰投与をおこなうと、耐性のない同種の病原菌細胞が死滅した後の体内で、耐性化した少数の細胞が数を増やしていく。その結果、かつて私たちを守ってくれていたペニシリンやストレプトマイシンなどの抗生剤が、今では効かなくなってきており、克服したはずの病気が再登場してきている。さらに多剤耐性を持つ病原菌も登場している。たとえば、創傷感染を起こすカンジダ・アウリス（*Candida auris*）という菌は、二〇〇九年に日本で発見されたばかりだが、いくつかの大陸で入院患者の血流に侵入する院内感染を起こしており、現在ある抗真菌薬のほとんどが効かない。アメリカ疾病予防管理センター（ＣＤＣ）の報告によれば、毎年二八〇万人のアメリカ人が抗生剤耐性を持つ細菌と菌類に感染しており、三万五〇〇〇人以上が亡くなっているという。感染者数と死亡者数はどちらも着実に増加しているが、異なる国の統計データを比較するのは難しい。[8]

驚くことに、農業での抗カビ剤の使用も、ヒトの病原真菌が薬剤耐性を獲得する原因になっている。畑の作物には、黒穂病やさび病のような菌類感染症を防ぐ目的で、アゾールという化学物質が散布されている。そうした抗カビ剤が地面に滴り落ちると、土壌菌類はほとんどが死ぬが、この物質に耐性化した菌類は生きのびて数を増やす。この抗カビ剤は、カンジダ症やアスペルギルス症などのヒト真菌感染症の治療に使われるトリアゾール系抗真菌薬と化学構造が似通っている。農場で生まれたアゾール耐性菌がヒトに感染したら、トリアゾール系抗真菌薬では簡単には治せない。実際に多くの農業地域では、アスペルギルス・フミガツスなどのヒト病原菌の間に、トリアゾール系抗真菌薬耐性が爆発的に広がっている[9]。

現在では、抗生剤をはじめとする薬剤の多くが、遺伝子組換えの菌類や細菌を使って製造されている。一九八〇年代のバイオテクノロジーブームの後、ある生物種の遺伝子をちょきんと切り取って、別の生物種の染色体とつなぎ合わせる、ハサミと接着剤のような機能を持った酵素が発見された。この酵素を使ったDNA組換えと呼ばれる手法では、培養槽内で細胞工場となるように訓練してある宿主微生物に、野生の微生物の遺伝子を移植する。たとえばインスリンがそうだ。一九六〇年代に私の母に注射されていた糖尿病治療用のインスリンは、ヒトのインスリンではなく、ブタ胎児の膵臓から抽出したものだった。現在では、本物のヒトインスリンと同じ分子が、培養槽で増殖させたパン酵母（または大腸菌）を使って作られている。使われるパン酵母や大腸菌は遺伝子組換えによって、ヒトインスリンとまったく同じタンパク質を作るヒト遺伝子を発現するようになっている。遺伝子組換えパン酵母はB型肝炎ワクチンの製造にも使われていて、血液製剤を使っていた以前のワクチンに関連する問題を回避できるようになった。[10]

とはいえ、自然界の生物の創造性は、私たちが働きものの微生物たちに組み込んでいるものをはるかに超えている。自然界に隠れている他の何百万という菌類の才能に目を向けたとき、どんな驚きに出会うだろうか。

## マイコフードとバイオ燃料

キノコ（菌類の子実体）はコレステロールがゼロで、低カロリーで飽和脂肪酸が少なく、アミノ酸やタンパク質、食物繊維、ミネラル、ビタミン、抗酸化物質をたっぷり摂れる食品だ。一九八〇年代には、菌糸体を食べるだけでキノコと同じ豊富な栄養を摂れるのではないかという考えが出てきて、食品技術者たちはタンパク質や菌糸をたくさん作れる培養菌を探し始めた。彼らが探したのは培養槽の中でよく育つ菌だった。培養を試みた菌には、培養槽内で小さく絡まったボール状のままのものもあれば、ふんわりとした球状に広がるものもあった。培養槽内でも菌糸の成長が抑制されない菌株の場合には、培養槽全体がチャウダースープのような液体で一杯になった。そうやってできたものは、食欲がわく見かけではなかったし、味もそれほどしなかったが、技術者たちは味や風味は後から追加できるとわかっていた。

そうした実験から生まれた人気商品がクォーンだ。これはマイコプロテインと呼ばれる代替タンパク質で、その製造ではまず、培養槽の中でジャガイモの病原菌であるフザリウム・ベネナツム

（*Fusarium venenatum*）を増殖させる。育った菌糸体を濾過してから、構造を変えて鶏肉と同じような口当たりにする。この代替肉は一九八五年に市販が始まり、今でもヨーロッパで販売されている。一部の国でしか販売されていない理由の一つは、マイコトキシンを産生する可能性のある植物病原菌を材料にしていることだ。[11] 菌類由来タンパク質の開発を目指す起業家の大半は、食用キノコなどの、食品として安全に使われてきた歴史のある菌種の菌糸体を好んで利用している。

培養槽で育てて作る菌類由来タンパク質食品には、ベジタリアン向けとして適していること以外に、環境にもやさしいというメリットがある。その出発材料としては、小麦のわらやトウモロコシの茎などの農業廃棄物を使うことが多い。このアプローチでは、ヒトの食べ物や動物のエサにはならない作物残渣に含まれるデンプンのエネルギーを利用する。このデンプンを、アスペルギルス・ニガーやアスペルギルス・オリゼー（ニホンコウジカビ）から抽出したアミラーゼという酵素で分解して、糖を作りだし、この糖をエサとして菌に与えることで、食用の菌糸体を育てる。こうした菌類由来タンパク質の製造プロセスで使われる水の量は、動物性タンパク質の製造に必要な水の五分の一から一〇分の一だ。さらに数日から数週間で製品の形になる。動物性タンパク質なら数カ月から数年かかるところだ。代替肉としては、シャーレの中で動物細胞を培養して作られるもののほうがメディアの注目を集めているが、経済的な面でいえば、菌類由来タンパク質のほうが長期的なメリットが大きいように思える。

森林から出る廃棄物も菌類培養の貴重な原材料になりうるが、木材中のリグニンの網目構造はセルロースをあまりにもしっかり固定している。木材腐朽菌である担子菌から抽出したリグニン分解酵素のリグニナーゼを使って、数十年にわたって実験を重ねた結果、高分子であるリグニンを有用なフェノール性物質に変える方法が見つかったが、大規模な産業利用はまだ進んでいない。リグニンの処理は解決すべき重要な問題だと言える。パルプ工場や製紙工場を発生源とする大気汚染の多くは、木材繊維を硫化ナトリウムと一緒に加熱して、セルロースとリグニンを分離する工程が必要なせいで起こっている。サドベリーでは、六五キロほど離れたエスパノーラの製紙工場から腐った卵のような悪臭のするガスが流れてきていて、その悪臭がするかどうかで風向きがわかるほどだった。現在の製紙工場などでは、好熱菌から抽出したセルラーゼやリグニナーゼなどの酵素の助けを借りてパルプや紙を製造している。こうした生物による漂白やパルプ製造のプロセスと、別の悪臭対策を組み合わせた結果、エスパノーラの悪臭問題は解決している。しかし世界を見れば、枯れた木に含まれる年間一億トンのリグニンのうち、利用されているのはわずか五パーセントだ。残りは焼却処分されている。[12]

バイオエタノールなどのバイオ燃料は重要であり、発展途上国での代替エネルギー源を着実に広げつつある。そうしたバイオ燃料の製造も菌類が頼りだ。[13] バイオ燃料工場は、一般的に農業地帯に建設されている。タンクやパイプ、そして作物サイロから外に伸びるベルトコンベアーを備えた工場の建物は、ミニチュアの石油精製所のように見える。バイオ燃料製造の出発材料は、サトウキビの絞りかすやトウモロコシの穂軸、大豆の茎、稲わらなどの農業廃棄物を砕いて細かな粒状にしたものだ。そうした原料をすりつぶしてどろどろにしたものに菌類由来のセルラーゼを混ぜ合わせると、セルロースが糖に分解される。また、セルロース以外の多糖を分解するヘミセルラーゼも同様に使われる。こうした方法の他に、屋外の池で微小藻類を増殖させて、この藻類が光合成で作り出す糖を原料として使うこともできる。どちらの方法にしても、作り出した糖を培養槽内のビール酵母にエサとして与え、この酵母が作り出したエタノールを蒸留したうえで、ガソリンに添加することになる。カナダとアメリカでは、自動車用に販売されている燃料の大半がエタノールを一〇パーセント含んでいる。この割合はヨーロッパでは五パーセントか一〇パーセント、ブラジルでは二五パーセントになる。フレックス燃料車向けに適切に設計されたエンジンなら、ガソリンに最大八三パーセントのエタノールを混合した燃料を使うことが可能だ。バイオエタノールはガソリンと比べて燃料の単位量当たりのエネルギーが少ないが、二酸化炭素の排出量は半分以下だ。原料の作物に含まれていたマイコトキシンが蒸留後のエタノールに残ることはないものの、蒸留穀物残渣と呼ばれる固形物には残っている場合がある。そういったものを乾燥させて動物のエサとして与える場合には、マイコトキシン中毒が問題になる。

牛や馬、羊、さらにゾウやキリン、シマウマなどの野生動物の腸では、ネオカリマスチクス門(Neocallimastigomycota)という「メリー・ポピンズ」に出てきそうな名前の門に属する嫌気性菌類が相利共生して、マイコバイオームを作っている。そうした菌はツボカビ類の近縁にあたり、動物の体内で遊走子を作る。この遊走子は、むちのような一本か数本の鞭毛を小刻みに動かしながら、腸の中を動き回り、その動物が食べた固いわらの繊維の間にシスト(嚢胞)を作る。この菌の菌糸様細胞が膨張して大きくなると、植物の固い組織をばらばらに破る。ネオカリマスチクス・フロンタリス(*Neocallimastix frontalis*)などの菌種が産生するセルラーゼ複合体はセルロースを分解する能力が非常に高いので、「チーズおろし金」のニックネームがあるほどだ。このセルラーゼ複合体は、知られているなかで最も強力なセルロース分解酵素であり、バイオエタノールを製造する際の原材料分解プロセスでの利用に注目が集まっている。[14]

## マイコレメディエーション——環境修復の新たなアプローチ

現在、環境問題の中で特に懸念されることが多いのは、気候変動と二酸化炭素排出である。菌類は、共生者として植物組織への炭素固定を支える一方で、腐生菌として物質を腐らせることで二酸化炭素を放出することから、世界全体の炭素循環の担い手として重要だと言える。しかし同じくらい深刻な問題である環境汚染の対策においても、菌類は重要なパートナーになるだろう。バイオ農薬とバイオ肥料は、化学合成された有毒な農薬や肥料の使用量を抑えるのに大きく貢献するはずだ。さらに菌類は汚染廃棄物の浄化（レメディエーション）にも動員されている。

菌類を用いて、石油流出や鉱山廃水、放射性廃棄物、固体汚染物質などの無毒化や除去をおこなうことを、マイコレメディエーションという。炭化水素が豊富な環境や、強酸性環境で増殖する性質を持つ数種類のカビは、石油製品を炭素源として用いることができる。そのため、森林火災や神経ガス攻撃、陸や海での燃料漏出の後には、菌糸体が持つ吸着性を利用した汚染除去が試みられている。たとえばサンフランシスコ湾では、二〇〇七年のコスコ・ブサン号重油流出事故で海岸に漂着した重油を、ヒトの毛髪とヒラタケを材料とする素材で吸着して除去した。一方で、一九八六年のウクライナのチョルノービリ（チェルノブイリ）や、二〇一一年の福島での原子力発電所事故では、放射性降下物が放出されて広範囲に降り注いだ。この放射性降下物に含まれるセシウム137という放射性同位体は、悪性腫瘍の原因になったり、寿命を大幅に縮めたりする。野生キノコを食べたウクライナの人々が被ばくを心配したのがきっかけで、多くの菌が菌糸体に重金属（セシウム137など）を蓄積することが発見された。同じような菌類の汚染は日本のマツタケでも見つかっている。しかし菌糸体に重金属を集める性質があるということは、キノコを栽培すれば土壌から放射性同位体を抽出できることも意味している。育てたキノコを収穫して焼却処分すれば、放射性物質をより濃縮した形で最終処分できる。後におこなわれた、チョルノービリ原発の冷却塔の内壁に関する研究から、クラドスポリウム・クラドスポリオイデスなどの家屋にいるタイプのカビ数種には、細胞壁にあるメラニン色素で放射性物質を吸収する性質があることがわかった。このカビをめぐっては、国際宇宙ステーションの船内で自己再生する放射線シールドとして使えるかどうかを確かめる研究がおこなわれた。さらに最近発見されたロドトルラ・タイワネンシス（*Rhodotorula taiwanensis*）という酵母は、水銀化合物やクロム化合物に汚染された高放射線環境でも活発に増殖するようだ。そのため将来的には、酸性度の高い鉱山廃水をマイコレメディエーションで処理するのにも使える可能性がある。[15]

汚染された物質に自然にコロニーを作る菌類（と細菌）は、有毒物質を自力で処理し、分解できることが多い。しかし他の種類の堆肥と同じように、微生物の遷移のしかたは場所によって、また季節によって変わり、必ずしも一貫した結果は得られない。したがって、地元の科学者が基本的な実験設備で、その土地の微生物群をもとにスターター菌を試験し、開発するといいし、できるはずだ。そうすれば、外来の微生物種を導入することによるリスクも回避できる。そうしたマイコレメディエーションは、屋外の廃棄物に対して必要になることがほとんどなので、農村地域や遠隔地の施設で利用できそうだ。これまでに、マイコレメディエーションに向けた微生物のスクリーニングが数多くおこなわれており、アスペルギルス属やペニシリウム属などのカビや、限られた種類の好熱性カビ、市販もされているようなキノコなどが選ばれている。カビは雑草のように短期間で育つため培養がしやすく、有機廃棄物の上でよく増える。しかしそうしたカビの多くがマイコトキシンを産生したり、ヒトの体温でも増殖可能だったりする点は問題だ。もっといろいろな種類の地域原産の微生物をテストできるようになるまでは、短期的にはパン酵母やアスペルギルス・ニガーのような、ほぼどこにでも生息していて、一般に安全と見なされている菌種のほうが都合が良く、健康問題を引き起こす可能性が低いだろう。[16]

プラスチック汚染も深刻な問題だ。食品パッケージや水のボトル、不要なおもちゃなどのプラスチックの表面に生息する微生物の群集を、プラスティスフィアと呼ぶ。風化したプラスチックからは、アスペルギルス属菌やフザリウム属菌、ペニシリウム属菌、トリコデルマ属菌、ケトミウム属菌といった子嚢菌のカビがよく単離される。こうしたカビの菌糸には、物理的にプラスチックをばらばらにする力はないが、実験室で培養した菌にごみを加えると、プラスチックを溶かしてもっと扱いやすい分子に変える酵素を作り出す。そうした酵素は、年間三億五〇〇〇万トンから四億トンの規模で埋め立て処理されているプラスチックごみ（その九〇パーセントがリサイクルされず、一度しか使われなかったものだ）を減らすのに役立つはずだ。その場合には、ごみの山に菌類を直接加えるよりも、泥状にしたプラスチックごみに菌類が産生した酵素を加えるほうがよいだろう[17]。これと同じようなアプローチは、ポリ塩化ビフェニル（ＰＣＢ）などの有害化学物質に汚染された土壌の浄化にも使われている。

熱帯の国々では、土地原産の菌類を使って、コーヒー栽培から出る大量の廃棄物を処理する方法が検討されている。そうした廃棄物の四〇パーセントは、コーヒーチェリーから出る廃バイオマスだ。繊維質でねばねばのパルプ状になったコーヒー栽培の廃棄物は川に捨てられることが多く、そこから溶け出すカフェインやタンニンによって魚の中毒が発生している。しかし実験室での実験では、そうした廃棄物をアスペルギルス属菌やリゾープス属菌（クモノスカビ）などのカビによって堆肥化すれば、カフェインの九〇パーセント、タンニンの六五パーセントを除去できることがわかっている。処理後の残渣は、動物のエサやバイオガス、酵素生成の原料や、ヒラタケなどの食用キノコを小規模栽培するときの培地として使える。ただしその（現時点では種が未同定の）アスペルギルス属菌に病原性がなく、マイコトキシンを産生しないことが条件だ。ちなみに、コーヒーチェリーの外皮を乾燥させて束ねたもので作ったフィルターには、熱帯地域の染色工場から漏出する、有毒な色素の一種クリスタルバイオレットを吸収する作用があるようだ[18]。

こうした例からは、陸域や水域の生態系に対するマイコレメディエーションを、発展途上国でも実現可能な規模で経済的に無理なくおこなうという、未開拓の可能性が見えてくる。生分解や、多様な代謝産物の生合成などの能力を持つ菌類は、生態系の修復を堅実におこなうのに本質的に適しているようだ。熱帯の国々にはとてつもなく多様な菌類が生息しているが、詳しい研究対象になっているのはどこにでもいる少数のカビだけだ。このことは、そこに将来のイノベーションに向けた大きなチャンスがあることを意味している。

## ブティック型バイオテクノロジー

菌類を対象とするバイオテクノロジーは二一世紀の始まりあたりから、大規模な工業分野から、起業家が活躍する領域へとスケールダウンしていった。菌類はさまざまなシチズンサイエンティストや、小規模スタートアップ企業、デザイナー、アーティストなどと運命を共にするようになっている。そうした仕掛け人たちは、指先に乗るような新しい超小型電子機器やナノテクノロジーを使いこなしていて、学術界の保守主義や、大企業の株主が期待する収益性などからは距離を置いている。そうすることで、彼らはもっと小さなニッチ市場に注力することができる。菌糸が作り上げる菌根ネットワークのように、彼らの創造的な活動はマイコテクノロジーを同時にいろいろな方向へと広げつつあり、その活動に関わっている人々にとっては、今まさに菌糸革命が起こりつつある。[19]

そうした世界で最もよく目にする成功事例は、昔からある飲料に新たに手を加える取り組みだ。最近は、職人の手によるクラフトビールを造る小規模ビール醸造所が、小さなショッピングセンターや工業団地、ガレージを転用した場所など、あらゆるところに現れている。冒険心にあふれた醸造家たちは、古くから使われている工業用のスターター菌を使わずに、花の蜜や昆虫などから採取した野生の酵母によるビール造りに挑戦している。バンブルビール（bumblebeer）という、マルハナバチ（バンブルビー）の腸から採取した酵母を使うことで、大量生産のビールに特徴的なモルトとホップの香りをさらにいっそう強めているビールブランドもある。一〇〇年か二〇〇年前の沈没船から引き揚げた瓶から古い酵母を単離し、それを使って伝統的な発酵ビールを再現している醸造所もある。また通常のサッカロミセス属菌ではなく、ブレタノミセス属菌やピキア属菌をベースとしたスターター菌で醸造した、フルーティーで酸味のある革新的なビールもある。ソーシャルメディアではそうしたビールが大人気だ。そして幸いなことに、マイコトキシンは真正酵母（サッカロミセス綱）〔菌糸をほとんど形成しない酵母〕では作られないので、ビールに含まれる心配はない。[20]

同じような挑戦はチーズでもおこなわれている。一部のチーズ職人は、カビで発酵させる伝統的なカードに使われているペニシリウム属菌は「偶然」家畜化されたものであることにヒントを得て、他の菌種でそれを意図的に起こそうとしている。現代のテクノロジーがあれば、さまざまな菌類の遺伝子や二次代謝産物を分析することが可能なので、チーズ職人たちはペニシリウム属菌の野生株を家畜化するにあたって、風味の良い代謝産物を増やし、マイコトキシンを除去するように努めている。またチーズの見た目を良くするために、色のついた胞子ではなく白い胞子を持つものを選んでいる。こうすることで、わずか八世代でチーズ全体に白いカビが永続的に増殖するようになる。それはまるで、ブルーチーズの青カビが、自分たちは隠れているべきだと自覚しているかのようだ。[21]

最先端のマイコテクノロジーといえば、菌糸体を使った新しい固体素材の開発だ。[22] 原料となる菌として一般に好まれるのは、ヒラタケなどの担子菌類か、薬としても使われる木材腐朽菌のマンネンタケ（霊芝）だ。こうした菌が好まれるのは、菌糸体がマイコトキシンを産生したり、アレルギーの原因になったりする可能性が低いためである（ただし高濃度のヒラタケ胞子を吸い込むと、キノコ栽培者肺と呼ばれる過敏反応が起きることがある）。素材として利用する場合、キノコの菌糸体は培養液の中で育てられ、濾過処理したのち加工される。または、広い平面の上に広がるように育ててから、剝がしてシート状にする。自然の菌糸体の塊は、キノコのかさと同じスポンジのような感触で、発泡スチロールやコルクに似た感じだ。しかし収穫した菌糸体は、重ねて層状にしたり、こねたり、織り直したりしてさまざまな硬さにしたうえで、乾燥や、加熱殺菌などの処理をする。

こうした素材では、多種多様な応用製品の開発が進んでいる。本物の革そっくりの石目模様がある、菌糸を原料とする合皮生地は、動物の革や化学繊維に代わるファッション素材として販売されるだろう。こうした素材は好きなサイズのシートに加工可能なので、天然皮革のように元の毛皮のサイズによる制約がない。ただし、水に濡れたときにどんな匂いがするのかは気になるところだ。自動車メーカーや電子機器メーカーは、菌を型に注入して育てることで、菌糸体を特定の形に増殖させ、発泡スチロール材のように主に梱包素材として使えるようにすることを目指している。また菌糸体と他の固体材料を混合して作る菌複合材料は、強度としなやかさを兼ね備えていて、圧縮や加熱によって硬化する性質がある。つまりこの材料は必要に応じて柔らかくも硬くもできるので、板材やレンガ、プラスチックの代わりに使われるようになるだろう。建築家やアーティストはそうした菌類建築材料を使って、壁や建物、家具を組み立てたり、現実離れしたアートインスタレーションを制作したりできる。[23]

こうしたいわゆるマイコマテリアルは、従来の製品やテクノロジーと真っ向から競合するものになる。マイコマテリアルのほうが製造に必要なエネルギーや水は少なくてすむし、難燃性であることが多い。断熱効率や防音効果も高く、生分解可能だ。環境面のメリットを細かく比較すれば、マイコマテリアルは、再生不可能な鉱物や、石油を原料とする素材ばかりか、植物繊維や動物皮革のような再生可能な素材よりも優れている。コスト面と品質面で十分な強みが得られれば、マイコマテリアルは二酸化炭素排出量の少ない、持続可能経済の実現を後押しするはずだ。マイコマテリアル分野はやがて、小規模なブティック型ビジネスではなく、主流のビジネスとして位置づけられるようになるだろう。

マイコマテリアルは宇宙での利用も視野に入っている。NASAは、火星に将来建設する住宅にマイコアーキテクチャー（菌類建築）の採用を検討している。地球からレンガやモルタル、木材を運んでいくのは莫大なコストがかかる。あの赤い惑星に小さな工場を建設して、そこで菌糸体を育て、その場で建築資材を作るほうが安上がりだ。人類初の地球外居住地の住居は、初めて地球外に出た菌類の菌糸体から作られることになるかもしれない。完成予想図を見ると、亀の甲のようなずんぐりした建物を湾曲した軽量パネルが覆っている。[24] 圧縮した菌糸体で作った柔軟な素材を光合成藻類で挟んで、人工の地衣類のようにすれば、この建物は太陽エネルギーを取り入れたり、自力で酸素を生成したりできる。

## マイコテクノロジーに囲まれた世界

ここで想像力を解き放って、私たちが菌類という友人を十分に利用したらどうなるか考えてみよう。そうなったとき、私たちはどんな暮らしを送り、世界はどのように見えるのだろうか。

朝、あなたは心地よい眠りからすっきりと目覚める。マットレスには低アレルギー性のベッドシーツが敷いてあるので、肺にアレルゲンである寝具の菌類が入ってこない。シャワーで使うシャンプーには、フケ症の原因になる酵母（マラセチア属菌）をコントロールする効果がある。その後、鎮静効果のあるモイスチャーローションをつける。このローションには、「不老長寿のキノコ」と呼ばれるマンネンタケ（霊芝）の菌糸体が配合されている。

世間の大半の人と同じように、あなたも値段の高い家畜由来の肉や培養肉を嫌っていて、主にベジタリアン食で生活している。朝食のシリアルは、共生パートナーである菌類のはたらきで害虫への抵抗性を持つようになった有機穀物から作られている。トーストには、風変わりな酵母や細菌をスターターとして使った職人こだわりのサワードウブレッドに、マーマイトをたっぷり塗って食べてみよう。塩気のあるものが食べたければ、圧縮した菌糸体で作った模造ベーコンか、テンペ、または最近家畜化されたカビで作られた流行のチーズがいいかもしれない。もっとタンパク質を摂って代謝を活発にする必要があると思うなら、酵母エキスとか、菌糸のパティといった、単細胞生物由来のタンパク質がお勧めだ。そういう食品には水溶性食物繊維が豊富だし、ビタミンBを摂れば元気も出る。微生物由来の有機酸やアルデヒド、グルタミン酸などを組み合わせて好みの風味をつければ、十分なうま味も楽しめる。そういう食べ物と一緒に飲むのは、腸マイクロバイオームの活力と多様性を保つ、コンブチャなどの発酵飲料がいい。朝のコーヒーはどうしようか。コーヒー豆は、特に健康に良い酵母や細菌、カビを使って発酵させることで、カフェインの量を気分と健康にプラスになるレベルに無理なく減らしながら、微生物由来の香りと風味の絶妙なブレンドを楽しめるように成分を絶妙に調整してある。コーヒーチェリーの果皮は、栽培地原産のカビや細菌と混ぜ合わせて、地元産の食用キノコの栽培用の栄養豊富な堆肥としてリサイクルされているので、その点も安心できる。

朝食を摂って元気が出たあなたは、大きく伸びをしてから、着替えをして、仕事に行く準備をするためにベッドルームに戻った。あなたの服には、大量の農薬と水を使って育てた綿花はもう使われていない。培養槽で育てた菌糸体で作った衣類はとても柔らかい。淡いグレーや緑、茶などをベースの色にして、そこに鮮やかな黄やオレンジ、赤を差し色にする色使いは、地衣類という自然のパレットから着想を得ている。靴に使われている合成皮革も、菌糸体を圧縮加工して、丈夫で自己再生する生地にしたものだ。身支度がすんで出かける準備ができたあなたは、最近買ったシンビオティック（共生）車に乗り込む。この車は燃料の一部に、農業廃棄物を酵母で発酵させ、蒸留して作ったバイオエタノールを使っている。車載電子機器の電源には、カビの菌糸体を材料とする、環境に配慮したレドックスフロー電池か、キノコの身を使ったイオン交換膜電池を使っている。さらにバンパーやサイドドア、ダッシュボードはすべて、圧縮して硬化させた難燃性のマイコプラスチックでできている。

あなたのオフィスには自宅と同じように、森から伐採してきた木材や、再生不可能な砂利や砂を材料とするコンクリートではなく、菌糸体を材料とする不燃性の基礎ブロックや壁パネル、内装材が使われている。あなたがこれから八時間座って過ごすことになるオフィスチェアのクッション部分は、菌類から作った発泡フォームが使われていて、まるで柔らかいキノコのかさに座っているような感じだ。オフィスに届く配送品はすべて、発泡スチロールではなく、ちょうどよいサイズに育てた菌糸体の梱包材で完璧に保護されている。そしてウォールガーデンには、喘息を引き起こす望ましくないカビの増殖を抑えつつ、気分がリフレッシュできるいきいきとした植物を育てられるように、適切な菌根菌や内生菌がまいてある。建物の換気システムも、有害な菌の胞子や菌糸の断片を除去するようになっている。

あなたや家族の健康状態は今よりもよくなる。有害なカビは住宅から一掃されている。ホロビオントであるあなたの体では、共生菌を調整して、バランスが保たれるようにしているので、カンジダ菌やフケ症の原因菌は体内でするべき仕事はしっかりと果たしつつ、悩みの元にはならないようになっている。感染症にかかったら、治療には、ビール酵母やコウジカビなどを細胞工場として使って製造した、微生物にやさしい抗生物質を用いる。ストレスやうつを管理し、新開発の香り豊かな酒（珍しい酵母を使って醸造したもの）を飲みたい気持ちを抑えるのに、シロシビンをごく少量服用することもある。これはオーダーメイドの精神治療法のほんの一部で、その他にも、管理栄養士や医師による注意深い観察を受けながら、自分に合った種類のプロバイオティクスやプレバイオティクス〔腸内微生物のエサになる食品成分。食物繊維やオリゴ糖など〕を摂取している。

市街地の道路や小道は毎晩、生物発光ランプを使った街灯で弱く照らされている。この街灯は、住民の安全を確保しつつ、鳥などの野生動物が月光を使って進む方向を決めるのを邪魔しないようになっている。この生物発光ランプは、発光キノコの遺伝子を組み込んだ酵母を入れた、ミニ培養槽で、柔らかな光を恒久的に放ち続ける。

そして頭上では惑星間宇宙船が、菌類や藻類の胞子が入った小さな容器を搭載して、火星を目指して航行している。長年続けられてきた生物学的侵略の対象が地球外まで広がるとき、地球外庭園の植物は、共生する菌根菌や内生菌、根圏菌、着生菌などの力で繁栄するだろう。

ところであなたの体はどうなるだろう。こうした華やかな物質的世界との関係を断つとき、あなたも堆肥になることができる。寿命を迎えたあなたは、キノコの死装束を身にまとってリサイクルされる。そうすれば、あなたの体の炭素は微生物へと取り込まれていって、環境にやさしい最先端の形での移行をおこなうことができる。

このシナリオは空想物語のように思えるかもしれないが、このなかに私独自のアイデアはひとつもない。どのテクノロジーもすでに存在しているか、活発な研究や商品開発の対象になっているものばかりだ。[25] アイデアはまるで菌糸のようにネットワークとして増殖する。つながり合い、変化し、広がるのだ。頭の切れる人たちは、菌類を使ってできることについてさまざまなアイデアを出し合い、これまで以上に突拍子もないアイデアを提案し続けている。そしてもっと広い目で世界を見ると、つまり低所得国のニーズや、危機に瀕している自然生態系を考えると、菌糸革命の可能性は違う顔を見せる。食品生産、薬品開発、抗生剤耐性、バイオエネルギー、環境汚染、廃棄物管理といったことはどれも、真剣に向き合う必要がある深刻な問題だ。そして菌類の持つ独特の性質と能力は、私たちの問題解決の手助けをしてくれるのである。

# 第9章 高度一万メートル……菌類と地球の持続可能性

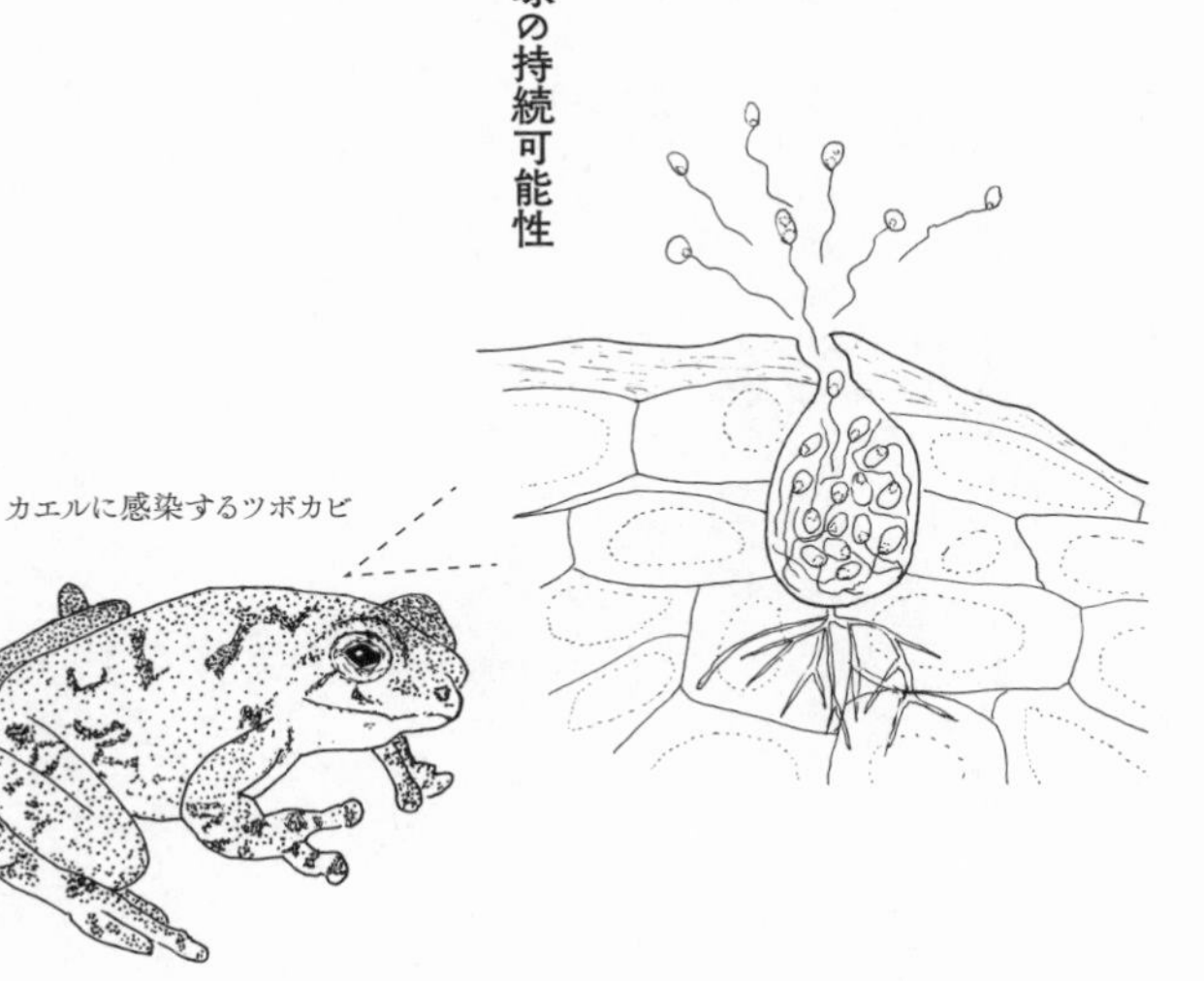

飛行機から外を眺めても、すぐには菌類のことは頭に浮かばない。なにしろ、菌界という隠れた世界に属する生物のほとんどが、顕微鏡が必要なほど小さいか、地下に隠れているのだから。しかし上空一万メートルからでも、菌類が活動している証拠はそこかしこに見える。窓からは商業的植林地の直線的な輪郭が見えるが、遠い昔に天然林に取って代わったその森に活気を与えているのは、内生菌や外生菌根菌のはたらきである。緑色の樹冠が途切れて、灰色や茶色、さび色の部分が不規則に点在しているが、それは木がキクイムシにやられて、住みついていた共生菌が徐々に死につつある場所だ。平坦地には、アーバスキュラー菌根菌や根圏菌から栄養分を与えられた広大な畑が、チェス盤のマス目のように広がっている。自然のままの草原は、小渓谷の中や、曲がりくねった川の土手沿いといった限られた場所に何とか残っているくらいだ。畑の作物の中に、UFOの着陸地点のような薄い緑色の円が見えることもある。それは作物の病原菌が暴れ回っているサインだ。(1) 農業地帯にある町の周辺では、穀物サイロや搬入エレベーターの近くに、タンクと培養槽がきらきらと輝いている。それはバイオ燃料工場だ。そこでは菌類が魔法の力を発揮して、植物や動物に由来する廃棄物を再生可能エネルギー源に変えている。

葉が反射する光の波長の変化を記録することで、菌類による影響も含めた作物や森林の健康状態を宇宙から監視する専用の人工衛星も何基かあり、具体的な病気の種類まで正確にわかることもある。[2] 林業や農業に従事する人々に向けて、森林や耕作地の衛星観測データと、気象情報や病害モデル、そして実際に栽培している品種といった情報を組み合わせることで、植え付けや農薬散布、収穫についてのアドバイスを週や月、年単位で提供するサービスもある。言うならば植物向けの「オーダーメイド医療」だ。

私たちはプレート活動による大陸移動や、人類の移住、大陸間での作物や家畜の流れ、富の不均衡な分布といったことを地図上に表している。菌類の移動も地図にすれば、同じような経路が描かれる。上空から見渡すと、この世界の生物は人間も含めてすべて互いにつながっていて、健康な環境に依存していることに改めて気づく。私たちはそのことを直観的なレベルで理解しているが、正確でさらに感度が向上しつつあるDNAバーコーディング解析によって、生物の世界の広がりと複雑さがより鮮明に見えるようになった。自分自身のゲノムやマイクロバイオームや、以前はほとんど注意を払っていなかった菌類などの微生物、そして森林や畑、食品、建物、私たちの体などの多種多様な生態系を動かす複雑な関係について、多くのことがわかってきている。あらゆるものは相互作用し、何一つ単独では動かない。こうしたシステムの仕組みを深く理解するほど、解決できる問題は増えるだろう。

知識が増えると、生物種の間の関係は闘争と協力の間で連続的に変化することが見えてくる。またさまざまな生物種のニーズや、地球環境がもたらす影響力、そして私たちの経済活動の間にある相いれない状況についてもより強く意識するようになる。菌類はこういった状況の多くで、良くも悪くも重要な役割を果たしている。私たちが持続可能な世界を実現するためには、相いれない利害関係を両立させる必要があるだろう。そして現実的には、菌類との経験は良いものばかりとはかぎらないことを忘れてはいけない。協力者となる菌類のなかには、日和見主義的なものもいるだろう。新しい病原性の菌類が登場して流行し、私たちに、そして私たちの海や森、畑に影響を与えることもある。それまで安全と思われていた食品や製品で新しいマイコトキシンが見つかる可能性もある。医学研究が進み、私たちの免疫システムの複雑さと不十分さや、マイクロバイオームの微妙なバランスについての理解がさらに深まれば、これまで知られていなかったアレルギーや過敏症が見つかるだろう。バランスの取れた、相互につながり合う地球の生態系を乱さずに、私たちの利益と他の生物の利益を同時に守るにはどうすればいいのか。ある一つの生物種（私たちだ）が他の数万、あるいは数百万の生物種を全滅させるような、いわゆる「第六の大量絶滅」の到来を遅らせるにはどうすればいいのか。[3]

共生はきわめて重要な生物学的現象であり、私たちと菌類との相互作用において大きな役割を果たしている。ほとんどの森林は人間が設計した生態系だが、そこでは共生関係が損なわれておらず、今も発見と研究が続いている。一方で、畑でも共生が重要であることはつい最近発見されたばかりだ。作物とアーバスキュラー菌根菌の共生関係は、存在が認識されていない時期が長かったせいで自然の草地と比べるとはるかに弱くなっている。また植物の葉を昆虫から守るはずの内生菌はすでに姿を消してしまっているようだ。こうした共生関係を元の状態に戻せれば、あるいはそれ以上に強化できれば、化学薬品の使用を減らせる。しかし状況の改善は少しずつしか進まない。場合によっては最初の段階まで戻る必要があるかもしれない。作物を野生種からもう一度栽培化して、今度は共生者を手放さないようにするのだ。一方で建物内では、生態系はほぼ完全に二次的なものであり、共生はほとんど見られない。私たちは、人間自身が共生者であることまでは理解しているが、病気のことしか頭にないうえ、薬を深く考えずに使いがちなせいで、マイクロバイオームのバランスを崩してしまっているようだ。本当に期待されているのは、ほとんどの生態系が共生者のコミュニティから作られていること、そしてあらゆる生き物はマイクロバイオームを持つことを理解することだ。そうすれば人工の生態系を構築するときに、他の生物をパートナーとして考えることができる。そうした共生関係は私たちの健康にとっても、環境の健康にとってもきわめて重要だ。そうした認識が広まれば、マイクロバイオームのバランスの回復に積極的に取り組もうという気運が高まるかもしれない。

わかっていることより、わからないことのほうが多い。それでもこれまでの進歩を振り返ることで、研究者やシチズンサイエンティスト、政策決定者が人間と菌類の関係を改めて考えて、思慮深い解決策を提案していくための有望な方法が浮かび上がってくる。

## 政策と規制——貿易とビジネス、生物多様性のバランスを取る

生物種の移動は昔から起こっていたが、かつてはほとんどどんな生物種も元の場所からあまり動かった。国や大陸は分離していて、そこにはさまざまな種類の動物や植物、微生物が独自の組み合わせで生息していた。生物の移動は一般的に、プレートテクトニクスの速度で起こるものだった。

あるいは、胞子が泳ぐ速度や、胞子や花粉の雲、小さな羽虫の集団が空中を漂う速度で起こっていた。ただしハリケーンや津波、火山噴火によってあらゆるものがかき混ぜられた結果、生物がもっと速く移動することもあった。ところがこの数百年を見ると、地球全体が流動的になっており（人々やそのテクノロジーのディアスポラ〔離散〕だ）、かつてあらゆるものの移動を阻んでいた地理的障壁が徐々に消え去っている。現代の貿易は、植物や動物、微生物、そして人間を大陸から大陸へと意図的に運び続けている。まるでこの惑星は、自らをもう一度混ぜ合わせて、超大陸パンゲアが存在した二億年から三億年前のような、一つの巨大な生態系を作り出すプロセスを進めているかのようだ。このプロセスは「パンゲア化」という、過去を懐かしむような名称で呼ばれることがある。[4]そして人間はこのパンゲア化で重要な役割を占めている。何を「外来」と呼ぶかは見方次第だが、最大の外来生物は私たち人間だ。[5]

貿易は多くの利益をもたらすが、問題も多く引き起こす。植物や動物、微生物の海を越えた移動は、かつては数千年かけてたどりついた距離を一気に飛びこえることができる。未乾燥の木材が海を越えて運ばれて、建物や家具、パルプや紙、その他の多くの日用品に使われている。小麦（中東原産）やトウモロコシ（南米原産）、米（アジア原産）は、今ではほぼ世界中で栽培されていて、世界人口の多くがこうした作物に頼っている。そうした原料とともに菌類も移動する。木材や穀物の表面や内部に隠れることもあれば、同じ品物に興味がある他の微生物や昆虫、げっ歯類にヒッチハイクする形で移動することもある。

病気や害虫は政治的な境界線など無視して入り込む。そして私たちの森林や畑にしばしば影響を与える。検疫機関は国境を積極的に監視して、経済と生態系の両面で最も大きな脅威となる生物種、つまり「最も迷惑な種」のリストにある生物種の通過を阻んだり、遅らせたりすることを目指している。[6] そうした監視活動のおかげで、病気が定着する前に、そして林業や農業の従事者や消費者が気づく前に病気を検出できる。そうした監視活動の大半は今でも、水際（みずぎわ）でおこなわれている。経験豊富な植物検疫官が、健康な作物と病気の作物のパターンや、病気が発生した畑の典型的な症状を調べるのである。こうした検査はたいてい功を奏して、検疫対象の病原菌は蔓延し始める機会もないうちに検出されている。

そうした監視活動の対象とされてきた病気の一つが、ヨーロッパと北米大陸で少なくとも一世紀にわたって続いてきた、ジャガイモがんしゅ病だ。[7] ツボカビの一種であるジャガイモがんしゅ病菌（*Synchytrium endobioticum*）を原因菌とするこの病気は、菌に感染したジャガイモか、畑の土で最大三〇年生きのびる厚い壁を持った遊走子嚢（シスト）によって広がる。そのため、ジャガイモを輸出する場合には必ず検疫官によるチェックを受けることになっている。感染したジャガイモの塊茎にはこぶができて、これが膨らむと黒いがんしゅの集まりになるので、簡単に見つけられる。さらに、病気発生の中心地であるカナダ東部のニューファンドランド島では、北米大陸の他のジャガイモ生産地域への流行拡大を防ぐため、フェリーで島を離れる車はすべて、車体に消毒剤を噴霧する規則になっている。病気を抑え込もうとそこまで対策をしていたにもかかわらず、二〇〇〇年にはプリンスエドワード島でジャガイモがんしゅ病が発生したため、病気が発生していなかったアメリカへのカナダ産ジャガイモの輸出が全面停止された。当時はまだＤＮＡ診断検査法が現場に普及していなかったので、プリンスエドワード島の農地から一平方マイル（約二・五平方キロメートル）ごとに採取された、何千もの土壌サンプルを、検疫官が顕微鏡で観察してシストの有無を調べていた。一方で菌類学者たちはジャガイモからこの病気の発生に関連するＤＮＡ配列を特定、それを過去のジャガイモがんしゅ病流行時に検査用の標準検体として保管してあった乾燥サンプルと比較した。その結果、プリンスエドワード島の感染したジャガイモから見つかったＤＮＡは、一九〇八年の流行時に塊茎から採取されたＤＮＡと一致することがわかった。

一般的に感染症の診断検査法を開発する場合には、分子生物学者らは、いくつかの遺伝子に存在するＤＮＡ配列の評価をおこなう。そしてターゲットの菌を同定するためのバーコードとして最も有用なＤＮＡ配列がどれかについて、科学コミュニティで意見をまとめる。その後、さまざまな菌類のＤＮＡ配列を比較して、ターゲットとなる菌のみに存在する特徴的な配列を特定する。ジャガイモがんしゅ病の場合には、カルチャーコレクション（系統保存機関）に、同じシンチトリウム属（*Synchytrium*）の別種の菌で、自然の植物や藻類に病気を起こす菌株も保存されていた。そうしたバーコードすべてを比較したうえで、ジャガイモがんしゅ病菌の配列に特徴的に見られる部分を見つけ、それらを使うことにより、ターゲット菌の検出と同定のためのＰＣＲ検査法（第1章を参照）が開発されたのである。この精度の高い診断ツールのおかげで、土壌サンプルの検査にかかる時間が短縮され、輸出を待っていたジャガイモの検疫がすばやく実施された。こうした検疫の結果をアメリカ側が受け入れて、輸入禁止措置を撤回し、通常の貿易が再開されたので、カナダの農業従事者たちは安堵したのだった。

ただし検疫が有効なのは、どの菌を探すべきかわかっている場合だけだ。そのため多くの微生物が気づかれずに検疫をすり抜けている。そのほとんどが無害な微生物だが、すべてがそうとはかぎらない。一九八〇年以降、カエルは世界全体で個体数が半減しており、約一〇〇種の水棲や陸棲のカエル、サンショウウオ類が絶滅している。その大きな原因となっているのが、カエルツボカビ(*Batrachochytrium dendrobatidis*)による真菌感染症(カエルツボカビ症)である。カエルツボカビの遊走子はカエルの皮膚表面に遊走子嚢という器官を作るが、皮膚の中に入り込むことはない。それでもカエルツボカビ症の死亡率は約九〇パーセントにもなる。このパンデミック、あるいはパンズーティック(世界的に流行する動物疾患)は、二〇世紀初頭にアジアから始まったようだ。おそらく最初は、鉱山の採掘装置などの機械類の中で予想外の場所に水がたまり、そこに隠れていたカエルによって広がったのだろう。やがてこの病気は、カエルをペットや食料にしたり、あるいはヒトの妊娠検査[二〇世紀半ばまで、妊婦の尿をメスのカエルに注入すると卵を産むとされた]に用いるための取引という形で広がった。現在では、世界のカエルの約半数の皮膚からカエルツボカビのDNAが見つかる。人間の影響を受けやすい都市近郊の水域や国立公園はもちろん、手つかずの自然の中にある池や湖のカエルからも、カエルツボカビのDNAは見つかっている。そうした水域では、カエルツボカビは腐生菌としても生息できる。現在のカエルツボカビ症の流行(ほかのいくつかの出来事とともに「両生類の破滅」と呼ばれている)は、以前より侵略的な菌株が進化した結果かもしれないし、気候変動や環境汚染にさらされている場合には、冷水に生息する両生類のほうが感染しやすいのかもしれない。[8]

ペット用のカエルは、通常はヒトの皮膚感染症に用いるテルビナフィンやイトラコナゾールといった抗真菌薬で治療されることもあるが、そうした外用薬を野外で使うのは現実的ではない。とはいえ微生物学者たちは、もともとカエルツボカビに免疫がある少数のカエルには、皮膚マイクロバイオームの一部としてジャンシノバクテリウム・リビダム（*Janthinobacterium lividum*）という細菌が住みついていることを発見した。ジャンシノバクテリウム・リビダムを添加した水に、カエルツボカビに感染しやすいカエルを泳がせると、一部は免疫を獲得する。ただし、すべてのカエルに免疫ができるわけではない。[9] 病気の広がりを遅らせるには、野生のウシガエルの個体群の管理や、カエルの養殖や輸出に対する規制の強化が一番確実な方法だろう。

二〇一三年には、イモリツボカビ（*Batrachochytrium salamandrivorans*）という別の菌が、オレンジと黒という印象的な色をしたマダラサラマンドラというイモリの一種を襲っていることが明らかになった。[10] 東南アジア由来のこの真菌感染症も、ペットの輸入によってヨーロッパに広がったようだ。世界のサンショウウオやイモリの四〇パーセントが生息する北米大陸では、いまのところイモリツボカビは見つかっていない。カエルツボカビ症が流行したときには国際的な規制の動きが遅れて、活動家からひどく批判された経緯があったため、アメリカ魚類野生生物局は二〇一六年に、約二〇〇種のサンショウウオやイモリをペットとして輸入することを一時的に禁止した。このときばかりは、規制プロセスのほうが、ツボカビの遊走子の泳ぎよりも速く進んだのである。

最近まで、現代的な旅行や国際貿易にともなうリスクを議論することに、私たちはあまり積極的ではなかった。しかし人間や動物、作物の感染症の蔓延や世界的な流行を通して、私たちにはもっとよいやり方が必要だということに気がついている。隣国同士が協力しあえば、警戒が効果をあげ、侵入を止められることが多い（残念ながら一部の国は、輸入製品の価格を下げるための取引材料として、感染症の発生を申し立てたり、検疫をめぐって脅しをかけたりしている）。さらに、菌類がいつ、どのように国境を越えるかもわかっている。かつては、何の菌類を調べるべきかを知っている専門の分類学者が頼りだった。しかし今では、DNAバーコードを調べられる次世代シーケンシング解析を日常的に利用できるようになって、状況がすっかり変わった。その解析で得た大規模なデータセットを使えば、さまざまな菌類の実際の世界分布を地図に描き出せる。さらに、珍しいと思われる菌のDNAバーコードが手に入ったら、次世代シーケンシング解析の過去データをチェックして、それが本当に珍しい菌なのか調べることも可能だ。真菌感染症の伝播リスクを、しっかりとした証拠にもとづいて評価できるようになっているのである。

## 生物標本コレクション——科学研究と持続可能性のバランス

科学者は何世紀にもわたり、研究や保存のために、植物や昆虫、石や化石を自然の生息地や発見地から持ち去ってきた。アレクサンダー・フォン・フンボルト（一七六九～一八五九年）やチャールズ・ダーウィン、アルフレッド・ラッセル・ウォレス（一八二三～一九一三年）のような博物学者は、世界中を探検した時にさまざまな標本を持ち帰り、自分のコレクションに加えた。分類学者は特に何でもかんでもためこむ性質がある。国内や海外に採集旅行に行くと、見つけた生物種を肩掛けカバンやリュックサックに詰め込めるだけ詰め込む。キノコの乾燥標本コレクションのなかには、何百年も前に作成されていたものもあり、数百万件の標本が、専用の保存用フォルダや瓶、容器に入れて、温度や湿度を管理したキャビネットに保存されている。[11] 単離後の菌類も同じように、将来観察したり、実験で用いたりするために保存されている。微生物のカルチャーコレクションには生きた菌株が何万件も収められている。胞子や菌糸体も、フリーズドライ処理や、マイナス約二〇〇度の液体窒素で処理して仮死状態にしたうえで、小さな瓶で保存されている。

ＤＮＡシーケンシング技術が向上したことで、植物や菌類、昆虫の保存標本の重要性が一気に高まっている。そうした生物の標準サンプルが注意深く保存してあれば、考古遺物や化石のＤＮＡ用に開発された新しい手法を使って、遺伝子を増幅させて調べることができる。菌類については、侵入病原菌や共生菌、興味深い代謝産物を作る菌種などについての二世紀分の遺伝情報が利用可能だ。最近では、動植物学者や分類学者以外の科学者もこうした標本に興味を持つようになっている。政府はジャガイモがんしゅ病に対応したときのように、検疫問題を解決するのに古い標本を使う。製薬会社などの企業に勤める研究者も、新薬や新しい食品、菌糸を使った風変わりな建築材料の開発を目指して、菌類標本を収集している。しかし（過去のものでも現代のものでも）菌類に商業的価値が見込まれることから、バイオパイラシー（生物の盗賊行為）という新たな懸念が持ち上がっている。また研究用か商業目的かによらず、生物を自然の生息地から持ち去ることには倫理的な問題もある。死んだ生物の標本から復元される遺伝子は、ＤＮＡバーコーディングに使える配列というだけでなく機能を持つ遺伝子でもある。そうした遺伝子を働き者の実験用菌株に組み込めば、これまで研究されたことがなく、商業的に潜在的価値が見込まれる酵素や代謝産物を作り出す、遺伝子組換え生物を作ることが可能なのだ。

菌類の中でも特に微小菌類は、多くの国では手つかずのパンドラの箱のような存在だ。自然界に存在する数百万種の菌類は、私たちの自然遺産の重要な要素であり、ほとんどが熱帯地方に生息している。ヨーロッパや北米から熱帯地方を訪れる研究者は昔から、自分たちの欲しい菌類をただ持ち去るばかりだった。そして多くの場合、後からその菌そのものや、その菌を材料にして作った製品を菌の原産国に売ろうとしてきた。生物多様性と国の財産権を守る取り組みとして、「生物の多様性に関する条約（生物多様性条約）」という国際条約がある。この条約は一九九二年のリオデジャネイロ国連地球サミットで各国の署名が始まり、二〇一〇年の行動計画である「遺伝資源へのアクセスと利益配分に関する名古屋議定書」によって拡大された。[12] こうした条約などでは、バイオプロスペクター（生物資源探査者、理由を問わず生物資源を採取する人々）に対して、標本やサンプルの採取をおこなう場合には、その国や先住民族、土地所有者から書面での許可を得るとともに、利益配分の取り決めについて協議することを義務づけている。[13] 現在では、何らかの種類の生物を材料とする新薬などの開発活動はすべて、こうした規則に従わなければならない。

こうした取り決めは、生物種の保護以外にも目標がある。バイオテクノロジーによる地域特有の微生物の活用において低所得の原産国を支援するとともに、その生物資源を材料にして別の場所で実施される製品開発活動に、そうした国々を対等な経済上のパートナーとして参加させることだ。目指しているのは、将来登場する新薬や工業製品の成功から得られる利益を、原産国の教育やバイオテクノロジービジネスの発展を支援するために使うことである。こうした取り組みには何十年も要するので、目下のところ、科学研究をおこなうためのリソースが不足している国々は困難な状況にある。分類学の専門知識を持つ人材と生物標本コレクションは最近まで、ヨーロッパと北米に集中していた。しかし、トップクラスの研究機関が低所得国出身の学生を対象とするトレーニングプログラムをいくつか実施した結果、状況は変わってきている。

低所得国のバイオテクノロジーを前進させるには、まずそれぞれの国に独自のカルチャーコレクションを設置したほうがよい。地域固有の微生物のカルチャーコレクションは研究材料になり、イノベーションをもたらす力にもなる。珍しい菌類や、自然界で絶滅のおそれがある菌類でも、保存していれば、その種を自然界に再導入できる可能性が出てくる。現在のところ、そうした菌類の再導入を大規模に試みたケースはないが、フィンランドでは、ある地域のトウヒ林から姿を消した木材腐朽菌七種を近隣地域から再導入した事例がある。[14] 生きた微生物を自然界に放つことは、微生物が意図とは異なる形で拡散するリスクがあるので、ほとんどの国では厳重に規制されている。通常は、意図的に放してもかまわないのは、地域内の自然環境に生息している微生物にかぎられる。たとえば作物の育種家はよく、シャーレや培養槽から採取した胞子を畑の試験用区画に噴霧することで、新しい栽培品種に真菌感染症への抵抗性があるかどうかを評価するが、この噴霧する培養菌は、同じ地域にもともと生息しているものでなければならない。コレクション中の菌株のほとんどは実験室内での実験でのみ使われている。大規模な培養槽で増殖させる場合には、菌が誤って逃げ出さないように封じ込め措置が取られている。

スヴァールバル世界種子貯蔵庫や、月に建設が提案されているノアの方舟のような施設と同じように、菌類のカルチャーコレクション（または「ガーディアンズ・オブ・マイクロビアル（微生物の）・ギャラクシー」）[15]が現在の菌類の遺伝的多様性を保存しているのは、これから生まれてくる世代のためだ。生物多様性条約のもとでは、各国には自国特有の生物を研究し、保存する責任があるが、それは菌類を含めた自国の生物資源の分布を調べ、保存し、管理するきっかけになる。人が居住するすべての大陸には現在、少なくとも一つの大規模な菌類のカルチャーコレクションや標本コレクションがある。

かつての経済発展の刺激策は、いわゆる「適正技術」を豊かな国から貧しい国に移転することを軸としていた。海外援助機関は熱帯の国々で、温帯に適した作物やテクノロジー、農薬、肥料を奨励したが、それが成功とも失敗とも取れる結果になったのは、緑の革命が示す通りだ。今では、バイオテクノロジーやマイコテクノロジーの周辺には、「バイオエコノミー」とか「循環型経済」などを掲げる国際的な戦略があり、そのなかでは、各地域の生物を基本とした、持続可能で小規模な産業を後押ししている。そうした流れのなかで、菌類ビジネスの起業家たちが探索してきた少数の菌種は、すでに付加価値のあるマイコテクノロジーを生み出している。さらに、菌類の多様性が非常に高い熱帯の国々では、地域固有の共生菌や腐生菌の種類の幅広さや、菌類の生化学的機能の多様性といった要素が、経済成長を刺激し、イノベーションを推進しようと待ち構えている。重要なのは、しっかりとした経済を構築しながら、地域の環境の質を低下させるのではなく、高めることだ。[16]

## シチズンサイエンス――菌類との新しい関係

意識はしていなくても、一部の人たちはすでに菌類についてたくさんのことを知っている。たとえば、ランを育てる人はすぐに菌根のことを学ぶ。菌根がなければランは育たないからだ。ガーデニングが好きな人は必要に迫られて、植物の病気とその予防法について学ぶ。パンを作っていると、サワードウブレッドのスターター菌に興味を持つようになる。自家製ビールを造るときには、いろいろな酵母株を試してみるようになる。そしてコンピューターとカメラ付きのスマートフォンを持っていて、インターネットに接続できる人なら誰でも、多くの科学研究の成果を利用して、微生物の世界をもっと奥深くまでのぞくことができる。数百ドルも出せば、かなり高性能のカメラ付き顕微鏡を買って、近所にいる微生物の記録を始められる。標本を検査会社に送れば有料でDNAバーコードを手に入れることさえできる。科学の世界に新たな観察結果やデータを提供するのはもはや、大学や企業にいる博士号を持った人たちばかりではない。誰でも研究に参加できるのだ。

シチズン（市民）サイエンティスト、つまり世界中の都市部や農村地域に普通にいる一般人が、自分が暮らしている環境の生物多様性を記録し、それをアイナチュラリスト（iNaturalist）のウェブサイトやモバイルアプリなどのデジタルプラットフォーム上で共有することが盛んになっている。アイナチュラリストでは、ユーザーが写真（GPS座標と撮影日時を埋め込んだ画像ファイル）をアップロードすると、人工知能（AI）アルゴリズムが写真に写った生物の種を同定する。その後、アイナチュラリストのコミュニティにいる生物学の知識を持つ人々（アマチュアと専門家の両方）がＡＩの出した結果をチェックする。同定結果が二人の専門家によって確認されれば、データの質が「研究用等級」であるとみなされて、その種の世界的分布を示す地図に観察地点が追加される。現時点でこのシステムが最もうまく機能しているのは、大型の動物や植物、そして昆虫の一部のグループだ。ただし関心の高まりにつれて、キノコや地衣類、サルノコシカケ類などの大型菌類の同定も増えてきている。さらに、一定時間内に対象の生物を探す「バイオブリッツ」イベント（北米大陸全体でキノコを探す「コンチネンタル・マイコブリッツ」など）のような特別プロジェクトや、各地で進行中の調査プロジェクトでは、同じ生物に関心のある地域内や国内、海外のナチュラリストが団結していて、強いコミュニティ意識が生まれている。私は旅行先で、アイナチュラリストのアプリを持ち運びが楽なフィールドガイドとして使っている。そして家にいるときは、他のユーザーが見つけたカビの同定を手伝いたいので、いつでもサイト上の投稿をチェックしている。

過去の標本や培養菌の情報は、以前なら専門家がカード目録か研究機関のデータベースで調べる以外の入手方法がなかったが、最近になって、生物多様性条約の要請によりインターネット上でも公開されるようになった。地球規模生物多様性情報機構（ＧＢＩＦ）は、世界の生物学コレクションの目録を収集してデータベース化しており、アイナチュラリストなどのシチズンサイエンス活動で集められた情報を補完する形になっている。[17] その両方を組み合わせると、専門の研究者によって確かめられた種と、シチズンサイエンティストによって観察された種の分布がわかる。もしある菌種が特定地域に生息しているらしいものの、標本や培養菌が存在しない場合には、アイナチュラリスト側はその地域のユーザーに声をかけて、空白を埋めてもらう。この仕組みによって、専門知識はあるが正式な教育を受けていないことが多い熱心なアマチュアの人々が、公的なコレクションに標本を寄付して、最先端のテクノロジーを利用できる分類学者と共同で研究できるようになる。新たな観察記録や標本が蓄積されるペースはますます速くなり、それにともなって菌種ごとの生息地や関連のある植物や動物についての知識も増えている。それによってDNAを使った群集調査で検出できる種も増える。このようにして生物多様性への潜在的な影響が十分に理解されるようになれば、隔離検疫の実施などの政治的決定がおこなわれる場合に、生物多様性への影響と経済的な懸念とのバランスをうまく取れるようになるだろう。もちろんこの仕組みを使って、自分の住んでいる地域では、たとえばアンズタケなどの特定のキノコがどの時期に、どのあたりで採れるかを調べることもできる。

面白い時代が到来している。どれが本当に珍しい菌で、どれが研究者が少なかったせいで珍しいように思えるだけの菌かがわかるようになってきている。最終的には、現在の私たちが気象図を見るのと同じように、菌類の移動を表した分布図を見られるようになるはずだ。そして関心のある菌を追いかけるには、侵入種の菌に対してすでに実施している、少数の検疫官や農地調査担当者による監視よりも、各地に散らばった菌類に興味があるナチュラリストのコミュニティによる観察のほうがはるかに効果的だ。シチズンサイエンティストのエネルギーのおかげで、シャーレでの研究で得られた微小菌類の知識を自然界に当てはめて、ある重要な問いに答えを出すことができる。それは「菌類は何をしているのか」という、第1章でも出てきた問いだ。

菌糸革命の恩恵を受けるすべは、自然の中を歩き回ること以外にもある。自宅に庭があるなら、土地固有の植物（その地域の条件にぴったり合った植物）を育てることが、ふるさととの生態系の一体性を保つことにつながる。そうした植物を栽培することによって、土地固有の微生物の多様性も保存される。相利共生をする内生菌や菌根菌は土地固有の植物とともに進化してきたので、庭という条件にとっても理想的な菌であるはずだ。植物を十分に成長させ、雑草が生えないようにするには、園芸用品店かオンラインショップでバイオ肥料と生物防除剤を探してみよう。小さな缶や袋に入った、庭の花や低木向けのアーバスキュラー菌根菌接種資材も買える。そして庭の芝生には殺虫剤を使うのではなく、食欲旺盛な昆虫から芝を守る内生菌を配合した、高品質な芝の種子を蒔くことを勧める。

可能であれば、「トリリオン（一兆）・ツリー・キャンペーン」に参加してみよう[18]。このプロジェクトは、一兆本の木を新たに植えて、その木のセルロースとリグニンに二酸化炭素を固定することで、大気中の二酸化炭素を削減することを目指している。このプロジェクトの設立者の一人は菌根菌研究者だ。もちろん、この取り組みが成功するかどうかは内生菌と外生菌根菌にかかってくる。そしてこのプロジェクトは最終的には木材腐朽菌のためにもなる。しかし何世紀かたって、二酸化炭素の排出と吸収のバランスにもっと余裕ができるまで、木材腐朽菌の出番がないほうがありがたい。

## ワンヘルス——持続可能な世界に向けたビジョン

経済学や政治学の理論では、問題というのは二つの解決策のどちらを選ぶかという話になりがちだ。しかし私たちの文明では、協力関係と利害の対立関係が複雑に絡み合い、しかもその多くは人間の理解力やコントロールの届かないところにある。世界保健機関（ＷＨＯ）が多くの国の機関と協力して推進する「ワンヘルス」アプローチは、人間の健康と環境、生物多様性の三つは相互依存の関係にあるという認識に立っている。[19] 言い換えれば、植物や動物、菌類、細菌が作る堅固なコミュニティが、健康で生産的で、回復力のある生態系の実現に貢献しているということだ。そして人間の生存と繁栄は、そうした生態系（森林や畑、都市など）と、その生態系に棲み、変化させていく生物種の健全さにかかっている。ワンヘルスアプローチの基盤は、条約（協定）と行動計画（議定書）、それらに共通する優先項目への対応を担う各種機関のネットワークである。たとえば、人間と動物の福祉は、世界保健機関と、国や地域の疾病対策センター、そしてあまり知名度が高くない世界動物保健機関（旧称の「世界獣疫事務局」も使われる）が管轄している。これらの機関は、人間に影響がある真菌感染症のほとんどを積極的に監視し、真菌医学や獣医真菌学の専門家が不足している国々を中心に情報提供をしている。データや知識が増えていくなかで、これらの機関は、マイクロバイオームとマイコバイオームの管理を通して最大限の利益を得ることを目指している。

ワンヘルスアプローチの三項目のうち、環境の面では多くの国際的な取り組みが進められている。

最も有名なのが「気候変動に関する国際連合枠組条約」（京都議定書と、その後に行動計画として策定された合意文書を含む）だ。関連する国や州・地方、自治体などの法律や条令、規制は複雑に絡み合っていて、さまざまな管轄範囲に対して一貫性なく適用されていることが多い。それでもこうした政策は、地球環境を安定させ、持続可能な未来を目指している。二酸化炭素の排出と吸収のバランスの改善や、環境汚染の低減もこれに含まれ、菌類はそのどちらにも深く関わっている。検疫措置を実施して、侵入種となりうる生物種（菌類を含む）が生態系全体の脅威となる事態を防ぐことも、具体的な取り組みの一つである。

生物多様性条約は、自然の保護や保存、そして市民を対象とした地球の生物学的遺産についての教育といった活動を支えている。一方、「絶滅のおそれのある野生動植物の種の国際取引に関する条約（ワシントン条約）」は、絶滅の危機に瀕している六六九種の動物と三三四種の植物の国際的な保護活動を調整している。一般的には菌類はこの条約適用対象ではないが、アメリカでは「ロック・ノーム・リチン（岩のこびとの地衣類）」の名があるギムノデルマ・リネアレ（*Gymnoderma lineare*）と、「フロリダ・パーフォレート・クラドニア（フロリダの穴が開いたハナゴケ）」の名があるクラドニア・ペルフォラタ（*Cladonia perforata*）の二種の地衣類が絶滅危惧種に指定されている。いつか他の生物のように、この二種の地衣類を回復させるためのクラウドファンディングがソーシャルメディア上で実施されるかもしれない。国際自然保護連合（ＩＵＣＮ）の絶滅危惧種レッドリストに対応するものとして、国際菌類保護協会は、世界菌類レッドリストを作成して、絶滅の危険性が高い菌類のリスク評価をおこなっている。このリストには現在一〇〇〇種近い菌類が登録されており、そのほとんどがキノコ類である。[20]

ワンヘルスアプローチは、国や機関、協定、行動計画の単なるリストではない。地域から世界までのあらゆる規模にわたる、さまざまな経済セクターを横断した協力関係によって、持続可能な未来という共通ビジョンの実現に取り組むという一つの理念だ。そして同時に、公衆衛生、環境、生物多様性といった分野や、科学者、市民、医者、政治家、経済学者、政府機関、特定利益団体、起業家といったプレーヤーをこの共通ビジョンに巻き込む、分野横断的構想である。ワンヘルスアプローチは、政策決定レベルでの一種の相利共生だと言える。私たちはできるかぎり、相利共生の実現に向けて努力をする必要がある。

菌類に対する私たちの姿勢を問い直すことは、行動を変えるために欠かせない。私は、もっと多くの人が、菌類という微小サイズの隣人に興味を持つようになってほしいし、それが難しくても、疑念や恐怖をあまり抱かなくなってほしいと思っている。菌類は人間にとって最も近い親戚のような存在であり、私たちはすでに菌類の世界に深く組み込まれている。私たちは、今以上に菌類と協力していくべきだ。未来は菌類とともにある。同時に、細菌や藻類、原生動物、ウイルス、昆虫とともにある。大きくて美しい生き物であれ、小さくて醜い生き物であれ、未来はあらゆる種類の生き物とともにあるのだ。私たちの周りにいる生物のほとんどは、人間が登場するずっと前からそこにいたし、人間がいなくなってからもずっといるだろう。そうした生物たちから私たちにできることを学んで、彼らとともに長く豊かな旅ができるように願おう。

# 謝辞

この本を書くことになったきっかけは、グレイストーン・ブックスのエディトリアル・ディレクターのジェニファー・クロールから突然届いた、一通の電子メールだった。このプロジェクトが進む間、励まし続けてくれたジェニファーと彼女の同僚たちに、そして企画書にコメントをくれたアシュリン・メリフィールド（ラドクリフ・カーディオロジー）に感謝したい。リンダ・プルーセンからは「本物の本」を作るための編集プロセスについて多くのことを学んだ。リンダは私の最初の章立てをきちんとしたものにまとめ上げてくれた。ルーシー・ケンワードは、編集者であると同時に、この本を最終的な形にしてくれた共同作業者だ。彼女の忍耐心と見識、そして私がカフェインのせいで興奮したり、時々子どもじみたユーモアを披露したりするのを我慢してくれたことに永遠に感謝する。ジェシカ・サリバンは、素晴らしい表紙をデザインし、そのデザインセンスで私が描いたスケッチをしゃれたイラストにしてくれた。ドーン・ローウェンによる深い理解に基づいた原稿整理は、この本をきれいに磨いて仕上げてくれた。

この本の執筆を計画する最初の段階で、私は存命中の菌類学者の名前を文中に出さないという方針を決めた。それはこの本を、私自身や人間の友達についての本にしたくなかったからだ。それでも何人かには、本人たちの許可を得たうえで、物語の背景にそうとはわからない姿でぼんやりと登場してもらっている。初期の原稿にコメントをくれたシャーリーン・ホーガン、デイヴ・マロック、デイヴィッド・ミラー、リンダ・ペイン、リチャード・サマーベルに感謝する。マット・ネルソンとジョーイ・タニーは、特定の章について貴重な意見をくれた。ヤン・ディクステルホイス、マーク・ゲッテル、ガレス・グリフィス、サラ・ハンブルトン、アンドレ・レヴェック、ブレント・マッカラム、ヘンリク・ニルソン、スコット・レッドヘッド、フランク・ステファニという他の仲間たちは、細かな部分を確認したり、手がかりをくれたりした。素晴しい蔵書を持つカールトン大学図書館や、オンラインのバイオダイバーシティー・ヘリテージ・ライブラリー、そして相談に乗ってくれたウプサラ大学アーカイブスと国際チャーチル協会のスタッフにもお世話になった。もちろん、何か間違いが残っていれば私の責任である。

新型コロナ感染症流行による一年間の隔離生活を私はこの本を執筆することで切り抜けたが、その日々を支えてくれたシャーリーンに愛と感謝を送りたい。隔離の間ずっと、私が体を動かし続けるようにしてくれたレブスの顎の下を掻いてから、ハグをしてやりたい。私とシャーリーンは君がいなくなって寂しく思っている。そして私の人生には三姉妹が何組かいて、私の姉妹も三姉妹だ。彼女たちは、この本の冒頭にある私の献辞を好きなように解釈してくれてかまわない。

この本の執筆にあたっては、アルフレッド・P・スローン財団の「科学・技術・経済に対する一般の理解増進」プログラムの支援を受けた。ポーラ・オルシエフスキー、ドロン・ウェーバー、そして財団スタッフの励ましに感謝する。

# 訳者あとがき

シメジ、シイタケ、エノキ、エリンギ。スーパーの野菜売り場にはたくさんのキノコが並んでいる。私がよく買うのはシメジで、それは味噌汁にもパスタにも使えて便利だからだ。ただ以前、つい買いすぎて、冷蔵庫に保存容器に入れたまま忘れていたことがある。数日後に思い出して容器を開けてみると、シメジの上に白い綿毛のようなものがうっすらと広がっていた。

カビが生えたかと思い、「シメジ　カビ」でネット検索をしてみたところ、そのカビのようなふわふわしたものは、シメジから成長した菌糸だという。そこで改めて、キノコは菌類だったと思い出した。当たり前のことだが、忘れていた。

私たちがいつも「キノコ」と呼んで、スーパーで買ってきて食べたり、野山で採集したり（ときには食中毒になったり）しているものは、菌類が胞子を作るための器官だ。菌類の本体は菌糸であり、その菌糸が集まってキノコになる。シメジに生えていたカビのようなものは、言ってみれば「シメジ本体」なのだ。シメジであるからには食べても問題ないので、その夜の味噌汁の具にした。

これだけ身近なキノコでも、それが菌類であることや、私たちが食べているのが菌糸の集合体であることは忘れがちだ。そして菌類はキノコを作るものばかりではない。食べ物の上に糸状や粉状に広がる「カビ」は、キノコの次に身近な菌類グループだろう。菌糸を作らない「酵母」型の菌類も、パンや発酵食品などで利用されている。

それ以外はどうだろう。実は菌類はどこにでもいる。木の葉の上や木の根の周り。畑土の中や、収穫前のコムギやトウモロコシの上。堆肥の山の中。アリの巣の中。家の床にたまったほこりの中。人間の頭皮の上。あらゆるところにいる菌類に私たちが気づかないのは、とても小さくて目に見えないこともあるが、同時に私たちが菌類のことをよく知らず、知ろうともしていないからではないか。

本書『菌類の隠れた王国――森・家・人体に広がるミクロのネットワーク』は、そうした微小な菌類が作り出す目に見えない世界と、私たち人間や生物、環境の関わりをめぐる「旅」である。菌類は一般的な動物や植物よりもはるかに小さい存在だが、外部刺激に単純に反応する機械のようなものでは決してなく、独自の方法で移動やコミュニケーション、食事や排泄、増殖などをおこない、「よりよい生活を求めて頑張っている」と本書にはある。そして言うまでもなく、その数も圧倒的だ。この本で旅するのはまさに「菌類の隠れた王国」である。

著者のキース・サイファートは、四〇年以上にわたり世界各地で菌類についての研究をおこなってきた菌類学者だ。カナダのサドベリー生まれで、大学で菌類学を学んだ後、カナダ農業・農産食料省に長年勤めた。微小菌類と農業や森林、食品との関わりを研究するとともに、国際菌学連合

(International Mycological Association）の会長や、論文雑誌のエディターなどをつとめてきた。現在は退職して執筆活動を中心としている。本書は初めての一般向けの著書である。

この本ではまず、分類や進化の歴史、生態や生活環といった、菌類の基本を知るところから始まる（1章）。次に登場する、菌類がさまざまな植物や動物との間に築く「共生」関係は、本書の重要なキーワードだ（2章）。菌類は、木や作物との共生を通してその健康な成長を支えているが、森林を広範囲にわたって枯らしたり、作物生産に大きな影響を与えたりもする（3章、4章）。一方で人間とは、発酵（5章）や屋内環境（6章）、健康（7章）といった面で深く関わっている。ここまでで、菌類の世界と私たちの現在の関わりが見えてくるが、さらに私たちが菌類ともっと深く関わっていくための新しいテクノロジー、「マイコテクノロジー」（菌工学）の研究がすでに進んでいることも紹介する（8章）。そしてこれから私たちは菌類とどのような関係を築いていけばいいのか、社会的な取り組みも含めて考える（9章）。

こうした菌類の世界をめぐる旅である本書は、一貫して菌類に近い視点に立っている。実際に、自分が菌類になって、菌類の目で人間の世界を見ていると想像する場面もある。「この本では、菌類はヒーローと悪役の両方をつとめる。人間は脇役にすぎない」と著者は書く。著者を含めた菌類学者さえ、「物語の背景にそうとはわからない姿でぼんやりと登場」するくらいである。そうしているうちに、少しずつ菌類の世界が近くなってくる気がするのではないだろうか。

キノコやカビなど以外は目には見えない菌類だが、私はその小さな存在を強烈に感じたことがある。瀬戸内海の小豆島で、木桶を使った伝統的な醤油造りを続ける醸造所を見学させてもらったときのことだ。蔵の中の階段を上ると、桶の中で醸造中の醬油の表面がふつふつと泡立っている。酵母菌や乳酸菌（こちらは菌類ではなく細菌）が仕事中なのだ。初めて見る醬油造りの規模に圧倒されたが、ふと蔵の内部の柱や壁を見ると、まだら模様になっているように見えた。一〇〇年以上前の前に建てられた蔵の内部には、ずっと昔からの菌類がついているのだという。そう聞いた途端、急に菌類にすっぽり包まれているような、不思議な感覚を覚えた。今思えば、菌類の世界に少し足を踏み入れた瞬間だったのかもしれない。

菌類はどこにでもいるが、菌類の世界に足を踏み入れるには「そこにいる」と知ることが大切なのだと思う。本書は菌類の世界の住人となり、ともに暮らしていくためのガイドブックになるはずだ。

---

最後になりましたが、菌類の学名などが頻出する翻訳原稿を丁寧にチェックし、貴重なアドバイスを下さった、白揚社編集部の筧貴行様に心より感謝申し上げます。

二〇二四年五月

熊谷玲美

# 付録　菌類の分類

ここでは、この本に登場した菌類の分類法を、界、門、綱、目という階級別に紹介する。

本当を言うと、みなさんが菌類の分類という専門的な話題に触れずにすむようにしたい。私自身は研究キャリアの大部分を菌類分類学に費やしてきたが、いまだにそれは科学と言うより、激しい接触型(コンタクト)スポーツのように思えることが多い。

一つの菌種がいくつかの学名を持つことがある。菌類分類学は変更が多いことで特に評判が悪いのだが、さらに悪いことに、二〇一〇年までは、同じ菌種の有性時代と無性時代に異なる名前をつけるケースがしばしば見られたのだ。以下のリストにある菌のいくつかについては、有性時代と無性時代に対する矛盾する学名がいまだにインターネット上で広く使われている。さらにある種が別の属に再分類されると、種小名は、スター選手が別のチームにトレードされるように、ある属から別の属に移動させられる。またよくあるのは、特に最近のDNAを利用する研究によって、かつては一つの種と見なされていたものの中に、区別が難しい複数の種が含まれていることが判明するケースだ。主に、この本では、そうした再分類の結果に従い、背景情報の説明は省いた。ただし一つの菌に複数の通称があるようないくつかのケースについては、リスト内に記している。こうした目の回るような学名の変更は、多くの生物分野で起こることではあるが、菌類学における変更の多さは目が眩むほどだ。そうなると、インターネットや古い教科書で菌類について学びたいと考えている非専門家にとって、専門的な科学論文はまるで通り抜けられないやぶのようになってしまっている。

以下のリストに記載してある、各グループに分類される種のおよその数は、catalogueoflife.org（第二八版、二〇二一年八月付け）から推定した数に基づいている。

## ストラメノパイル界

卵菌、ミズカビ（約一七〇〇種。最新の進化史の観点でいえば菌類ではないが、伝統的に菌類学者が研究対象としている）

**フィトフトラ・インフェスタンス** *Phytophthora infestans*　ジャガイモ疫病菌

**フハイカビ属菌** *Pythium* species　根の感染症

## 菌界

真菌類（約一四万六〇〇〇種）

**微胞子虫門** *Microsporidia*（約一三〇〇種）

**ノゼマ・ボンビシス** *Nosema bombycis*　カイコの微粒子病の原因菌

**ノゼマ属菌** *Nosema* species　トビバッタの生物農薬、ＡＩＤＳ患者のミクロスポリジウム症

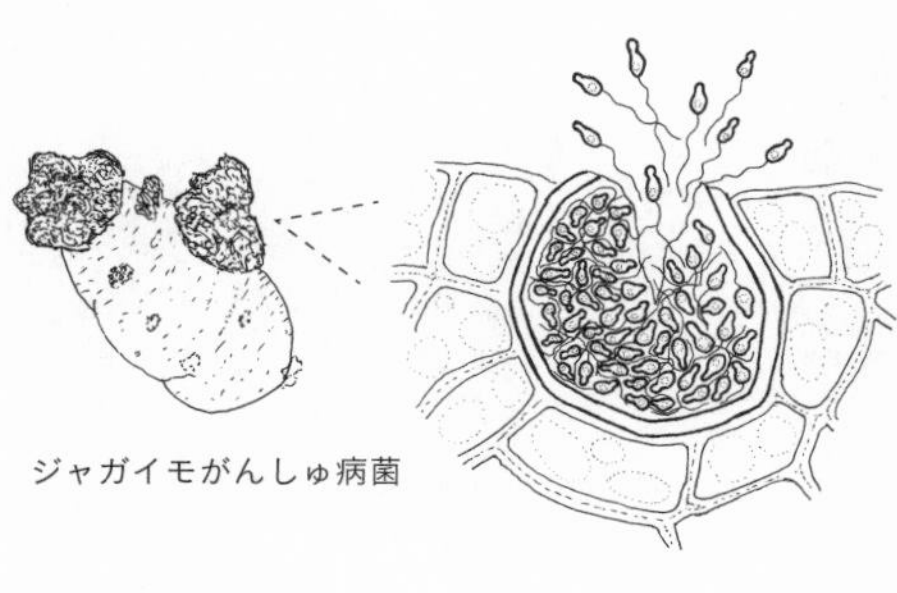
ジャガイモがんしゅ病菌

**ツボカビ門**
多くが単細胞の微小菌類。遊走子と、仮根という菌糸様構造を形成する。水生動物と植物の根の病原菌を含む。

**ツボカビ門** *Chytridiomycota*　ツボカビ類（約一〇五〇種）

**カエルツボカビ** *Batrachochytrium dendrobatidis*（第9章扉の図）　両生類にツボカビ症を引き起こす病原菌

**イモリツボカビ** *Batrachochytrium salamandrivorans*　サンショウウオ類にツボカビ症を引き起こす病原菌

**ジャガイモがんしゅ病菌** *Synchytrium endobioticum*（前頁の図）　ジャガイモがんしゅ病

**ネオカリマスチクス門** *Neocallimastigomycota*　嫌気性菌類（三五種）

**ネオカリマスチクス・フロンタリス** *Neocallimastix frontalis*　セルラーゼを産生する嫌気性ルーメン菌

**ケカビ門** *Mucoromycota*（約三〇〇種。かつては旧接合菌門に分類されていた。この門に分類されるアツギケカビ綱には、数種のアーバスキュラー菌根菌も含まれている）

**ムコール・ムセド** *Mucor mucedo*　「ネコの毛」と呼ばれる、チーズの外皮に生えるカビ

**リゾムコール・ミーハイ** *Rhizomucor miehei*　菌類由来のレンネット

**リゾープス・オリゴスポラス** *Rhizopus oligosporus*　テンペの製造に使われるカビ

ケカビの無性時代

ケカビの接合胞子（有性時代）

複数の細胞核を持つ、リゾファガス属菌（アーバスキュラー菌根菌）の無性胞子

**接合菌類**

増殖の速いカビ状の菌や、内生菌根菌、昆虫病原菌を含む門の非公式なグループ。

リゾープス・ストロニファー *Rhizopus stolonifer*（第5章扉の図）堆肥に生えるカビ

**トリモチカビ門** *Zoopagomycota*（約二二五種。かつては旧接合菌門に分類されていた）

エントモフトラ・ムスカエ *Entomophthora muscae*　ハエに寄生する菌

スミッティウム・モルボスム *Smittium morbosum*　ボウフラに寄生する菌

**グロムス門** *Glomeromycota*　アーバスキュラー（ＡＭ）菌根菌（約三三五種。以前は接合菌門に分類されていた）

フンネリフォルミス・モセアエ *Funneliformis mosseae*　バイオ肥料

リゾファガス・イントララディセス *Rhizophagus intraradices*　バイオ肥料

リゾファガス・イレギュラリス *Rhizophagus irregularis*　バイオ肥料

**子嚢菌門** *Ascomycota*　子嚢菌類（約九万三〇〇〇種）

**タフリナ菌亜門** *Taphrinomycotina*（約一五〇種）

ニューモシスチス・カリニ *Pneumocystis carinii*　犬のニューモシスチス肺炎

ニューモシスチス・イロベチイ *Pneumocystis jirovecii*　ＡＩＤＳ患者のニューモシスチス肺炎

**サッカロミセス亜門** *Saccharomycotina*（約一二〇〇種）

**サッカロミセス綱** *Saccharomycetes*　「真正」酵母（約一二〇〇種）

ブラストボトリス・アデニニボランス *Blastobotrys adeninivorans*　プーアル茶の発酵

ブレタノミセス属菌 *Brettanomyces* species　ベルギービールの発酵

カンジダ・アルビカンス *Candida albicans*（第7章扉の図）ヒトのカンジダ症、ヒトの共生菌

カンジダ・アウリス *Candida auris*　ヒトのカンジダ症

カンジダ・パラプシローシス *Candida parapsilosis*　コーヒーの発酵
カンジダ・トロピカリス *Candida tropicalis*　ヒトのカンジダ症
シバリンドネラ・ジャディニ *Cyberlindnera jadinii*（=カンジダ・ユチリス *Candida utilis*）　トルラ酵母と呼ばれる単細胞タンパク質
デバリオミセス・ハンセニイ *Debaryomyces hansenii*　チーズや肉の発酵、クローン病
ジオトリカム・カンディダム *Geotrichum candidum*　カマンベールチーズやブリーチーズの外皮につくカビ
クロエケラ属菌 *Kloeckera* species　カカオの発酵
クルイベロミセス属菌 *Kluyveromyces* species　カカオの発酵
ピキア・ナカセイ *Pichia nakasei*　コーヒーの発酵
サッカロミセス・ブラウディ *Saccharomyces boulardii*　プロバイオティクス
サッカロミセス・セレビシエ *Saccharomyces cerevisiae*（第5章扉の図）　ビール酵母、パン酵母、ヒトの共生菌
ジゴサッカロミセス・ロキシ *Zygosaccharomyces rouxii*　耐塩性酵母

**チャワンタケ亜門** *Pezizomycotina*（約九万一五〇〇種）

**ホシゴケ綱** *Arthoniomycetes*（約一六〇種）

ロッセラ・ティンクトリア *Roccella tinctoria*　リトマスゴケの一種

**エウロチウム綱** *Eurotiomycetes*　カビ、一部の地衣類（約三八〇〇種）

カエトチリウム目 *Chaetothyriales*（約七〇〇種）

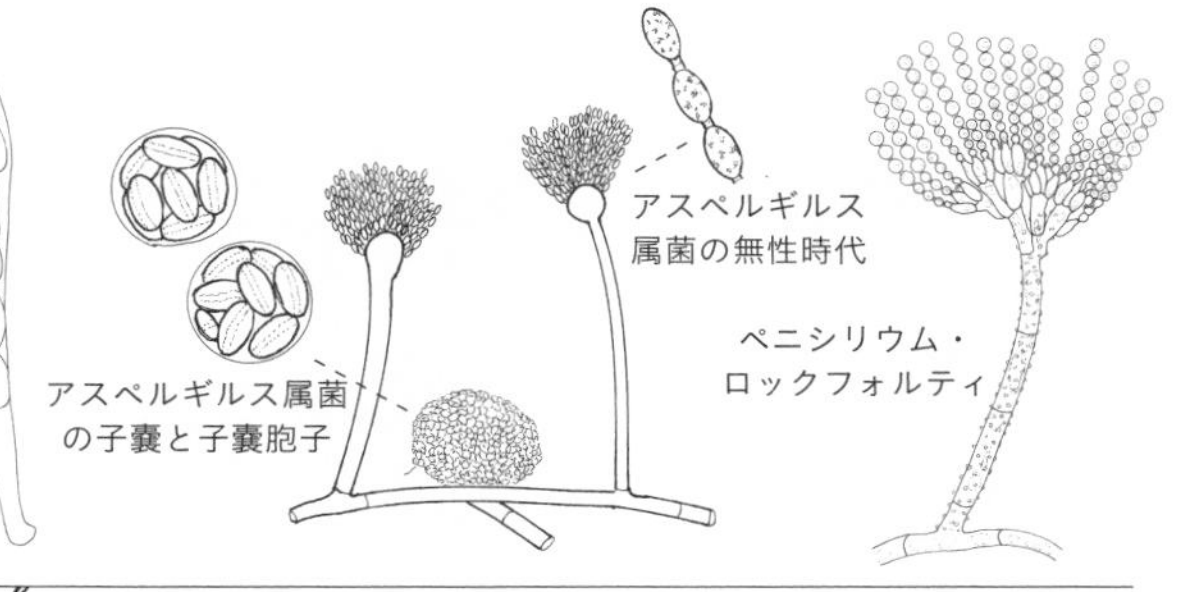


**子嚢菌門**
子嚢内に子嚢胞子を作る微小菌類と大型菌類からなる。植物や動物の病原菌を含む多くのカビ、マイコトキシンを産生する菌、腐生菌を含む。

エクソフィアラ属菌 *Exophiala* species　黒色酵母様菌
アスペルギルス・フラバス *Aspergillus flavus*　アフラトキシンを産生するカビ
アスペルギルス・フミガッツス *Aspergillus fumigatus*　ヒトのアスペルギルス症
アスペルギルス・グラウカス *Aspergillus glaucus*（イントロダクション扉の図）（＝ユーロチウム・ハーバリウム *Eurotium herbariorum*, 有性時代に対する旧称）　好乾性カビ、食品の腐敗やハウスダスト
アスペルギルス・ニガー *Aspergillus niger*　プーアル茶の発酵、クエン酸とアミラーゼの産生
アスペルギルス・オリゼー *Aspergillus oryzae*　ニホンコウジカビ
アスペルギルス・テレウス *Aspergillus terreus*　イタコン酸の発酵、スタチン薬〔脂質異常症治療薬〕の製造

**エウロチウム目** *Eurotiales*（約三五〇種）
ペニシリウム・ビライアエ *Penicillium bilaiae*　バイオ肥料
ペニシリウム・カメンベルティ *Penicillium camemberti*　カマンベールチーズとブルーチーズ
ペニシリウム・カゼイフルバム *Penicillium caseifulvum*　カマンベールチーズとブルーチーズ
ペニシリウム・ルーベンス *Penicillium rubens*　ペニシリンを産生する菌、屋内の好乾性菌
ペニシリウム・コムーネ *Penicillium commune*　乳製品の腐敗
カンキツ緑カビ病菌 *Penicillium digitatum*　かんきつ類の腐敗
リンゴ青カビ病菌 *Penicillium expansum*　リンゴのアオカビ
ペニシリウム・ロックフォルティ *Penicillium roqueforti*（右の図）　ブルーチーズ、食品や牧草の腐敗の原因
サーモミセス・ラヌギノサス *Thermomyces lanuginosus*　好熱性菌、洗剤の酵素の産生

**ホネタケ目** *Onygenales*（約四二五種）
ブラストミセス・デルマティティジス *Blastomyces dermatitidis*　ヒトのブラストミセス症（ギルクリスト病）
コクシジオイデス・イミチス *Coccidioides immitis*　ヒトのコクシジオイデス症（渓谷熱）

**ヒストプラズマ・カプスラーツム** *Histoplasma capsulatum*　ヒトのヒストプラズマ症（ケイヴァー［洞窟探検家］病）

**トリコフィトン・ルブルム** *Trichophyton rubrum*　水虫やいんきんたむし（白癬）

**チャシブゴケ綱** *Lecanoromycetes*　地衣類（約八〇〇〇種）

**クラドニア・ペルフォラタ** *Cladonia perforata*　英名「フロリダの穴が開いたハナゴケ（Florida perforate cladonia）」（絶滅危惧種）

**ギムノデルマ・リネアレ** *Gymnoderma lineare*　英名「岩のこびとの地衣類（rock gnome lichen）」（絶滅危惧種）

**カラクサゴケ属** *Parmelia* species　英名「クロッタル（crottle）」、地衣類の染料

**イワタケ属** *Umbilicaria* species　英名「岩のはらわた（rock tripe）」

**ズキンタケ綱** *Leotiomycetes*　英名「無蓋の盤菌類（inoperculate discomycetes）」、多くの内生菌（約1万種）

**ボトリティス・シネレア** *Botrytis cinerea*　ブドウの貴腐菌

**ヒメノシフス・フラシネウス** *Hymenoscyphus fraxineus*　トネリコ枯死病

**ロフォデルミウム属菌** *Lophodermium* species（第3章扉の図）　マツの針葉の内生菌

**フィアロセファラ属菌** *Phialocephala* species　針葉の内生菌

**ブドウうどんこ病菌** *Uncinula necator*　ブドウのうどんこ病

**チャワンタケ綱** *Pezizomycetes*　英名「有蓋の盤菌類（operculate discomycetes）」「真のトリュフ（true truffles）」（約二八〇〇種）

**クロメロスポリウム・フルブム** *Chromelosporium fulvum*　英名「ピートカビ（peat mould）」

**アミガサタケ属菌** *Morchella* species　アミガサタケ

**シロセイヨウショウロ** *Tuber magnatum*　白トリュフ、またはピエモンテ・トリュフ

クロセイヨウショウロ *Tuber melanosporum*　黒トリュフ、またはペリゴール・トリュフ

**クロイボタケ綱** *Dothideomycetes*　英名「二重壁子嚢を持つ子嚢菌類（bitunicate ascomycetes）」「小房子嚢菌綱（*Loculoascomycetes*）」（約二万一〇〇〇種）

アルテルナリア・アルテルナータ *Alternaria alternata*　屋内の黒カビ

アウレオバシジウム・プルランス *Aureobasidium pullulans*　黒色酵母様菌

クラドスポリウム・クラドスポリオイデス *Cladosporium cladosporioides*　屋内の黒カビ、放射線を吸収するカビ

**フンタマカビ綱** *Sordariomycetes*　別名「核菌綱（*Pyrenomycetes*）」、フラスコ型の菌（約二万三〇〇〇種）

**ジアポルテ目** *Diaporthales*（約三六〇〇種）

**クリ胴枯病菌** *Cryphonectria parasitica*　クリ胴枯病

**グロメレラ目** *Glomerellales*（約五七五種）

コレトトリカム・アクタツム *Colletotrichum acutatum*　雑草の生物農薬

コレトトリカム・グロエオスポリオイデス *Colletotrichum gloeosporioides*　雑草の生物農薬

**ボタンタケ目** *Hypocreales*（約五三〇〇種）

ボーベリア・バシアーナ *Beauveria bassiana*　白きょう病

クラビセプス・プルプレア *Claviceps purpurea*　麦角病

ノムシタケ**属菌** *Cordyceps* species　ゾンビ菌類

エピクロエ**属菌** *Epichloë* species　草の内生菌

エスコボプシス**属菌** *Escovopsis* species　ハキリアリの巣の寄生菌

フザリウム**属菌** *Fusarium* species　植物病原菌

フザリウム・グラミネアラム *Fusarium graminearum*　穀物の病原菌、ボミトキシンを産生する（有性時代の

旧学名である *Gibberella zeae* も、一部の病気については一般名としてまだ使われる場合がある）

**フザリウム・オキシスポラム** *Fusarium oxysporum*　雑草の生物農薬

**フザリウム・ベネナツム** *Fusarium venenatum*　マイコプロテインの製造

**フザリウム・バーチシリオイデス** *Fusarium verticillioides*　フモニシンというマイコトキシンを産生

**ジオスミシア・モルビダ** *Geosmithia morbida*　クログルミのサウザンドカンカー病

**メタリジウム・アクリダム** *Metarhizium acridum*　緑きょう病菌、昆虫に対する生物農薬

**タイワンアリタケ** *Ophiocordyceps unilateralis*　アリを乗っ取るゾンビ菌

**スタキボトリス・チャータラム** *Stachybotrys chartarum*（第6章扉の図）（＝ *S. atra* または *S. atrus*）　英名「スターチー（stachy）」、有毒黒カビ

**トリポクラジウム・インフラツム** *Tolypocladium inflatum*（第8章扉の図）　シクロスポリンAの製造

**トリコデルマ・リーゼイ** *Trichoderma reesei*　セルラーゼなどの酵素の産生

**トリコデルマ・ビレンス** *Trichoderma virens*　バイオ肥料

**トリコデルマ属菌** *Trichoderma* species　工業的な酵素製造、生物農薬

**トリコセシウム・ロゼウム** *Trichothecium roseum*　チーズに生えるピンク色のカビ、マイコトキシンの産生

### マグナポルテ目 *Magnaporthales*（約二八〇種）

**ゲウマンノミセス・トリチシ** *Gaeumannomyces tritici*　コムギ立枯病

### オフィオストマ目 *Ophiostomatales*（約四〇〇種）

**グロスマニア・クラビゲラ** *Grosmannia clavigera*（＝ *Ophiostoma clavigerum*）　アメリカマツノキクイムシのパートナー

**レプトグラフィウム・ロンギクラバツム** *Leptographium longiclavatum*　アメリカマツノキクイムシのパートナー

**オフィオストマ・ノボウルミ** *Ophiostoma novo-ulmi*　ニレ立枯病（第二波）

オフィオストマ・ウルミ *Ophiostoma ulmi*　ニレ立枯病（第一波）

**フンタマカビ目** *Sordariales*（約一四〇〇種）

ケトミウム・グロボスム *Chaetomium globosum*　セルラーゼの産生、室内の黒カビ

ニューロスポラ・クラッサ *Neurospora crassa*　アカパンカビ

**担子菌門** *Basidiomycota*　担子菌類（約五万種）

**ワレミア綱** *Wallemiomycetes*（約一〇種）

ワレミア・セビ *Wallemia sebi*　家庭内に生息する好乾性菌

**ミクロボトリウム綱** *Microbotryomycetes*（約三二五種）

ロドトルラ・タイワネンシス *Rhodotorula taiwanensis*　放射線を好む酵母

**プクキニア綱** *Pucciniomycetes*　さび病（約八四〇〇種）

五葉松類発疹さび病菌 *Cronartium ribicola*

コーヒーノキ葉さび病菌 *Hemileia vastatrix*

プクキニア・グラミニス *Puccinia graminis*（次頁の図、第4章扉の図）　麦類の黒さび病（レースUg99）

**マラセチア綱** *Malasseziomycetes*（約二五種）

マラセチア属菌 *Malassezia* species（第7章扉の図）　フケ、哺乳類の共生菌

**クロボキン綱** *Ustilaginomycetes*　黒穂病（約一四二五種）

トウモロコシ黒穂病菌 *Ustilago maydis*（第2章扉の図）　ウイトラコチェ

**シロキクラゲ綱** *Tremellomycetes*　膠質菌と近縁の菌（約六二〇種）

クリプトコックス・ガッティ *Cryptococcus gattii*　ＡＩＤＳ患者のクリプトコックス症

クリプトコックス・ネオフォルマンス *Cryptococcus neoformans*（第7章扉の図）　ＡＩＤＳ患者のクリプトコ

ックス症

**コガネニカワタケ** *Tremella mesenterica*（下の図） 英名「魔女のバター（witch's butter）」

**ハラタケ綱** *Agaricomycetes*（約三万八三〇〇種）

**タマチョレイタケ目** *Polyporales* 棚型のキノコ、木材腐朽菌（約三八〇〇種）

**コフキサルノコシカケ** *Ganoderma applanatum* 英名「芸術家の鼻（Artist's conk）」

**マンネンタケ** *Ganoderma lucidum* 霊芝

**アンズタケ目** *Cantherellales* シャントレル（約八五〇種）

**アンズタケ** *Cantharellus cibarius* 英名「黄金色のシャントレル（golden chanterelle）」（北米東部原産）、外生菌根

**イグチ目** *Boletales*（約一三〇〇種）

**ヤマドリタケ** *Boletus edulis* ポルチーニ、セップ、シュタインピルツ

**ナミダタケ** *Serpula lacrymans* 乾腐菌

**スポンギフォルマ・スクァレパンツィ** *Spongiforma squarepantsii* スポンジ・ボブに似たキノコ

**ハラタケ目** *Agaricales* マッシュルーム、サンゴ状の菌、ホコリタケなど（約二万四五〇〇種）

**ツクリタケ** *Agaricus bisporus* マッシュルームとして市販されて

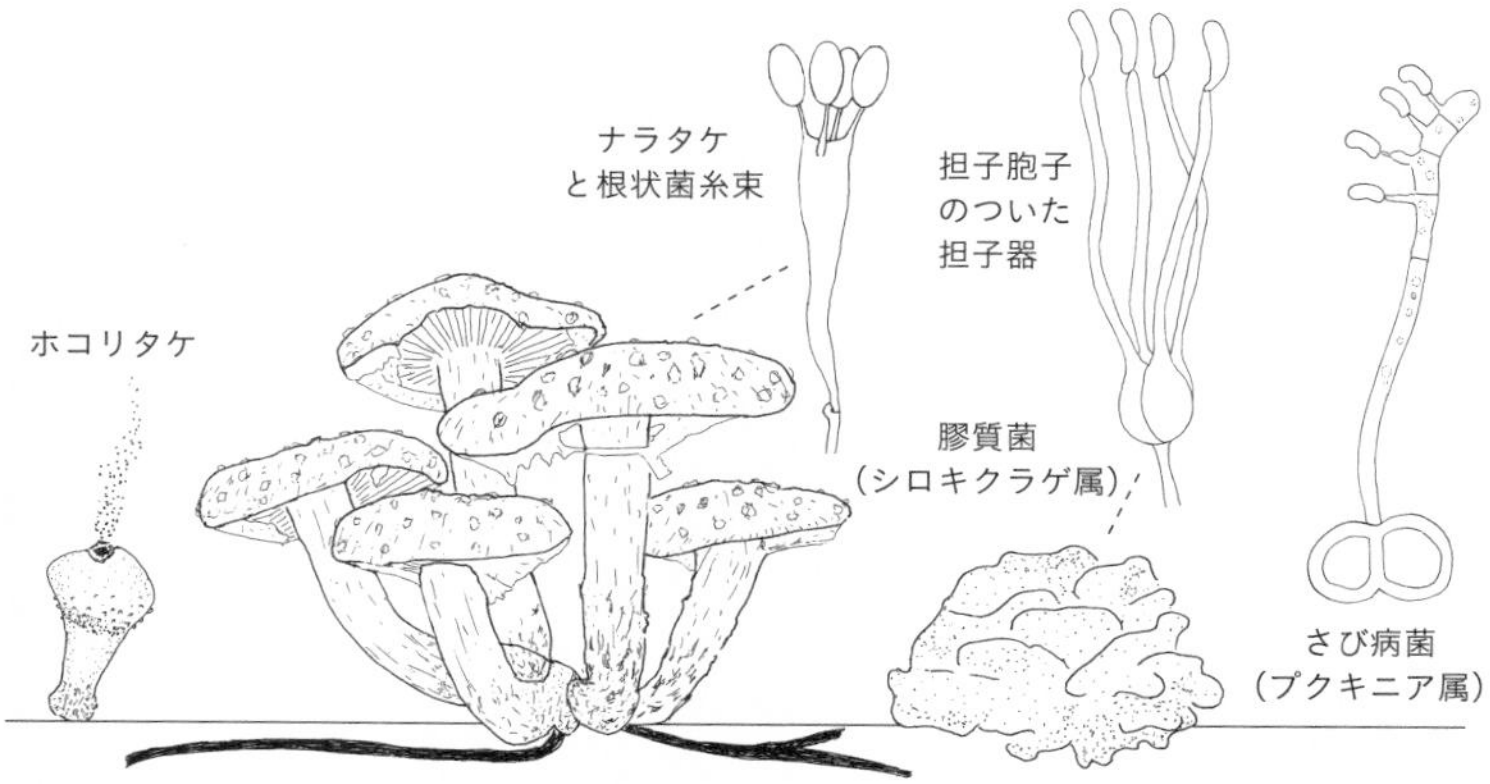

**担子菌門**
主に大型の腐生菌と外生菌根菌、および微小な植物病原菌からなる。担子器と呼ばれる細胞で有性の担子胞子を作る。

いる

**アマニタ・ビスポリゲラ** *Amanita bisporigera*　英名「破壊の天使（destroying angel）」

**タマゴテングタケ** *Amanita phalloides*　英名「死のかさ（death cap）」

**ドクツルタケ** *Amanita virosa*　英名「破壊の天使（destroying angel）」

**ワタゲナラタケ** *Armillaria gallica*　英名「柄が球根状のハニーマッシュルーム（bulbous honey mushroom）」、世界最大のキノコ

**ナラタケ** *Armillaria mellea*　英名「ハニーマッシュルーム（honey mushroom）」

**オニナラタケ** *Armillaria ostoyae*　英名「ハニーマッシュルーム（honey mushroom）」、世界第二位の巨大キノコ

**セイヨウオニフスベ** *Calvatia gigantea*　英名「巨大なホコリタケ（giant puffball）」

**ドクフウセンタケ** *Cortinarius orellanus*　腎臓障害を起こす毒性成分オレラニンを含む

**コガネキヌカラカサタケ** *Leucocoprinus birnbaumii*　英名「植木鉢のパラソル（flowerpot parasol）」

**ロイココプリヌス・ゴンジロフォラス** *Leucocoprinus gongylophorus*　ハキリアリの共生菌

**ヒラタケ** *Pleurotus ostreatus*（第8章扉の図）とヒラタケ属のキノコ

**シビレタケ属菌** *Psilocybe* species　マジックマッシュルーム

**スエヒロタケ** *Schizophyllum commune*　英名「ひだの分かれたキノコ（split gill mushroom）」、二万三〇〇〇通りの性別がある

**アメリカマツタケ** *Tricholoma magnivelare*　松茸

**マツタケ** *Tricholoma matsutake*（= *T. nauseosum*）　松茸

## ベニタケ目 *Russulales*（約三二七〇種）

**チチタケ属菌** *Lactarius* species　英名「ミルクを出すかさ（milk cap）」、外生菌根

**ベニタケ属菌** *Russula* species　英名「もろいひだ（brittle gill）」、外生菌根

2. 植物病害の衛星モニタリング：Oerke 2020.
3. 持続可能な開発目標：次の国連ウェブサイトを参照。The 17 Goals, sdgs.un.org/goals. 新たに登場した脅威：Fisher et al. 2016. 大量絶滅：『6度目の大絶滅』。
4. 「パンゲア化」（Pangaeafication）という用語を最初に使ったのはイギリスの植物学者マーク・スペンサーだったようだ（markspencerbotanist.com）。
5. 人間を外来種と呼ぶことについてはしばしば賛否があるが、どちらの側につくかは、United Nations Environment Programme 2016の第6段落にある、外来種は「人間の利益と自然のシステムに悪影響を及ぼす」という定義をどう解釈するかによるだろう。
6. 規制対象病害虫のリストは、国によって異なり、定期的に変更もある。まず始めに、国連食糧農業機関（FAO）の国際植物防疫条約のウェブサイトを確認してみよう（ippc.int）。
7. ジャガイモがんしゅ病：Franc 2007.
8. 両生類の絶滅：Charles 2021,『6度目の大絶滅』、1章。カエルツボカビの起源：O'Hanlon et al. 2018.
9. 細菌を使ったカエルツボカビの抑制：『世界は細菌にあふれ、人は細菌によって生かされる』。
10. イモリツボカビ：Grant et al. 2016.
11. 『乾燥標本収蔵1号室』（NHK出版）は、自然史コレクションという秘密の世界の裏側を垣間見せてくれる、面白い本だ。
12. アメリカは生物多様性条約と名古屋議定書のどちらも締結していない。
13. 生物多様性の所有者：Gepts 2004. 1992年以前に収集された資料は、これらの条約において利益共有の対象となることを免除される（「適用除外」）。しかし、生物学的文化財はすべて元の国に返還すべきではないかという議論が今でもたびたび起こっている。
14. フィンランドの森林への菌類の接種：Abrego et al. 2016.
15. 「ガーディアンズ・オブ・マイクロビアル・ギャラクシー（Guardians of the Microbial Galaxy）」という表現は、Hariharan 2021から引用した。
16. 菌類とバイオエコノミー：Meyer et al. 2020.
17. 菌類の発生情報が登録されているオンラインデータベース：アイナチュラリスト（inaturalist.org, 多くの国が独自のサブドメインを作成している）、地球規模生物多様性情報機構（gbif.org）、マッシュルーム・オブザーバー（Mushroom Observer. アイナチュラリストに似ているが、菌類専用。mushroomobserver.org）、マイコポータル（Mycoportal. 北アメリカの生物学コレクション内の菌類標本。mycoportal.org）。
18. トリリオン・ツリー・キャンペーン：trilliontreecampaign.org.
19. ワンヘルス：onehealthcommission.org.
20. 生物種の絶滅と保護に関するウェブサイト：ワシントン条約（cites.org）、IUCN絶滅危惧種レッドリスト（iucn.org/resources/conservation-tools/iucn-red-list-threatened-species）、国際菌類保護協会（fungal-conservation.org）。

10. 遺伝子組換え酵母によって製造された薬剤：Nielsen 2013.
11. クォーンの開発とマーケティング：Wiebe 2004. フザリウム・ベネナツムの二次代謝産物：Miller & MacKenzie 2000.
12. リグニンのバイオテクノロジー：Irmer 2017.
13. バイオエネルギーとバイオ燃料：Lange 2017, Salehi Jouzani et al. 2020.
14. 嫌気性腸内真菌を使ったバイオテクノロジー：Flad et al. 2020.
15. マイコレメディエーション：Dykes 2021. 流出した原油の除去：MatterofTrust.org n.d.. キノコと放射性セシウム：Garaudée et al. 2002. 宇宙船上のクラドスポリウム属菌：Shunk et al. 2020; 菌類がアレルギーを引き起こす可能性については考慮されなかったようだ。ロドトルラ・タイワネンシスと放射能：Tkavc et al. 2018.
16. 特定の微生物や化学物質で、食品や薬品に使用する前に米国食品医薬品局（FDA）による追加の審査と認可を必要としないものは、「一般的に安全と認められている（Generally recognized as safe,GRAS）」とされる。
17. プラスチックのバイオレメディエーション：Sánchez et al. 2020.
18. コーヒー栽培で生じる廃棄物の無毒化：Brand et al. 2020. コーヒー廃棄物を使った染料の吸収：Cheruiyot et al. 2019.
19. 菌糸革命のマニフェストとしては、Stamets 2005 と McCoy 2016 による２つがある。Paul Stamets 2008 の TED トーク動画は、マイコテクノロジーについての彼の意見がまとまっていて、人気になっている。
20. クラフトビールについての情報はほとんどがプレスリリースにもとづいており、この話題についての査読論文はあまり発表されていない。Akpan & Ehrichs 2017 は昆虫由来の酵母を使ったビールについて議論している。Metcalfe 2016 は沈没船の酵母を使ったビールについて説明している。他の酵母によるビール醸造について：Holt et al. 2018.
21. チーズカビの家畜化：Gibbons 2019. 白い胞子を使ったブルーチーズの一例であるニューワールド（Nuworld）はアメリカで開発された。
22. 新しい菌糸製品：Cerimi et al. 2019.
23. 2020 年にロンドンで開催された「マッシュルーム：アート、デザイン、菌類の未来（*Mushrooms: The Art, Design and Future of Fungi*）」という展覧会は、菌類アートと、小規模な菌バイオテクノロジーから生まれた製品を紹介する、興奮させられるイベントだった（gaiaartfoundation.org/projects/mushrooms-the-art-design-and-future-of-fungi）。
24. 火星でのマイコアーキテクチャ：Malone 2018.
25. 菌類の未来：ここで紹介した実在の、または構想中の革新的な技術は、一般メディアで紹介されているもので、記事や動画の形で簡単に見つけることができる。一部については別の章でもっと詳しく説明しており、そこに参考文献を載せてある。

## 第９章　高度一万メートル

1. クロップサークルの説明の一つが、子嚢菌類のゲウマンノミセス・トリチシ（*Gaeumannomyces tritici*）によるコムギ立枯病だ。

Schwartz & Kauman 2020. コクシジオイデス症：Kirkland & Fierer 2018.

11. 学名のフミガツス（fumigatus）はラテン語で「煙のような」という意味。
12. アレルギー性気管支肺アスペルギルス症：ウェブサイト「Aspergillus & Aspergillosis」（アスペルギルス菌とアスペルギルス症）を参照。aspergillus.org.uk.
13. 真菌感染症とAIDS：Centers for Disease Control and Prevention 2020b, Limper et al. 2017, UNAID 2021. 時代や場所によって統計や報告の方法が異なるため、こうした推計には一貫性がないことが多い。
14. ニューモシスチス属菌：Sokulska et al. 2015. ニューモシスチス属菌の名称：Stringer et al. 2002.
15. クリプトコックス属菌：May et al. 2016.
16. ヒトの真菌感染症：感染者数の推計値はBongomin et al. 2017による。ヒトの真菌感染症に関して、信頼できる情報や関連リンクを入手するための第一歩としては、国際医真菌学会のウェブサイト（isham.org）を勧める。Cordeiro 2019の書籍は、真菌感染症の診断について情報をまとめている。
17. アムホテリシンB：Laniado-Laborín & Cabrales-Vargas 2009.
18. 抗生物質とクローン病：Jain et al. 2021. ディスバイオシス：Bäckhed et al. 2012.

## 第8章　マイコテクノロジー

1. 第III部のタイトルである「菌糸革命（mycelial revolution）」というのは、マイコアントレプレナーのエベン・ベイヤーが作った「菌糸体革命（mycelium revolution）」という言葉をふまえている。Eben Bayer 2019.「マイコテクノロジー（mycotechnology）」という単語はBennett 1998が導入した。
2. バイオテクノロジーとアスペルギルス・ニガー：Cairns et al. 2018.
3. このペニシリウム属菌の学名は何度か変更されている。初めはペニシリウム・ルブルム（*Penicillin rubrum*）とされたのが、ペニシリウム・ノタツム（*Penicillin notatum*）、ペニシリウム・クリソゲナム（*Penicillin chrysogenum*）となり、そして最終的にペニシリウム・ルーベンスとなった。Houbraken et al. 2011.
4. Fleming 1929は、ペニシリンについて説明した有名な論文である。
5. ペニシリン開発史の全容は、Lax 2004で鮮やかに描かれている。ロンドンのセント・メアリー病院には、フレミングがペニシリンを発見した物置部屋のような実験室が保存されて、今では展示室になっている。この部屋は写真をもとにかつての状態に復元され、その後、フレミングの時代と同じに思えるほどほこりっぽい状態になるにまかせてある。フレミングの墓参りをしたいと思うなら（私はした）、彼の墓はセント・ポール大聖堂の階下にある。
6. ストレプトマイシン：Pringle 2013.
7. シクロスポリンA：Heusler & Pletscher 2001.
8. 医療における抗生物質耐性：Centers for Disease Control and Prevention 2020a, World Health Organization n.d..
9. アゾール系抗菌剤に対する耐性の増加：Meis et al. 2016. 農業における利用：Verweij et al. 2009.

4. 乾腐菌：VanderGoot 2017.
5. 木材の防腐剤：Zabel & Morrell 2012 の 19 章を参照。
6. 食器洗い機内のカビ：Zupancic et al. 2016.
7. アウレオバシジウム・プルランスの都会への適応：『都市で進化する生物たち』
8. ハウスダストのDNA解析：この段落では、Amend et al. 2010 で扱ったのと同じサンプルの次世代DNA解析データについて、まだ研究されていない面について触れている。その後刊行された『家は生態系』では、家で発生するあらゆる種類の生物のDNA解析について解説していて、そこでは国際宇宙ステーションの話まで出てくるが、菌類よりも細菌が中心になっている。
9. ワレミア・セビ：Desroches et al. 2014.
10. この悪名高い多糖類の化学物質としての正式名称は 1→3－β－D－グルカンという。Maheswaran et al. 2014 を参照。
11. 家庭内のカビ、喘息、アレルギー：Rosenblum Lichtenstein et al. 2015, Tischer et al. 2011. チリダニ、菌類、アレルギー：Miller 2019, Van Asselt 1999.
12. 建物内のスタキボトリス・チャータラム：Miller et al. 2003.
13. HEPA フィルターは有効性試験を受けることになっており、製品には 1 から 16 までの等級が与えられる（数が大きいほど良い）。EPA 2021 を参照。
14. 衛生と環境修復：信頼できるアドバイスを得るには、「学校と商業施設におけるカビ汚染除去（the Mold Remediation in Schools and Commercial Buildings）」（EPA 2008）を読むところから始めると良いだろう。私は Canadian Construction Association 2018 のカビガイドラインを参考にしており、カビが発生した現場を修復するための同協会のアドバイスは正確で現実的だと考えている。

## 第7章　ホロビオント

1. ヒトゲノム計画：Chial 2008.
2. ヒトマイクロバイオーム計画：Gevers et al. 2012. マイクロバイオーム：『世界は細菌にあふれ、人は細菌によって生かされる』（柏書房）はマイクロバイオームについて、主に細菌の観点からおもしろく解説しており、ホロビオントという新しく生まれたパラダイムについても幅広く紹介している。マイクロバイオームの多様性が低い動物：Cepelewicz & Quanta Magazine 2020.
3. ヒトの細胞数は Bianconi et al. 2013 による推定値に基づく。ヒト細胞と、ヒトマイクロバイオーム内の細菌細胞の数の比較：Sender et al. 2016.
4. 菌類と恐竜の絶滅：Casadevall 2012. マイコバイオーム：Cui et al. 2013, Enaud et al. 2018, Seed 2015.
5. 皮膚細胞の落屑：AAAS2009.
6. マラセチア属菌の生物学的特徴：Saunders et al. 2012.
7. 皮膚感染症：Gräser et al. 2018.
8. プロバイオティクスとしてのサッカロミセス属菌：Czerucka et al. 2007.
9. 共生者としてのカンジダ属菌：Hall & Noverr 2017.
10. ヒストプラズマ症：Cordeiro 2019 の 12 章 , Kauman 2007. ブラストミセス：

12. 醤油として売られている製品には、発酵させていないものもある。原材料にタンパク加水分解物が含まれていて、醸造用の菌類のことが書いていない場合、その醤油は菌類を使わない製造工程で作られたまがいものだ。
13. 一部の菌類学者は、アスペルギルス・オリゼーとアスペルギルス・フラバスを同じ種と見なしている。また醤油のラベルに材料としてアスペルギルス・フラバスと表記されている場合もある。このような分類学上の混乱はあるが、醤油にはアフラトキシンは含まれていない。
14. 麹の遺伝学：Gibbonsetal.2012.
15. 麹とアスペルギルス属菌の家畜化の歴史：Shurtle& Aoyagi 2012.
16. 酵母による発酵とチョコレート：Ludlow et al. 2016.
17. プーアール茶：Abe et al. 2008.「酵母様菌類」という用語は、発芽酵母型と、菌糸型か菌糸に似た細胞の両方の形を取る菌類を指す。
18. コーヒーの発酵：de Oliveira Junqueira et al. 2019.
19. コーヒーさび病：Large 1940, McKenna 2020.
20. 食品の腐敗：Dijksterhuis & Samson 2007.
21. 食品ロスのデータ：FAO の食品ロス・廃棄物データベース（https://www.fao.org/platform-food-loss-waste/flw-data/）を参照。
22. 好乾性菌：Pettersson & Leong 2011. 好乾性のアスペルギルス属菌はしばしばユーロチウム属と呼ばれる。
23. 食品保存：Eschliman & Ettlinger 2015 は、食品に使われる化学物質をカラフルな写真で紹介している。化学物質を毛嫌いする人には向かない本だ。
24. 堆肥：Wright et al. 2016.
25. 家庭でのキノコ栽培：Stamets & Chilton 1983.
26. テンペはインドネシアの伝統食品とされているが、作られるようになって 200 年ほどしかたっていない。Shurtleff & Aoyagi 1979 にはテンペの詳しい歴史と栄養面の解説がある。

## 第6章　秘密のすみか

1. インターネット上には家の中のカビをめぐる誤情報があふれている。屋内のカビに関する非常に優れた内容の専門書は数多く出版されている。Flannigan et al. 2003 は信頼できる専門書だ。Bodanis 1986（この章のタイトルはこの本からもらった）と『家は生態系』はどちらも、建造環境の科学と生物学を非専門家の（そしてほとんどは菌類以外の）視点からおもしろく語ったものだ。『都市で進化する生物たち』（草思社）は、多様な生物の都市への適応について、鳥と昆虫、植物を中心に解説している。
2. 菌類の匂い：Horner & Miller 2003. 建築検査官のなかには、菌類の証拠である揮発性物質を嗅ぎわけられるよう訓練した犬を使っている人もいる。この方法は倫理的に問題があるという意見もある。私なら自分の犬にそんな仕事のための訓練をさせたくはない。
3. 木材の青変：Zabel & Morrell 2012 の 14 章を参照。

19. LSD の発見、幻覚剤の微量投与：『幻覚剤は役に立つのか』（亜紀書房）。「酔っ払ったサル説（stoned ape）」についてもっと知るには、映画「素晴らしき、きのこの世界」（Schwartzberg 2019）や、それを書籍化した『ヴィジュアル版 素晴らしき、きのこの世界』（原書房）を参照。
20. 食品汚染の統計：FAO のウェブサイト「食品ロスと食品廃棄物の軽量と削減のための技術プラットフォーム」を参照（fao.org/food-loss-and-food-waste）。マイコトキシン：Pitt et al. 2012.
21. アフラトキシン：Kumar et al. 2017, Schrenk et al. 2020.
22. ボミトキシン：Sobrova et al. 2010.
23. フモニシン：Marasas 1995. 世界保健機関 2018 も参照。
24. インターネットにはゾンビ菌の情報がいくらでもある。YouTube にある「Cordyceps: Attack of the killer fungi（ノムシタケ：殺人菌の攻撃）」（BBC Studios 2008）は、ゾンビ菌の襲撃を生々しいタイムラプス動画で紹介している。『菌類が世界を救う』4 章と Yong 2017 では、ペンシルバニア州立大学のデイヴィッド・ヒューズなどの研究論文が紹介されている。
25. アゴスティーノ・バッシ：Porter 1973.
26. ボーベリア菌を使った生物的防除：García-Estrada et al. 2016.
27. イナゴやトビバッタの生物的防除：Lomer et al. 2001.
28. 生物的防除への菌類の使用：Butt et al. 2001.
29. 9 種の重大な植物病害：Savage n.d..

## 第 5 章　発酵

1. 酵母と酒類の物語を 1 冊の本の長さまで掘り下げた書籍が 2 冊ある。『酵母』（草思社）では、人類と酵母の関係にまつわる科学や歴史、社会的側面を広く紹介している。『酒の科学』（白揚社）は、酒類をテーマとした同様の本だ。どちらの本も、農業と醸造技術が同時に出現したことに触れている。
2. 酵母細胞の数についての私の計算と、比較対象としての星や人間の数は、さまざまな科学文献に基づいている。酵母細胞の寿命が 4 日間だとすると、1 年では 91.5 世代になる。銀河系の星の数は最大で約 4000 億個と推定されている。
3. ビール酵母はアジア原産：Duan et al. 2018.
4. 酵母の交雑とゲノミクス：Peter et al. 2018.
5. ワインのコルク臭：Álvarez-Rodríguez et al. 2002.
6. 無発酵パンの歴史：Arranz-Otaegui et al. 2018.
7. パン酵母：Carbonetto et al. 2018, Money 2018.
8. サワードウの微生物学：Carbonetto et al. 2018,『家は生態系』（白揚社）。サワードウライブラリーについては Ewbank 2018 に説明がある。
9. 伝統製法のチーズ：Microbialfoods.org を参照。チーズのジオトリカム・カンディダム：Boutrou & Guéguen 2005.
10. ブルーチーズの輸出：NationMaster 2019.
11. チーズのマイコトキシン：Nielsen et al. 2006, Scott & Kanhere 1979.

## 第4章　農業

1. この章のサブタイトルにある「世界で七番目に古い職業」というのは、世界で最古級の職業は実際のところ何なのかを真面目に考えた評価結果にもとづいている。Oldest.orgのウェブサイトを参照。
2. 農業の歴史：『銃・病原菌・鉄』（草思社）と『サピエンス全史』（河出書房新社）は、農業の進化について常識とは逆の見方を示しており、家畜化をめぐる彼らの説の一部はこの本に影響を与えている。Large 1940は菌類の農業への関わりの歴史を見直した本で、網羅的でありつつとても面白い内容だ。
3. アンモニアは、窒素と水素からできている。窒素固定法：Wagner 2011.
4. 共焦点顕微鏡で撮影されたアーバスキュラー菌根菌の素晴らしい写真は、Kokkoris et al. 2020や、Vasilis Kokkorisのウェブサイト（vasilis-kokkoris.com）で見ることができる。
5. アーバスキュラー菌根菌の発見と初期の研究の歴史：Koide & Mosse 2004.
6. アーバスキュラー菌根菌と小麦の相互作用：Fiorilli et al. 2018. アーバスキュラー菌根菌と植物のストレス応答：Begum et al. 2019. 菌根ネットワークとアーバスキュラー菌根植物：Wipf et al. 2019.
7. ペニシリウム属菌の散布によるリン吸収量の増加：Leggett et al. 2007.
8. 草の内生菌：Bacon 2018, Clay 1990, Schardl & Phillips 1997.
9. 『サピエンス全史』は、人類が小麦を栽培化したのか、それとも小麦が人類を家畜化したのか、どちらなのかという疑問を提示している。さび病（この章の次節を参照）は、人類との関わりが深く、ターゲットが明確な病気であり、さび病の影響という新たな視点から、この家畜化というプロセスを考察することができる。
10. セイヨウメギ撲滅作戦：『魔術師と予言者』（紀伊國屋書店）。「この罪な低木を見つけたらすぐに処分」：『魔術師と予言者』、114.
11. さび病のレビュー論文：Schumann & Leonard 2011.
12. エクスプローラーIIの飛行：Kennedy 1956.
13. 小麦の育種：McCallum & DePauw 2008. 作物の抵抗性遺伝子が、さび病菌の病原性遺伝子に対応していた場合、病気は発生しない。このことは遺伝子対遺伝子抵抗性と呼ばれる。それはまるで植物にさび病菌を締め出す遺伝子があるかのようだ。さらにいえば、ヒトのウイルス感染症の変異株とワクチンによってできる抗体の間に見られる、鍵と鍵穴の関係にも似ている。
14. 緑の革命：『魔術師と予言者』では、緑の革命や、そして環境保護論者と工業型農業の間に生じた軋轢が見事に描かれている。ノーマン・ボーローグとインドのさび病については、同書に詳しく語られている。さらに、ジャガイモ飢饉やさび病、麦角病、そして病原菌に対抗する育種全般について興味深い情報も提供されている。
15. Ug99：Pretorius et al. 2000.
16. シャルル・テュラーヌは優れた画家で、いきいきとしたスケッチを描いたことで、「菌類のオーデュボン」と呼ばれた。
17. 麦角病のレビュー論文：Schumann & Uppala 2017.
18. 麦角中毒の歴史：Matossian 1982, 1991.

3. 外生菌根の研究史：Trappe 2005.
4. 菌根のない植物：Brundrett & Tedersoo 2018.
5. 外生菌根の生物学の概説：Smith & Read 2008.
6. 菌根が植物多様性に与える影響：Brundrett & Tedersoo 2018.
7. 「ウッド・ワイド・ウェブ」という語は、天然林の木の間のコミュニケーションを明らかにしたSimard et al. 1997に沿えられた論説文で、イギリスの生態学者デイヴィッド・ムーアが初めて用いたものだ。『マザーツリー』（ダイヤモンド社）や『樹木たちの知られざる生活』（早川書房）、さらに『菌類が世界を救う』（河出書房新社）も参照のこと。
8. 木の根と菌糸の間での栄養分の流れを追跡したスウェーデンの研究：Lindeberg 1989.
9. マザーツリーと菌根：Simard 2018,『マザーツリー』。
10. マツタケとアンズダケの収穫高を合算すると、同じ森林の木材の商業的価値を上回ることがある（Alexander et al. 2002）。
11. マツタケ採集の経済学的・文化的側面：『マツタケ』（みすず書房）。マツタケの香りは「昔を思い出させてくれる」：『マツタケ』、48.
12. トリュフの100種類の代謝産物：Mustafa et al. 2020. トリュフの価格について：McCutchen 2017. トリュフ取引の国際マーケティングと詐欺：Jacobs 2019.
13. 巨大キノコ：Anderson et al. 2018, Casselman 2007, Zhang 2017. ナラタケ（*Armillaria mellea*）は長年、変化しやすい一つの種と考えられてきたが、現在では少なくとも10の別個の種に分かれており、そのなかにあるのがワタゲナラタケ（*Armillaria gallica*）とオニナラタケ（*Armillaria ostoyae*）だ。この2種の外見や生態は似ているが、独立して生活しており、互いに交配しない。
14. オランダニレ病（ニレ立枯病）を研究したオランダの女性科学者たちが直面した難題については、Holmes & Heybroek 1990にまとめられている。
15. ニレ立枯病：D'Arcy 2000. 当初、流行の第一波と第二波は、どちらもオフィオストマ・ウルミが原因と考えられたが、遺伝子分析によって、第一波と第二波の病原菌が交配できないことがわかったことから、別の菌種が原因であるとされた。
16. クリ胴枯病：Anagnostakis 1987.
17. ChV1：「ハイポ（Hypo）」は「減らされた」という意味であり、このウイルスに感染した菌株は広がりにくくなり、毒性が弱くなる。ついでに言えば、SARS-CoV-2（COVID-19の原因ウイルス）もRNAウイルスだ。
18. 菌類ウイルス（マイコウイルス）：Ghabrial et al. 2015.
19. 五葉松類発疹さび病菌：Geils et al. 2010. トネリコ枯死病：CABI Invasive Species Compendium n.d.. サウザンドキャンカー病：thousandcankers.com.
20. 植物バイオマス：Bar-On et al. 2018.
21. 木材腐朽：Rayner & Boddy 1988.
22. 熱帯の国々では、一部の菌類学者がサルを訓練して、木を登ってサンプルを採集させている。
23. 生物的防除剤（生物農薬）としての内生菌：Tanney et al. 2018.

3. サドベリーの地衣類：Beckett 1995. 大気汚染モニターとしての地衣類：Hawksworth & Rose 1976.
4. 地衣類の生物学についての一般読者向け解説書は何冊かある。私は手始めとしてRichardson 1975を使った。キノココミュニティが持っているものほど良いものではないが、地衣類研究者たちにも、見た目の特徴に基づいた素晴らしい同定マニュアルがある。私が気に入っているのはBrodo et al. 2001だ。この本の関連ウェブサイトには、何千年にもわたる民間での地衣類利用の例が網羅的にまとめられている（sharnoffphotos.com/lichen_info/usetype.html）。地衣類の多様性と進化についての最近のレビュー論文にはNelsen et al. 2020がある。
5. 地衣類学と南極の地衣類の年齢：Armstrong 2015. インターネット上ではよく8600歳とされているが、その根拠となる公開データを見つけられなかった。
6. 岩の風化：Chen et al. 2000.
7. 地衣類染料：Casselman 2001.
8. 地衣類の二次代謝産物：Shrestha & St. Clair 2013.
9. ハキリアリ：Hoyt 1996ではハキリアリをしばしば擬人的な観点で扱っている。Hölldobler & Wilson 2010は学術的だが、とても読みやすい文章だ。
10. ハキリアリに栽培される菌類は、コガネキヌカラカサタケ（*Leucocoprinus birnbaumii*）の近縁種だ。コガネキヌカラカサタケは、かさが片鱗に覆われた、すらりとした形の黄色のキノコで、ヒトの「巣室」内の観葉植物にときどき生えてくる。もしかしたらこのキノコは、私たちが家畜化して、もっとよい暮らしを与えてくれるのを待っているのかもしれない。
11. YouTubeで「The Ant City」という動画を検索すれば、ブラジルでハキリアリのコロニーにコンクリートを流し込んだ実験の結果を見ることができる（Patrick 2013）。
12. ゲノムとアリと菌類の共生：Nygaard et al. 2016.
13. トリコミケーテス：Lichtwardt 2012.
14. パスツールとノゼマ・ボンビシス：Borst 2011.
15. ブドウうどんこ病菌はアメリカ大陸由来：Brewer & Milgroom 2010. ボルドー液：Large 1940.
16. 植物病原菌としてのトウモロコシ黒穂病菌：Pataky & Snetselaar 2006. ウイトラコチェ：Lipka 2009.
17. 侵入種：『6度目の大絶滅』（NHK出版）は最初に読む本としてお勧めする。もっと幅広い視点で考えるには、Anthony 2017を参照。
18. アイルランドのジャガイモ飢饉：この節の題材の一部は別の形でSeifert 2013に収められている。Large 1940も参照。
19. オーストラリアでの雑草の生物防除：Palmer et al. 2010.
20. 共生者としてのミトコンドリアと葉緑体：Margulis 1998, Martin & Mentel 2010.

## 第3章　森

1. 内生菌：Pirttilä & Frank 2011.
2. 内生菌としてのロフォデルミウム属菌：Tanney et al. 2018.

tion）のウェブサイト（namyco.org/clubs.php）を、ヨーロッパならヨーロッパ菌類学協会（European Mycological Association）のウェブサイト（euromould.org/resources/links/socs.html）をチェックしよう。

5. キノコの毒性：ほとんどのキノコマニュアルは、毒キノコについて詳しい説明を掲載している。菌類学と医学の側面：Lincoff & Mitchel 1977. 毒の化学：Yin et al. 2019
6. 次世代シーケンシングは現在、第３世代DNAシーケンシングという新手法に取って代わられてきている。そのため次世代シーケンシングは第３世代と呼ばれることもある。
7. グーグル・アースを停止しなかったら：チャールズ・イームズとレイ・イームズの手になる有名な1977年制作の動画「パワー・オブ・テン」をグーグル検索してみてほしい。この動画はBoeke 1957に影響を受けて制作されたもので、ズームインとズームアウトによって、素粒子スケールから人間が知る限りの全宇宙までを連続的に見せている。一方、ラリオンツェフ氏によるコウジカビ属（*Aspergillus*）についてのアニメーションでは、菌類の世界にズームインしている（動画のURLはyoutu.be/8XrB9boqDjg）。
8. 菌としての暮らし：他の動物の目を通してその暮らしを想像することは古くからおこなわれている。たとえば、コウモリになったらどうなるかを描いたエッセイ（Nagel 1974）などだ。同じようにHoyt 1996はアリ、Sibley 2020は鳥類、そしてPowers 2018は小説『オーバーストーリー』（新潮社）で樹木の場合を書いている。菌類の視点を想像するものには、ピアーズ・アンソニーのＳＦ小説『*Omnivore*』（『雑食動物』、未邦訳）や、ルイ・シュワルツバーグの映画「素晴らしき、きのこの世界」（2019）でのブリー・ラーソンによるナレーションがある。
9. 土の中の菌糸：Ekblad et al. 2013.
10. クローンと自己認識：Hall et al. 2010.
11. 胞子：菌類学者は胞子のことばかり考えているので、菌類についての本の大半には何百枚もの胞子のイラストが載っている。菌類学の教科書には胞子の図や写真がびっしり並んでいることが多い。大学時代に出会ったある化学教授は、菌類学のことを「胞子学」と言っていたくらいだ。
12. 増殖の速度：アカパンカビは、理想的な条件では１日で３インチから４インチ（7.5センチから10センチ）増殖する（Ryan et al. 1943）。他の菌種の増殖速度はもっとゆっくりだ（Moore et al. 2020）。
13. 菌糸成長のダイナミクス：Hale & Eaton 1985, Rayner 1997.
14. 菌類の交配の遺伝学：Fraser & Heitman 2003.
15. ２万3000通りの性別（スエヒロタケ［*Schizophyllum commune*］）：Rokas 2018.
16. 菌類の化学的性質、フェロモン、その他の代謝産物：Bills & Gloer 2016.

## 第２章　ともに生きる生物

1. 共生の概説：Margulis 1998. アントン・ド・バリー：Ward 1888による伝記を参照。
2. ダーウィンの盲点：Hammerstein 2003, Ryan 2002.

ロジー（mycology）はあなたのもの（yours）よりよい」とかいうのはよく聞くだじゃれだ。

5. 次の本は、大型菌類を美しい写真付きで紹介している。Petersen 2013.
6. キノコ殺人ミステリーについてはWasson 1972を参照のこと。
7. 「キノコ恐怖症」という概念は（fungiphobiaとして）Hay 1887が考え出したものだ。「キノコ好き」（mycophile）という単語は、少なくとも1880年代からフランスのアマチュアキノコ愛好家を指す名詞として使われてきた（OED online 2021）。これらの用語は、Wasson & Wasson 1957によって、対照的な文化特性と位置づけられた。その後、この研究をきっかけとして数多くの民族学的研究がおこなわれた。
8. 科学における擬人主義に対する偏見への批判については、フランス・ドゥ・ヴァール『ママ、最後の抱擁』（紀伊國屋書店）を参照のこと。
9. 菌類の種を数えることの背後にある微妙な事情については、Blackwell 2011で議論されている。

## 第1章　コロニーの中の生活

1. 生命の起源：Beerling 2019, Margulis & Sagan 1986. 生命とプレートテクトニクスの歴史：David Christian 2011のTEDトークは、地球の歴史を面白く紹介している。Prosanta Chakrabarty 2018のTEDトークは、生命の歴史を同じように面白く紹介している。
2. 最後の共通祖先：伝統的に認められている界のなかでは、菌類は植物よりも動物にずっと近い。「界」は、最近まで最も広い生物分類だとされていたが、珍しい微生物グループのゲノムデータが増えてきたことで、界の数や構成は頻繁に変更されている。少数の単細胞生物グループは、以前は原生動物と考えられていたが、動物と菌類の中間的な存在だということがわかっている。その一例である襟鞭毛虫（えりべんもうちゅう）は水中に生息する微小な単細胞生物で、約125種が確認されている。Burki 2014, Keeling & Burki 2019を参照。
3. 菌類の分類学：主要な菌類グループの形態と生活環の詳細についての解説としては、大学学部生向けの一般菌類学の教科書がよく知られており、内容も確実だ。私が研究生活で最もよく参照してきた本が、Alexopoulos et al. 1996, Burnett 1976, Kendrick 2017, Webster & Weber 2007だ。美しいイラストがついた非専門家向けの本で、菌類の形態を概説したものとしては、デンマークの写真家で熱心なキノコ愛好家であるJens Petersen 2013の本に並ぶ物はない。注意したいのは、古い教科書には良いところもあるが、二〇世紀に出版された教科書は、DNAを使った分類の導入で始まった菌類学の大変革を扱っていないことだ。
4. キノコの同定：キノコのガイドブックには優れたものがたくさんある。どんな本を選ぶ場合でも、キノコを正確に同定するための方法がきちんと紹介されていなければならない。自分の国や地域を対象としていて、カラー写真がついていて、少なくとも150種が掲載されている本を探そう。地元や国全体のキノコ愛好クラブを見つけられるなら、メンバーがおすすめの本を紹介してくれるだろう。キノコ愛好クラブを探すには、北米なら北米菌類学協会（North American Mycological Associa-

# 原注

## 菌類の名称について

1. 「fungi」（菌類）の「g」を軟音で「ファンジャイ」と発音するか、硬音で「ファンガイ」と発音するかは、誰に聞くかによって、あるいはどの辞書を調べるかによって違ってくる。『*Oxford English Dictionary*』と『*Merriam-Webster's Collegiate Dictionary*』の最新版はどちらの発音も認めているが、『*Cambridge Dictionary*』は流されることなく「ファンガイ」にこだわっている。
2. イギリスのキノコの一般名のリスト：Holden 2003. 北アメリカのキノコの一般名のリスト：北米菌類学協会のウェブサイト（namyco.org）とアイナチュラリスト（inaturalist.org）を参照。
3. 「界」は伝統的に生命の最上位の分類（動物界、植物界、菌界など）に使われてきた用語だ。私たちの界を越えて例を挙げ比較するのは難しいため、門以下は動物界の中で考えてみよう。「門」は界の下の分類で、たとえば脊索動物門（背骨のある動物）や節足動物門（昆虫とその他の外骨格のある動物）などがある。「綱」は門の下の分類で、たとえば脊索動物門の中では哺乳綱（哺乳類）や鳥綱（鳥類）がある。「目」は綱の下の分類で、たとえば哺乳綱の中では霊長目（霊長類）や齧歯目（齧歯類）などがある。こうした階層的な分類は相対的なもので、遺伝子レベルの差異を反映していない。菌類は動物と比べて、遺伝的多様性が10倍高い可能性がある。
4. おもしろい学名を探すには次のサイトがおすすめだ。Curiosities of Biological Nomenclature, curioustaxonomy.net/puns/puns.html.

## イントロダクション

1. Amato 2001と『小さな塵の大きな不思議』（紀伊國屋書店）は、ほこり（ダスト）の物理的・生物的組成や、文化や心理の面でのとらえ方を考察している。Griffin et al. 2001は、ダストの大陸間移動が健康や生態系に与える影響を概説している。
2. 蛍光染色で明らかになる微生物の多様性についてはSuttle 2013を参照。
3. イワタケとフランクリン遠征についてはSmith 1877を参照。
4. 菌類学を表す「mycology」のmycoはギリシャ語で「菌類」を意味する「mukēs」が語源になっている。英語で「菌類」は「fungi」だが、ありがたいことに、イギリスで考案された「fungology」とか「fungologist」という用語は定着しなかった。mycologyという伝統的な用語のほうがだじゃれに使いやすい。たとえば、「マイコ

Food Safety and Zoonoses. who.int/foodsafety/FSdigest_Fumonisins_EN.pdf.
World Health Organization. n.d. Antimicrobial resistance. who.int/health-topics/antimicrobial-resistance.
Wright C, Gryganskyi AP, Bonito G. 2016. Fungi in composting. In Purchase D (ed), *Fungal Applications in Sustainable Environmental Biotechnology*, 3–28. Springer.
Yin X, Yang A-A, Gao J-M. 2019. Mushroom toxins: Chemistry and toxicology. *Journal of Agricultural and Food Chemistry* 67: 5053–5071.
Yong E. 2016. *I Contain Multitudes: The Microbes Within Us and a Grander View of Life*. Ecco.〔『世界は細菌にあふれ、人は細菌によって生かされる』柏書房〕
Yong E. 2017. How the zombie fungus takes over ants' bodies to control their minds. *The Atlantic*, November 14, 2017. theatlantic.com/science/archive/2017/11/how-the-zombie-fungus-takes-over-ants-bodies-to-control-their-minds/545864.
Zabel RA, Morrell JJ. 2012. *Wood Microbiology: Decay and Its Prevention*. Academic Press.
Zhang S. 2017. The secrets of the "humongous fungus": How one of the biggest living organisms in the world got so big. *The Atlantic*, October 30, 2017. theatlantic.com/science/archive/2017/10/humongous-fungus-genome/544265.
Zupancic J, Babic MN, Zalar P, et al. 2016. The black yeast *Exophiala dermatitidis* and other selected opportunistic human fungal pathogens spread from dishwashers to kitchens. *PLOS One* 11(2): article e0148166 (OA).

*Applications*, 343–381. Springer.
Tischer C, Chen C-M, Heinrich J. 2011. Association between domestic mould and mould components, and asthma and allergy in children: A systematic review. *European Respiratory Journal* 38: 812–824 (OA).
Tkavc R, Matrosova VY, Grichenko OE, et al. 2018. Prospects for fungal bioremediation of acidic radioactive waste sites: Characterization and genome sequence of *Rhodotorula taiwanensis* Md1149. *Frontiers in Microbiology* 8: article 2528 (OA).
Trappe JM. 2005. A.B. Frank and mycorrhizae: The challenge to evolutionary and ecologic theory. *Mycorrhiza* 15: 277–281.
Tsing AL. 2015. *The Mushroom at the End of the World: On the Possibility of Life in Capitalist Ruins*. Princeton University Press.〔『マツタケ――不確定な時代を生きる術』みすず書房〕
UNAIdS. 2021. Fact sheet 2021: Global hIV statistics. unaids.org/sites/default/files/media_asset/UNAIdS_FactSheet_en.pdf.
United Nations Environment Programme. 2016. Invasive species—a huge threat to human well-being. unep.org/news-and-stories/story/invasive-species-huge-threat-human-well-being.
Van Asselt L. 1999. Review: Interactions between domestic mites and fungi. *Indoor and Built Environment* 8: 216–220.
VanderGoot J. 2017. Considering dry rot: The co-evolution of buildings and *Serpula lacrymans*. *Journal of Architectural Education* 71: 225–231.
Verweij PE, Snelders E, Kema GH, et al. 2009. Azole resistance in *Aspergillus fumigatus*: A side-effect of environmental fungicide use? *The Lancet Infectious Diseases* 9: 789–795.
Wagner SC. 2011. Biological nitrogen fixation. *Nature Education Knowledge* 3: article 15 (OA).
Ward HM. 1888. Anton De Bary. *Nature* 37: 297–299 (OA).
Wasson RG. 1972. The death of Claudius or mushrooms for murderers. *Botanical Museum Leaflets*, Harvard University, 23: 101–128. Available at biodiversitylibrary.org/part/168556.
Wasson VP, Wasson RG. 1957. *Mushrooms, Russia, and History*. Pantheon.
Webster J, Weber R. 2007. *Introduction to Fungi*. 3rd ed. Cambridge University Press.
Wiebe MG. 2004. QuornTM mycoprotein—Overview of a successful fungal product. *Mycologist* 18: 17–20.
Wipf D, Krajinski F, van Tuinen D, et al. 2019. Trading on the arbuscular mycorrhiza market: From arbuscules to common mycorrhizal networks. *New Phytologist* 223: 1127–1142 (OA).
Wohlleben P. 2016. *The Hidden Life of Trees: What They Feel, How They Communicate—Discoveries From a Secret World*. Greystone Books.〔『樹木たちの知られざる生活――森林管理官が聴いた森の声』早川書房〕
World Health Organization. 2018. *Fumonisins*. Food Safety Digest. Department of

ionizing radiation aboard the International Space Station. *bioRxiv* 2020.07.16.205534 (OA).
Shurtleff W, Aoyagi A. 1979. *The Book of Tempeh*. Soyinfo Center. Shurtleff W, Aoyagi A. 2012. *History of Koji—Grains and/or Soybeans Enrobed With a Mold Culture (300 BCe to 2012): Extensively Anno-tated Bibliography and Sourcebook*. Soyinfo Center. Available at soyinfocenter.com/pdf/154/Koji.pdf.
Sibley DA. 2020. *What It's Like to Be a Bird: From Flying to Nesting, Eating to Singing—What Birds Are Doing, and Why*. Knopf.〔『イラスト図解――鳥になるのはどんな感じ？』羊土社〕
Simard SW. 2018. Mycorrhizal networks facilitate tree communication, learning, and memory. In Baluška F, Gagliano M, Witzany G (eds), *Memory and Learning in Plants*, 191–213. Springer.
Simard S. 2021. *Finding the Mother Tree: Discovering the Wisdom of the Forest*. Allen Lane.〔『マザーツリー――森に隠された「知性」をめぐる冒険』ダイヤモンド社〕
Simard SW, Perry DA, Jones MD, et al. 1997. Net transfer of carbon between ecto-mycorrhizal tree species in the field. *Nature* 388: 579–582 (OA).
Smith AH. 1973. *The Mushroom Hunter's Field Guide*. University of Michigan Press.
Smith DM. 1877. *Arctic Expeditions From British and Foreign Shores: From the Earliest Times to the Expedition of 1875–76*. Thomas C. Jack, Grange Publishing Works.
Smith SE, Read DJ. 2008. *Mycorrhizal Symbiosis*. 3rd ed. Academic Press.
Sobrova P, Adam V, Vasatkova A, et al. 2010. Deoxynivalenol and its toxicity. *Interdisciplinary Toxicology* 3: 94–99 (OA).
Sokulska M, Kicia M, Wesołowska M, et al. 2015. *Pneumocystis jirovecii*—from a commensal to pathogen: Clinical and diagnostic review. *Parasitology Research* 114: 3577–3585 (OA).
Stamets P. 2005. *Mycelium Running: How Mushrooms Can Help Save the World*. Ten Speed Press.
Stamets P. 2008. 6 ways mushrooms can save the world. Filmed March 2008 in Monterey, California. tEd2008 video, 17:25. ted.com/talks/paul_stamets_6_ways_mushrooms_can_save_the_world.
Stamets P (ed). 2019. *Fantastic Fungi: Expanding Consciousness, Alternative Healing, Environmental Impact*. Earth Aware Editions.〔『素晴らしき、きのこの世界――ヴィジュアル版　人と菌類の共生と環境、そして未来』原書房〕
Stamets P, Chilton JS. 1983. *The Mushroom Cultivator: A Practical Guide to Growing Mushrooms at Home*. Agarikon Press.
Stringer JR, Beard CB, Miller RF, et al. 2002. A new name (*Pneumocystis jiroveci*) for *Pneumocystis* from humans. *Emerging Infectious Diseases* 8: 891–896 (OA).
Suttle CA. 2013. Viruses: Unlocking the greatest biodiversity on Earth. *Genome* 56: 542–544 (OA).
Tanney JB, McMullin DR, Miller JD. 2018. Toxigenic foliar endophytes from the Acadian forest. In Pirttilä AM, Frank AC (eds), *Endophytes of Forest Trees: Biology and*

Ryan FJ, Beadle GW, Tatum EL. 1943. The tube method of measuring the growth rate of *Neurospora*. *American Journal of Botany* 30: 784–799.

Salehi Jouzani G, Tabatabaei M, Aghbashlo M (eds). 2020. *Fungi in Fuel Biotechnology*. Springer.

Sánchez C, Moore D, Robson G, et al. 2020. A 21st century miniguide to fungal biotechnology. *Mexican Journal of Biotechnology* 5: 11–42 (OA).

Saunders CW, Scheynius A, Heitman J. 2012. *Malassezia* fungi are specialized to live on skin and associated with dandruff, eczema, and other skin diseases. *PLOS Pathogens* 8(6): article e1002701 (OA).

Savage S. n.d. Infographic: 9 plant diseases that threaten your favorite foods—and how GM can help. Genetic Literacy Project. Accessed June 14, 2021. geneticliteracyproject.org/2014/08/12/infographic-9-plant-diseases-that-threaten-your-favorite-foods-and-how-gm-can-help.

Schardl CL, Phillips TD. 1997. Protective grass endophytes: Where are they from and where are they going? *Plant Disease* 81: 430–438 (OA).

Schilthuizen M. 2018. *Darwin Comes to Town: How the Urban Jungle Drives Evolution*. Picador.〔『都市で進化する生物たち――"ダーウィン"が街にやってくる』草思社〕

Schrenk D, Bignami M, Bodin L, et al. (EFSA Panel on Contaminants in the Food Chain [CONTAM]). 2020. Risk assessment of aflatoxins in food. *EFSA Journal* 18(3): article e06040 (OA).

Schumann GL, Leonard KJ. 2011. Stem rust of wheat (black rust). *The Plant Health Instructor*. doi.org/10.1094/PhI-I-2000-0721-01 (OA).

Schumann GL, Uppala S. 2017. Ergot of rye. *The Plant Health Instructor*. apsnet.org/edcenter/disandpath/fungalasco/pdlessons/Pages/Ergot.aspx (OA).

Schwartz IS, Kauffman CA. 2020. Blastomycosis. *Seminars in Respiratory and Critical Care Medicine* 41: 31–41.

Schwartzberg L (dir). 2019. *Fantastic Fungi*. Moving Art Studio, Reconsider.

Scott PM, Kanhere SR. 1979. Instability of Prtoxin in blue cheese. *Journal of Association of Official Analytical Chemists* 62: 141–147.

Seed PC. 2015. The human mycobiome. *Cold Spring Harbor Perspectives in Medicine* 5: article a019810 (OA).

Seifert KA. 2013. Memorials to the great famine. *IMA Fungus* 4(2): A50–A54 (OA).

Sender R, Fuchs S, Milo R. 2016. Are we really vastly outnumbered? Revisiting the ratio of bacterial to host cells in humans. *Cell* 164: 337–340 (OA).

Sheldrake M. 2020. *Entangled Life: How Fungi Make Our Worlds, Change Our Minds and Shape Our Futures*. Random House.〔『菌類が世界を救う――キノコ・カビ・酵母たちの驚異の能力』河出書房新社〕

Shrestha G, St. Clair LL. 2013. Lichens: A promising source of antibiotic and anticancer drugs. *Phytochemistry Reviews* 12: 229–244.

Shunk GK, Gomez XR, Averesch NJH. 2020 (preprint). A self-replicating radiation-shield for human deep-space exploration: Radiotrophic fungi can attenuate

Patrick J. 2013. The ant city. YouTube video posted August 25, 2013, 3:25. (Clip from the documentary *Ants: Nature's Secret Power*, dir. Thaler W, 2004.) youtube.com/watch?v=lkd4aXN00Co.

Peter J, De Chiara M, Friedrich A, et al. 2018. Genome evolution across 1,011 *Saccharomyces cerevisiae* isolates. *Nature* 556: 339–344 (OA).

Petersen JH. 2013. *The Kingdom of Fungi.* Princeton University Press.

Pettersson OV, Leong SL. 2011. Fungal xerophiles (osmophiles). *eLS.* doi.org/10.1002/9780470015902.a0000376.pub2.

Pirttilä AM, Frank AC (eds). 2011. *Endophytes of Forest Trees: Biology and Applications.* Springer.

Pitt JI, Wild CP, Baan RA, et al. (eds). 2012. *Improving Public Health Through Mycotoxin Control.* International Agency for Research on Cancer, Scientific Publication no. 158. publications. iarc.fr/Book-And-Report-Series/Iarc-Scientific-Publications/Improving-Public-Health-Through-Mycotoxin-Control-2012.

Pollan M. 2018. *How to Change Your Mind: What the New Science of Psy-chedelics Teaches Us About Consciousness, Dying, Addiction, Depression, and Transcendence.* Penguin Books.〔『幻覚剤は役に立つのか』亜紀書房〕

Porter JR. 1973. Agostino Bassi bicentennial (1773–1973). *Bacteriological Reviews* 37: 284–288 (OA).

Powers R. 2018. *The Overstory: A Novel.* WW Norton & Co.〔『オーバーストーリー』新潮社〕

Pretorius ZA, Singh RP, Wagoire WW, et al. 2000. Detection of virulence to wheat stem rust resistance gene *Sr31* in *Puccinia graminis* f. sp. *tritici* in Uganda. *Plant Disease* 84: 203 (OA).

Pringle P. 2013. *Experiment Eleven: Dark Secrets Behind the Discovery of a Wonder Drug.* Bloomsbury Press.

Rayner ADM. 1997. *Degrees of Freedom: Living in Dynamic Boundaries.* Imperial College Press.

Rayner ADM, Boddy L. 1988. *Fungal Decomposition of Wood: Its Biology and Ecology.* John Wiley & Sons.

Richardson DHS. 1975. *The Vanishing Lichens: Their History, Biology and Importance.* David & Charles.

Rogers A. 2015. *Proof: The Science of Booze.* Mariner Books.〔『酒の科学——酵母の進化から二日酔いまで』白揚社〕

Rokas A. 2018. Where sexes come by the thousands. The Conversation, October 30, 2018. theconversation.com/where-sexes-come-by-the-thousands-105554.

Rosenblum Lichtenstein JH, Hsu Y-H, Gavin IM, et al. 2015. Environmental mold and mycotoxin exposures elicit specific cytokine and chemokine responses. *PLOS One* 10(5): article e0126926 (OA).

Ryan F. 2002. *Darwin's Blind Spot: Evolution Beyond Natural Selection.* Houghton Mifflin.

Live Science, November 10, 2016. livescience.com/56814-oldest-beer-recreated-from-shipwreck-yeast.html.

Meyer V, Basenko EY, Benz JP, et al. 2020. Growing a circular economy with fungal biotechnology: A white paper. *Fungal Biology and Biotechnology* 7: article 5 (OA).

Miller JD. 2019. The role of dust mites in allergy. *Clinical Reviews in Allergy and Immunology* 57: 312–329.

Miller JD, MacKenzie S. 2000. Secondary metabolites of *Fusarium venenatum* strains with deletions in the *Tri5* gene encoding trichodiene synthetase. *Mycologia* 92: 764–771.

Miller JD, Rand TG, Jarvis BB. 2003. *Stachybotrys chartarum*: Cause of human disease or media darling? *Medical Mycology* 41: 271–291.

Money NP. 2018. *The Rise of Yeast: How the Sugar Fungus Shaped Civilization.* Oxford University Press.〔『酵母――文明を発酵させる菌の話』草思社〕

Moore D, Robson GD, Trinci APJ. 2020. *21st Century Guidebook to Fungi*. 2nd ed. Cambridge University Press.

Mustafa AM, Angeloni S, Nzekoue FK, et al. 2020. An overview on truffle aroma and main volatile compounds. *Molecules* 25(24): article 5948 (OA).

Nagel T. 1974. What is it like to be a bat? *The Philosophical Review* 83: 435–450.

NationMaster. 2019. Export of blue-veined cheese. nationmaster.com/nmx/ranking/export-of-blue-veined-cheese.

Nelsen MP, Lücking R, Boyce CK, et al. 2020. No support for the emergence of lichens prior to the evolution of vascular plants. *Geobiology* 18:3–13.

Nielsen J. 2013. Production of biopharmaceutical proteins by yeast: Advances through metabolic engineering. *Bioengineered* 4: 207–211 (OA).

Nielsen KF, Sumarah MW, Frisvad JC, et al. 2006. Production of metabolites from the *Penicillium roqueforti* complex. *Journal of Agricultural and Food Chemistry* 54: 3756–3763.

Nygaard S, Hu H, Li C, et al. 2016. Reciprocal genomic evolution in the ant-fungus agricultural symbiosis. *Nature Communications* 7: article 12233 (OA).

OED Online. 2021. Mycophile. *Oxford English Dictionary*. Oxford University Press.

Oerke E-C. 2020. Remote sensing of diseases. *Annual Review of Phytopathology* 58: 225–252.

O'Hanlon SJ, Rieux A, Farrer RA, et al. 2018. Recent Asian origin of chytrid fungi causing global amphibian declines. *Science* 360: 621–627 (OA).

Oldest.org. n.d. Oldest professions in the world. Accessed June 14 , 2021. oldest.org/people/professions.

Palmer WA, Heard TA, Sheppard AW. 2010. A review of Australian classical biological control of weeds programs and research activities over the past 12 years. *Biological Control* 52: 271–387.

Pataky J, Snetselaar K. 2006. Common smut of corn. *The Plant Health Instructor*. doi.org/10.1094/PHI-I-2006-0927-01 (OA).

grasshoppers. *Annual Review of Entomology* 46: 667–702.
Ludlow CL, Cromie GA, Garmendia-Torres C, et al. 2016. Independent origins of yeast associated with coffee and cacao fermentation. *Current Biology* 26: 965–971 (OA).
Maheswaran D, Zeng Y, Chan-Yeung M, et al. 2014. Exposure to beta-(1,3)-D-glucan in house dust at age 7–10 is associated with airway hyperresponsiveness and atopic asthma by age 11–14. *PLOS One* 9(6): article e98878 (OA).
Malone D. 2018. Fungus may be key to colonizing Mars. *Building Design & Construction*, July 13, 2018. bdcnetwork.com/fungus-may-be-key-colonizing-mars.
Mann CC. 2018. *The Wizard and the Prophet: Two Remarkable Scientists and Their Dueling Visions to Shape Tomorrow's World.* Knopf.〔『魔術師と予言者――2050年の世界像をめぐる科学者たちの闘い』紀伊國屋書店〕
Marasas WFO. 1995. Fumonisins: Their implications for human and animal health. *Natural Toxins* 3: 193–198.
Margulis L. 1998. *Symbiotic Planet: A New Look at Evolution.* Basic Books.〔『共生生命体の30億年』草思社〕
Margulis L, Sagan D. 1986. *Microcosmos: Four Billion Years of Microbial Evolution.* University of California Press.
Martin W, Mentel M. 2010. The origin of mitochondria. *Nature Education* 3(9): 58 (OA).
Matossian MK. 1982. Ergot and the Salem witchcraft affair: An outbreak of a type of food poisoning known as convulsive ergotism may have led to the 1692 accusations of witchcraft. *American Scientist* 70: 355–357.
Matossian MK. 1991. *Poisons of the Past: Molds, Epidemics, and History.* Revised ed. Yale University Press.
MatterofTrust.org. n.d. Renewable resources – Fungi + SF oil spill hair mats bioremediation P.1 – 2007–2008. Accessed June 15, 2021. matteroftrust.org/oily-hair-mat-remediation-sf-bay-area-treatability-study-phase-i-completed.
May RC, Stone NRH, Wiesner DL, et al. 2016. *Cryptococcus*: From environmental saprophyte to global pathogen. *Nature Reviews Microbiology* 14: 106–117.
McCallum BD, DePauw RM. 2008. A review of wheat cultivars grown in the Canadian prairies. *Canadian Journal of Plant Science* 88: 649–677 (OA).
McCoy P. 2016. *Radical Mycology: A Treatise on Seeing and Working With Fungi.* Chthaeus Press.
McCutchen M. 2017. The five most expensive truffles ever. Money Inc. moneyinc.com/five-expensive-truffles-ever.
McKenna M. 2020. Coffee rust is going to ruin your morning. *The Atlantic*, September 16, 2020. theatlantic.com/science/archive/2020/09/coffee-rust/616358.
Meis JF, Chowdhary A, Rhodes JL, et al. 2016. Clinical implications of globally emerging azole resistance in *Aspergillus fumigatus*. *Philosophical Transactions of the Royal Society B: Biological Sciences* 371: article 20150460 (OA).
Metcalfe T. 2016. Oldest beer brewed from shipwreck's 220-year-old yeast microbes.

Keeling PJ, Burki F. 2019. Progress towards the tree of eukaryotes. *Current Biology* 29(16): r808–r817 (OA).

Kendrick B. 2017. *The Fifth Kingdom: An Introduction to Mycology.* 4th ed. Hackett Publishing.

Kennedy G. 1956. The two Explorer stratosphere balloon flights. StratoCat. stratocat.com.ar/artics/explorer-e.htm.

Kirkland TN, Fierer J. 2018. *Coccidioides immitis* and *posadasii*: A review of their biology, genomics, pathogenesis, and host immunity. *Virulence* 9: 1426–1435 (OA).

Koide RT, Mosse B. 2004. A history of research on arbuscular mycorrhiza. *Mycorrhiza* 14: 145–163.

Kokkoris V, Stefani F, Dalpé Y, et al. 2020. Nuclear dynamics in the arbuscular mycorrhizal fungi. *Trends in Plant Science* 25: 765–778.

Kolbert E. 2014. *The Sixth Extinction: An Unnatural History.* Picador Books.〔『6度目の大絶滅』NHK出版〕

Kumar P, Mahato DK, Kamle M, et al. 2017. Aflatoxins: A global concern for food safety, human health and their management. *Frontiers in Microbiology* 7: article 2170 (OA).

Lange L. 2017. Fungal enzymes and yeasts for conversion of plant biomass to bioenergy and high-value products. In Heitman J, Howlett BJ, Crous PW, et al. (eds), *The Fungal Kingdom,* 1029–1048. ASM Press.

Laniado-Laborín R, Cabrales-Vargas MN. 2009. Amphotericin B: Side effects and toxicity. *Revista Iberoamericana de Micología* 26: 223–227 (OA).

Large EC. 1940. *The Advance of the Fungi.* Jonathan Cape.

Lax E. 2004. *The Mold in Dr. Florey's Coat: The Story of the Penicillin Miracle*. Henry Holt.

Leggett M, Cross J, Hnatowich G, et al. 2007. Challenges in commercializing a phosphate-solubilizing microorganism: *Penicillium bilaiae*, a case history. In Velázquez E, Rodríguez-Barrueco C (eds), *First International Meeting on Microbial Phosphate Solubilization*, 215–222. Springer.

Lichtwardt RW. 2012. *The Trichomycetes: Fungal Associates of Arthropods*. Springer-Verlag.

Limper AH, Adenis A, Le T, et al. 2017. Fungal infections in HIV/AIDS. *The Lancet Infectious Diseases* 17(11): e334–e343 (OA).

Lincoff G, Mitchel DH. 1977. *Toxic and Hallucinogenic Mushroom Poisoning: A Handbook for Physicians and Mushroom Hunters*. Van Nos-trand Reinhold.

Lindeberg G. 1989. Elias Melin: Pioneer leader in mycorrhizal research. *Annual Review of Phytopathology* 27: 49–58 (OA).

Lipka S. 2009. When corn tastes like mushrooms. *The Atlantic*, October 26, 2009. theatlantic.com/health/archive/2009/10/when-corn-tastes-like-mushrooms/28941.

Lomer CJ, Bateman RP, Johnson DL, et al. 2001. Biological control of locusts and

Harari YN. 2014. *Sapiens: A Brief History of Humankind.* Harper Perennial.〔『サピエンス全史——文明の構造と人類の幸福』河出書房新社〕

Hariharan J. 2021. Guardians of the Microbial Galaxy. *Scientific American*, March 28, 2021. scientificamerican.com/article/guardians-of-the-microbial-galaxy.

Hawksworth DL, Rose F. 1976. *Lichens as Pollution Monitors*. Institute of Biology, Studies in Biology no. 66. Edward Arnold.

Hay WD. 1887. *An Elementary Text-Book of British Fungi.* Swan, Sonnenschein, Lowrey & Co. biodiversitylibrary.org/bibliography/4073.

Heusler K, Pletscher A. 2001. The controversial early history of cyclosporin. *Swiss Medical Weekly* 131(21–22): 299–302 (OA).

Holden EM. 2003. *Recommended English Names for Fungi in the UK.* Report to the British Mycological Society, English Nature, Plantlife and Scottish Natural Heritage. plantlife.org.uk/uk/our-work/publications/recommended-english-names-fungi-uk.

Hölldobler B, Wilson EO. 2010. *The Leafcutter Ants: Civilization by Instinct.* W W Norton & Co.

Holmes FW, Heybroek HM (trans). 1990. *Dutch Elm Disease—the Early Papers: Selected Works of Seven Dutch Women Phytopathologists.* American Phytopathological Society Press.

Holmes H. 2003. *The Secret Life of Dust: From the Cosmos to the Kitchen Counter, the Big Consequences of Little Things.* Wiley.〔『小さな塵の大きな不思議』(紀伊國屋書店)〕

Holt S, Mukherjee V, Lievens B, et al. 2018. Bioflavoring by non-conventional yeasts in sequential beer fermentations. *Food Micro-biology* 72: 55–66 (OA).

Horner EW, Miller JD. 2003. Microbial volatile organic compounds with emphasis on those arising from filamentous fungal contaminants of buildings. *AshrAe Transactions* 109: 215–231.

Houbraken J, Frisvad JC, Samson RA. 2011. Fleming's penicillin producing strain is not *Penicillium chrysogenum* but *P. rubens. iMA Fungus* 2: 87–95 (OA).

Hoyt E. 1996. *The Earth Dwellers: Adventure in the Land of Ants.* Simon & Schuster.〔『アリ王国の愉快な冒険』角川春樹事務所〕

Irmer J. 2017. Lignin—a natural resource with huge potential. Bioeconomy BW. biooekonomie-bw.de/en/articles/dossiers/lignin-a-natural-resource-with-huge-potential.

Jacobs R. 2019. *The Truffle Underground: A Tale of Mystery, Mayhem, and Manipulation in the Shadowy Market of the World's Most Expensive Fungus.* Clarkson Potter.〔『トリュフの真相——世界で最も高価なキノコ物語』パンローリング株式会社〕

Jain U, Ver Heul AM, Xiong S, et al. 2021. *Debaryomyces* is enriched in Crohn's disease intestinal tissue and impairs healing in mice. *Science* 371: 1154–1159.

Kauffman CA. 2007. Histoplasmosis: A clinical and laboratory update. *Clinical Microbiology Reviews* 20: 115–132 (OA).

NHK 出版）
Franc GD. 2007. Potato wart. APS*net* Features. apsnet.org/edcenter/apsnetfeatures/Pages/PotatoWart.aspx.
Fraser JA, Heitman J. 2003. Fungal mating-type loci. *Current Biology* 13: r792–r795 (OA).
Garaudée S, Elhabiri M, Kalny D, et al. 2002. Allosteric effects in norbadione A: A clue for the accumulation process of $^{137}$Cs in mushrooms? *Chemical Communications* 9: 944–945.
García-Estrada C, Cat E, Santamarta I. 2016. *Beauveria bassiana* as biocontrol agent: Formulation and commercialization for pest management. In Singh HB, Sarma BK, Keswani C (eds), *Agriculturally Important Microorganisms: Commercialization and Regulatory Requirements in Asia*, 81–96. Springer.
Geils BW, Hummer KE, Hunt RS. 2010. White pines, *Ribes*, and blister rust: A review and synthesis. *Forest Pathology* 40: 147–185 (OA).
Gepts P. 2004. Who owns biodiversity, and how should the owners be compensated? *Plant Physiology* 134: 1295–1307 (OA).
Gevers D, Knight R, Petrosino JF, et al. 2012. The Human Microbiome Project: A community resource for the healthy human microbiome. *PLos Biology* 10: article e1001377 (OA).
Ghabrial SA, Castón JR, Jiang D, et al. 2015. 50-plus years of fungal viruses. *Virology* 479–480: 356–368 (OA).
Gibbons JG. 2019. How to train your fungus. *mBio* 10(6): article e03031-19 (OA).
Gibbons JG, Salichos L, Slot JC, et al. 2012. The evolutionary imprint of domestication on genome variation and function of the filamentous fungus *Aspergillus oryzae*. *Current Biology* 22: 1403–1409 (OA).
Grant EHC, Muths E, Katz RA, et al. 2016. *Salamander Chytrid Fungus* (Batrachochytrium salamandrivorans) *in the United States—Developing Research, Monitoring, and Management Strategies*. U.S. Geological Survey Open-File Report 2015–1233. doi.org/10.3133/ofr20151233.
Gräser Y, Monod M, Bouchara JP, et al. 2018. New insights in dermatophyte research. *Medical Mycology* 56(suppl. 1): S2–S9.
Griffin DW, Kellogg CA, Shinn EA. 2001. Dust in the wind: Long range transport of dust in the atmosphere and its implications for global public and ecosystem health. *Global Change and Human Health* 2: 20–33.
Hale MD, Eaton RA. 1985. Oscillatory growth of fungal hyphae in wood cell walls. *Transactions of the British Mycological Society* 84: 277–288.
Hall C, Welch J, Kowbel DJ, et al. 2010. Evolution and diversity of a fungal self/nonself recognition locus. *PLOS One* 5(11): article e14055 (OA).
Hall RA, Noverr MC. 2017. Fungal interactions with the human host: Exploring the spectrum of symbiosis. *Current Opinion in Microbiology* 40: 58–64 (OA).
Hammerstein P (ed). 2003. *Genetic and Cultural Evolution of Cooperation*. MIt Press.

mesticated populations of yeast from Far East Asia. *Nature Communications* 9: article 2690 (OA).

Dunn R. 2018. *Never Home Alone: From Microbes to Millipedes, Camel Crickets, and Honeybees, the Natural History of Where We Live.* Basic Books. 〔『家は生態系——あなたは20万種の生き物と暮らしている』白揚社〕

Dykes J. 2021. Mycoremediation: The under-utilised art of fungi clean-ups. *Geographical*, February 26, 2021. geographical.co.uk/nature/climate/item/3980-mycoremediation-using-mushrooms-to-clean-up-after-humans-could-be-an-under-utilised-opportunity.

Ekblad A, Wallander H, Godbold DL, et al. 2013. The production and turnover of extramatrical mycelium of ectomycorrhizal fungi in forest soils: Role in carbon cycling. *Plant and Soil* 366: 1–27.

Enaud R, Vandenborght L-E, Coron N, et al. 2018. The mycobiome: A neglected component in the microbiota-gut-brain axis. *Microorganisms* 6(1): article 22 (OA).

EPA (United States Environmental Protection Agency). 2008. *Mold Remediation in Schools and Commercial Buildings*. Available at www.epa.gov/mold/mold-remediation-schools-and-commercial-buildings-guide-chapter-1.

EPA (United States Environmental Protection Agency). 2021. Indoor air quality (IAQ): What is a HEPA filter? Last updated March 3, 2021. epa.gov/indoor-air-quality-iaq/what-hepa-filter-1.

Eschliman D, Ettlinger S. 2015. *Ingredients: A Visual Exploration of 75 Additives and 25 Food Products.* Regan Arts.

Ewbank A. 2018. Inside the world's only sourdough library. Atlas Obscura, May 16, 2018. atlasobscura.com/articles/sourdough-library.

Fiorilli V, Vannini C, Ortolani F., et al. 2018. Omics approaches revealed how arbuscular mycorrhizal symbiosis enhances yield and resistance to leaf pathogen in wheat. *Scientific Reports* 8: article 9625 (OA).

Fisher MC, Gow NAR, Gurr SJ. 2016. Tackling emerging fungal threats to animal health, food security and ecosystem resilience. *Philosophical Transactions of the Royal Society B: Biological Sciences* 371: article 20160332 (OA).

Flad V, Young D, Seppälä S, et al. 2020. The biotechnological potential of anaerobic gut fungi. In Benz JP, Schipper K (eds), *The Mycota*, 413–437. Vol. 2 of *Genetics and Biotechnology*. 3rd ed. Springer.

Flannigan B, Samson RA, Miller JD (eds). 2003. *Microorganisms in Home and Indoor Work Environments: Diversity, Health Impacts, Investigation and Control.* CRC Press.

Fleming A. 1929. On the antibacterial action of cultures of a *Penicillium*, with special reference to their use in the isolation of *B. influenzae*. *British Journal of Experimental Pathology* 10: 226–236 (OA).

Fortey R. 2008. *Dry Storeroom No. 1: The Secret Life of the Natural History Museum.* Harper Perennial. 〔『乾燥標本収蔵1号室——大英自然史博物館　迷宮への招待』

Cerimi K, Akkaya KC, Pohl C, et al. 2019. Fungi as source for new bio-based materials: A patent review. *Fungal Biology and Biotechnology* 6: article 17 (OA).

Chakrabarty P. 2018. Four billion years of evolution in six minutes. Filmed April 2018 in Vancouver, BC. TED2018 video, 5:32. ted.com/talks/prosanta_chakrabarty_four_billion_years_of_evolution_in_six_minutes.

Charles K. 2021. Frogs are battling their own terrible pandemic—can we stop it? *New Scientist*, July 14, 2021. newscientist.com/article/mg25133434-200-frogs-are-battling-their-own-terrible-pandemic-can-we-stop-it.

Chen J, Blume H-P, Beyer L. 2000. Weathering of rocks induced by lichen colonization—a review. *Catena* 39: 121–146.

Cheruiyot GK, Wanyonyi WC, Kiplimo JJ, et al. 2019. Adsorption of toxic crystal violet dye using coffee husks: Equilibrium, kinetics and thermodynamics study. *Scientific African* 5: article e00116 (OA).

Chial H. 2008. DNA sequencing technologies key to the Human Genome Project. *Nature Education* 1: 219.

Christian D. 2011. The history of our world in eighteen minutes. Filmed March 2011 in Long Beach, CA. TED2011 video, 17:24. ted.com/talks/david_christian_the_history_of_our_world_in_18_minutes.

Clay K. 1990. Fungal endophytes of grasses. *Annual Review of Ecology and Systematics* 21: 275–297 (OA).

Cordeiro R A (ed). 2019. *Pocket Guide to Mycological Diagnosis*. CRC Press.

Cui L, Morris A, Ghedin E. 2013. The human mycobiome in health and disease. *Genome Medicine* 5(7): article 63 (OA).

Czerucka D, Piche T, Rampal P. 2007. Yeast as probiotics—*Saccharomyces boulardii*. *Alimentary Pharmacology and Therapeutics* 26: 767–778 (OA).

D'Arcy CJ. 2000 (updated 2005). Dutch elm disease. *The Plant Health Instructor*. doi.org/10.1094/PhI-I-2000-0721-02 (OA).

de Oliveira Junqueira AC, de Melo Pereira GV, Coral Medina JD, et al. 2019. First description of bacterial and fungal communities in Colombian coffee beans fermentation analysed using Illumina-based amplicon sequencing. *Scientific Reports* 9: article 8794 (OA).

Desroches TC, McMullin DR, Miller JD. 2014. Extrolites of *Wallemia sebi*, a very common fungus in the built environment. *Indoor Air* 24: 533–542.

de Waal F. 2019. *Mama's Last Hug: Animal Emotions and What They Tell Us About Ourselves*. W W Norton & Co.〔『ママ、最後の抱擁——わたしたちに動物の情動がわかるのか』紀伊國屋書店〕

Diamond J. 1997. *Guns, Germs, and Steel*. WW Norton & Co.〔『銃・病原菌・鉄——1万3000年にわたる人類史の謎』草思社〕

Dijksterhuis J, Samson R A (eds). 2007. *Food Mycology: A Multifaceted Approach to Fungi and Food*. CRC Press.

Duan S-F, Han P-J, Wang Q-M, et al. 2018. The origin and adaptive evolution of do-

alence of fungal diseases—estimate precision. *Journal of Fungi* 3: article 57 (OA).

Borst PL. 2011. Silk, Pasteur and the honey bee: The story of Nosema disease. *American Bee Journal* 151: 773–777 (OA).

Boutrou R, Guéguen M. 2005. Interests in *Geotrichum candidum* for cheese technology. *International Journal of Food Microbiology* 102: 1–20.

Brand D, Pandey A, Roussos S, et al. 2020. Biological detoxification of coffee husk by filamentous fungi using a solid state fermentation system. *Enzyme and Microbial Technology* 27: 127–133.

Brewer MT, Milgroom MG. 2010. Phylogeography and population structure of the grape powdery mildew fungus, *Erysiphe necator*, from diverse *Vitis* species. *BMC Evolutionary Biology* 10: article 268.

Brodo IM, Sharnoff SD, Sharnoff S. 2001. *Lichens of North America*. Yale University Press.

Brundrett MC, Tedersoo T. 2018. Evolutionary history of mycorrhizal symbioses and global host plant diversity. *New Phytologist* 220: 1108–1115 (OA).

Burki F. 2014. The eukaryotic tree of life from a global phylogenomic perspective. *Cold Spring Harbor Perspectives in Biology* 6(5): a016147 (OA).

Burnett JH. 1976. *Fundamentals of Mycology*. 2nd ed. Edward Arnold. Butt TM, Jackson C, Magan N (eds). 2001. *Fungi as Biocontrol Agents: Progress, Problems and Potential*. CABI.

CABI Invasive Species Compendium. n.d. *Hymenoscyphus fraxineus* (ashdieback). Accessed June 14, 2021. cabi.org/isc/datasheet/108083.

Cairns TC, Nai C, Meyer V. 2018. How a fungus shapes biotechnology: 100 years of *Aspergillus niger* research. *Fungal Biology and Biotechnology* 5: article 13 (OA).

Canadian Construction Association. 2018. *Mould Guidelines for the Canadian Construction Industry*. Available at cca-acc.com/wp-content/uploads/2019/02/Mould-guidelines2018.pdf. Carbonetto B, Ramsayer J, Nidelet T, et al. 2018. Bakery yeasts, a new model for studies in ecology and evolution. *Yeast* 35: 591–603.

Casadevall A. 2012. Fungi and the rise of mammals. *PLos Pathogens* 8(8): article e1002808 (OA).

Casselman A. 2007. Strange but true: The largest organism on Earth is a fungus. *Scientific American*, October 4, 2007. scientificamerican.com/article/strange-but-true-largest-organism-is-fungus.

Casselman KD. 2001. *Lichen Dyes: The New Source Book*. Courier Corp.

Centers for Disease Control and Prevention. 2020a. Antibiotic/antimicrobial resistance (Ar/AMr). cdc.gov/drugresistance.

Centers for Disease Control and Prevention. 2020b. People living with HIV/AIDS. www.cdc.gov/fungal/infections/hiv-aids.html.

Cepelewicz J, Quanta Magazine. 2020. The case of the missing bacteria. *The Atlantic*, April 18, 2020. theatlantic.com/science/archive/2020/04/animals-microbiome-gut-bacteria/610201.

Anthony L. 2017. *The Aliens Among Us: How Invasive Species Are Trans-forming the Planet—and Ourselves.* Yale University Press.

Anthony P. 1968. *Omnivore.* Ballantine Books.

Armstrong RA. 2015. Lichen growth and lichenometry. In Upreti DK, Divakar PK, Shukla V, et al. (eds), *Recent Advances in Lichenology: Modern Methods and Approaches in Biomonitoring and Bioprospection*, vol. 1, 213–227. Springer.

Arranz-Otaegui A, Carretero LG, Ramsey MN, et al. 2018. Archaeobotanical evidence reveals the origins of bread 14,400 years ago in northeastern Jordan. *Proceedings of the National Academy of Sciences* 115: 7925–7930 (OA).

Bäckhed F, Fraser CM, Ringel Y, et al. 2012. Defining a healthy human gut microbiome: Current concepts, future directions, and clinical applications. *Cell Host and Microbe* 12: 611–622 (OA).

Bacon CW. 2018. *Biotechnology of Endophytic Fungi of Grasses.* CRC Press.

Bar-On YM, Phillips R, Milo R. 2018. The biomass distribution on Earth. *Proceedings of the National Academy of Sciences* 115: 6506–6511 (OA).

Bayer E. 2019. The mycelium revolution is upon us. *Scientific American*, July 1, 2019. blogs.scientificamerican.com/observations/the-mycelium-revolution-is-upon-us.

BBC Studios. 2008. "Cordyceps: Attack of the killer fungi – Planet Earth Attenborough BBC wildlife." YouTube video, posted November 3, 2008, 3:03. (Clip from the documentary series *Planet Earth*, dir. Fothergill A, Linfield M, 2006). youtube.com/watch?v=XukjBIBBAL8.

Beckett PJ. 1995. Lichens: Sensitive indicators of improving air quality. In Gunn JM (ed), *Restoration and Recovery of an Industrial Region: Progress in Restoring the Smelter-Damaged Landscape Near Sudbury, Canada,* 81–91. Springer.

Beerling D. 2019. *Making Eden: How Plants Transformed a Barren Planet.* Oxford University Press.

Begum N, Qin C, Ahanger MA, et al. 2019. Role of arbuscular mycorrhizal fungi in plant growth regulation: Implications in abiotic stress tolerance. *Frontiers in Plant Science* 10: article 1068 (OA).

Bennett JW. 1998. Mycotechnology: The role of fungi in biotechnology. *Journal of Biotechnology* 66: 101–107.

Bianconi E, Piovesan A, Facchin F, et al. 2013. An estimation of the number of cells in the human body. *Annals of Human Biology* 40: 463–471.

Bills GF, Gloer JB. 2016. Biologically active secondary metabolites from the fungi. *Microbiology Spectrum* 4(6).

Blackwell M. 2011. The fungi: 1, 2, 3 . . . 5.1 million species? *American Journal of Botany* 98: 426–438 (OA).

Bodanis D. 1986. *The Secret House: 24 Hours in the Strange and Unexpected World in Which We Spend Our Days and Nights.* Simon & Schuster.

Boeke K. 1957. *Cosmic View: The Universe in 40 Jumps.* John Day Co.

Bongomin F, Gago S, Oladele RO, Denning DW. 2017. Global and multi-national prev-

# 参考文献

OA：オープンアクセス（オンラインで無料閲覧可能な論文）

AAAS. 2009. *The Science Inside: Skin*. American Association for the Advancement of Science.

Abe M, Takaoka N, Idemoto Y, et al. 2008. Characteristic fungi observed in the fermentation process for Puer tea. *International Journal of Food Microbiology* 124: 199–203.

Abrego N, Oivanen P, Viner I, et al. 2016. Reintroduction of threatened fungal species via inoculation. *Biological Conservation* 203: 120–124.

Akpan N, Ehrichs M. 2017. The beers and the bees: Pollinators provide a different kind of brewer's yeast. *Scientific American*, June 26, 2017. scientificamerican.com/article/the-beers-and-the-bees-pollinators-provide-a-different-kind-of-brewer-rsquo-s-yeast.

Alexander SJ, Pilz D, Weber NS, et al. 2002. Mushrooms, trees, and money: Value estimates of commercial mushrooms and timber in the Pacific Northwest. *Environmental Management* 30: 129–141.

Alexopoulos CJ, Mims CW, Blackwell MM. 1996. *Introductory Mycology*. 4th ed. John Wiley & Sons.

Álvarez-Rodríguez ML, López-Ocaña L, López-Coronado JM, et al. 2002. Cork taint of wines: Role of the filamentous fungi isolated from cork in the formation of 2, 4, 6-trichloroanisole by O methylation of 2, 4, 6-trichlorophenol. *Applied and Environmental Microbiology* 68: 5860–5869.

Amato JA. 2001. *Dust: A History of the Small and the Invisible*. University of California Press.

Amend AS, Seifert KA, Samson R, et al. 2010. Indoor fungal composition is geographically patterned and more diverse in temperate zones than in the tropics. *Proceedings of the National Academy of Sciences* 107: 13748–13753.

Anagnostakis SL. 1987. Chestnut blight: The classical problem of an introduced pathogen. *Mycologia* 79: 23–37.

Anderson JB, Bruh JN, Kasimer D, et al. 2018. Clonal evolution and genome stability in a 2,500-year-old fungal individual. *Proceedings of the Royal Society B: Biological Sciences* 285: article 20182233 (OA).

## ま行



## や行



## ら行



## わ行

## は行

## た行



## な行

## さ行

# 索引

ISBN 978-4-8269-0260-1

菌類の隠れた王国
森・家・人体に広がるミクロのネットワーク

二〇二四年六月二十四日　第一版第一刷発行

著　者　キース・サイファート
訳　者　熊谷玲美
発行者　中村幸慈
発行所　株式会社　白揚社　©2024 in Japan by Hakuyosha
〒101-0062　東京都千代田区神田駿河台1-7
電話03-5281-9772　振替00130-1-25400
装　幀　吉野　愛
印刷・製本　中央精版印刷株式会社